Torsten Kies

Technik einfach begreifen

Torsten Kies

Technik einfach begreifen

Alltagsobjekte nachbauen und verstehen

Mit 214 Bildern und 16 Tabellen

Fachbuchverlag Leipzig
im Carl Hanser Verlag

Prof. Dr.-Ing. Torsten Kies

Zentrum für Ingenieurwissenschaften
Martin-Luther-Universität Halle-Wittenberg

MIX
Papier aus verantwortungsvollen Quellen
FSC® C014889

Bibliografische Information der Deutschen Nationalbibliothek
Die Deutsche Nationalbibliothek verzeichnet diese Publikation in der Deutschen Nationalbibliografie; detaillierte bibliografische Daten sind im Internet über http://dnb.d-nb.de abrufbar.

ISBN 978-3-446-44276-4
E-Book-ISBN 978-3-446-44843-8

Fachbuchverlag Leipzig im Carl Hanser Verlag

www.hanser-fachbuch.de
Lektorat: Ute Eckardt
Herstellung: Katrin Wulst
Einbandrealisierung: Stephan Rönigk
Satz: Kösel Media GmbH, Krugzell
Druck und Bindung: Friedrich Pustet, Regensburg

Printed in Germany

Vorwort

Bildung ist ein hohes Gut. Sie ist in einem rohstoffarmen Land wie Deutschland die Grundlage des Wohlstandes. Diese Grundaussage ist in unserer Gesellschaft unumstritten. Bei der Frage, was eine gute Bildung ausmacht, gehen die Meinungen aber weit auseinander. Elemente dieser Diskussion sind die Schulnoten, die soziale Kompetenz und andere Eigenschaften des Bildungsempfängers, aber auch äußere Faktoren wie das Fachgebiet des Betrachters oder die organisatorischen und fiskalischen Gegebenheiten.

Grundvoraussetzung für eine erfolgreiche Bildung ist die Pluralität – nicht nur in fachlicher, auch in methodischer Hinsicht. Die Vermittlung wissenschaftlicher Inhalte setzt nach wie vor auf eine abstrakte Wissensvermittlung. Bei der Erarbeitung des Zugangs zu dieser Welt werden die Wissensempfänger – von einem Fachgebiet mehr vom anderen weniger – sich selbst überlassen.

In meiner Zeit als Hochschullehrer kam von den Studierenden immer die Frage nach einem Beispiel, wenn ihnen die Vorlesungsinhalte zu abstrakt erschienen. Gerade bei der Wissensvermittlung auf dem Gebiet der Technik bietet sich die Arbeit mit Beispielen geradezu an. Anhand einer Aufgabenstellung kann man das Abstrakte erklären – so haben die Hörer oder Leser eine Motivation und verstehen das vermittelte Wissen nicht mehr abstrakt, sondern als Werkzeug zur Problemlösung. Die unmittelbar Anwendung des Vermittelten in einer Übung ist Praxis der Hochschullehre. Das vorliegende Buch bietet nun zusätzlichden Luxus, diese Übung nicht mehr allein auf dem Papier, sondern unmittelbar praktisch an einem Erzeugnis umzusetzen.

Einige Dozenten werden diese Vorgehensweise vielleicht als unwissenschaftlich ablehnen, vielleicht weil ähnliche Prinzipien in der gewerblichen Ausbildung angewendet werden. Gleichzeitig beklagt man sich darüber, dass der Wissenstand der Studienanfänger scheinbar von Jahrgang zu Jahrgang abnimmt.

Im Rahmen der angemahnten Pluralität muss man natürlich nicht jeder der hier skizzierten Methodik zustimmen, aber sie sollte als eine Möglichkeit des Wissenserwerbs auch mit dem Ziel einer akademischen Laufbahn akzeptiert werden. So richtet sich dieses Buch speziell an potenzielle Studierende technischer Fachrichtungen mit einem Bezug zum Maschinenbau. Sie können ihre Neugier an technischen Lösungen befriedigen und vertiefen. Auch Studentinnen und Studenten mit einer technischen Ausrichtung im Nebenfach möchte ich mit diesem Buch motivieren, einen Zugang zum Ingenieurwesen zu finden. Als ergänzende Literatur verwendet, bietet das Buch Anregungen und Motivation, um die an der Hochschule angebotenen Inhalte besser einordnen zu können.

Mit einem gewissen Erstaunen bemerkte ich, dass die Umsetzung der hier angeführten Beispiele bereits von Jugendlichen ausgeführt werden kann. Hier eröffnet sich eine Möglichkeit, bereits im Schulalter technische Grundlagen zu vermitteln. Nachdem lange Zeit von einem Fachkräftemangel geredet wurde, finden sich nun mehr und mehr Träger, die außerschulische Aktivitäten zur technischen Bildung von Kindern und Jugendlichen unterstützen. Vielleicht bietet dieses Buch Ansätze, um auch diesen Initiativen inhaltliche Orientierungspunkte zu geben.

Schließlich möchte ich getreu der Idee vom lebenslangen Lernen auch Menschen ansprechen, die sich auch außerhalb ihrer beruflichen Motivation für Technik interessieren, und vielleicht im Heimwerkerbereich Freude an der kreativen Umsetzung praxiserprobter Projekte haben. Auch sie werden beim Lesen des Buches Neues entdecken und Anregungen für eigene Projekte finden.

Unabhängig von der Motivation zum Kauf oder Ausleihen des Buches wünsche ich Spaß und Vergnügen beim Lesen.

Halle, im Sommer 2016 *Torsten Kies*

Danksagung

Beim Schreiben des Buches habe ich von vielen Seiten Unterstützung erfahren. Aus dem Kollegenkreis kam während des Entstehungsprozesses viel Motivation meist durch offene Zustimmung, mitunter auch durch verhaltene Bedenken, die ich mit der Buchherstellung nun gern ausräumen möchte. Besonderer Dank gilt meinem Kollegen Prof. Dr.-Ing. Ullrich für die technische Unterstützung beim Schreiben des Buches.

Starke Motivationsgeber fand ich in den Mitstreitern vom Halleschen Bezirksverein des VDI: Dr. Schmidt, Herrn Brüsehaber und Frau Prof. Dr. Hartmann. Vor allem die Zukunftspiloten Jamil, Niclas, Sebastian und Alexander sowie der Mitbetreuer Siegfried Blaudt testeten die dargestellten Projekte auf Herz und Nieren. Weitere Unterstützung bei der Umsetzung einiger Projekte kam von Roberto Hofmann vom Eigenbaukombinat Halle e. V., der mit Sonderschichten nach Feierabend einiges ermöglichte.

Ganz besonderer Dank gilt meinem familiären Umfeld. Meine liebe Frau suchte und fand viele meiner Rechtschreibfehler, die Kinder zeigten meist Verständnis, wenn der Familiencomputer blockiert wurde und ihnen nicht für Spiele zur Verfügung stand. Nun ist es geschafft und ich verspreche einige Säumnisse aus der letzten Zeit nachzuholen.

Halle, im Sommer 2016 *Torsten Kies*

Inhalt

1 Viele Wege führen zum Ziel – Das Beispiel Flaschenöffner

1.1 Funktionsanalyse

1.1.1 Allgemeine Vorgehensweise und Begriffserklärung

Charakteristisch für uns Menschen ist der Gebrauch von Hilfsmitteln bei der Verrichtung unserer Tätigkeiten. Die wie auch immer gearteten Hilfsmittel erfüllen mindestens eine bestimmte Funktion. Die meisten unserer Tätigkeiten sind aber komplex und erfordern die Erfüllung mehrerer Funktionen nacheinander oder gar gleichzeitig. Und umgekehrt ist die Komplexität unserer Tätigkeit unmittelbar von der Funktionalität der verwendeten Hilfsmittel abhängig.

Die Funktionalität eines Hilfsmittels wird durch einzelne Elemente charakterisiert. Um eine gewünschte Tätigkeit ausführen zu können, müssen bestimmte, definierte Elemente der Funktionalität erfüllt werden, die als Funktionsanforderungen bezeichnet werden.

Eine **Funktionsanforderung** ist ein einzelnes Element zur Erfüllung eines Funktionsaspekts.

Neben der rein technischen Funktionalität ist ein Beispiel für eine immer wieder zu erfüllende Funktionsanforderung, die nach angenehmer Haptik, das heißt die Sicherstellung eines positiven Gefühls bei der Berührung des betreffenden Gegenstands.

Aufgrund der Fülle der menschlichen Tätigkeiten ist ebenfalls eine begriffliche Einschränkung sinnvoll.

Man bezeichnet eine bestimmte beabsichtigte Handlung oder Nutzung als **„technische Aufgabe“**.

Um eine technische Aufgabe zu erfüllen, wendet man ein bestimmtes Funktionsprinzip an. In den meisten Fällen können mehrere Wege beschritten werden, um eine bestehende technische Aufgabe zu erfüllen; es können mehrere Funktionsprinzipien alternativ angewendet werden.

Ein **Funktionsprinzip** ist ein möglicher Weg zur Erfüllung einer technischen Aufgabe. ■

Die Erfüllung der meisten technischen Aufgaben verknüpfen wir allerdings in unserer Vorstellung meist mit genau einem Funktionsprinzip. Soll ein Fahrzeug vor Wind und Wetter geschützt werden, denkt jeder zunächst an die Nutzung einer Garage. Nur wenn diese Bauleistung nicht realisiert werden kann, überlegen wir aus der Not heraus weiter und kommen vielleicht auf die Möglichkeit einer Faltgarage oder eines zeltartigen Unterstandes.

In unserem Denken scheint sich zunächst eine Blockade aufzubauen, wenn eine Möglichkeit zur Erfüllung der technischen Aufgabe gefunden wurde.

Wenn es einigermaßen zielführend ist, wird gleich diese erste Idee weiter verfolgt, ohne Alternativen zu hinterfragen.

Diese Vorgehensweise hat durchaus Vorteile. So kann man sehr schnell eine Lösung herbeiführen und das betreffende Problem ohne Verunsicherung und Entscheidungsnotstände lösen.

Vor allem für technische Aufgaben, die sehr häufig erfüllt werden müssen, lohnt es sich aber durchaus nach Alternativen zu suchen, um die optimale Lösung des Problems zu entdecken. Mit etwas Erfahrung und Routine sind wir in der Lage, unser Denken durch unser Bewusstsein zu steuern und wir können nach weiteren Funktionsprinzipien suchen, um die für den jeweiligen Fall am besten geeignetsten zu finden.

Bei vielen technischen Aufgaben sind alternative Lösungen bekannt, aber es dominiert ein bestimmtes technisches Prinzip den Markt. Bei anderen Aufgaben verzichtet man zum Teil ganz bewusst darauf, nach alternativen Lösungen zu suchen. Das drückt sich in der Weisheit aus, dass man das Fahrrad nicht neu erfinden muss. Zwischen den dreißiger und den siebziger Jahren des vergangenen Jahrhunderts wurde dieser Spruch sehr wörtlich genommen und es wurden kaum alternative Lösungen zum bekannten Drahtesel mit Diamantrahmen angeboten, der die Form des 1885 vorgestellten Sicherheitsrads durch die Jahrzehnte brachte.

Nach der Ölkrise in den siebziger Jahren des vergangenen Jahrhunderts bezog man in die Überlegungen zu alternativen Verkehrsmitteln auch Fahrräder als geeignete Fortbewegungsmittel ein. Motiviert durch Abenteuerlust und sportlichem Eifer einiger Jugendlicher erlaubte der technische Fortschritt die Entwicklung von Mountainbikes in Kalifornien und daraus abgeleitet von All-Terrain-Bikes, die neben den verbreiterten Reifen neue Impulse bei der Schaltung und den Bremsen auch für andere Fahrradklassen implizierten. Neben den Rädern mit aufrechter Sitzposition hat sich aber auch seit den neunziger Jahren des zwanzigsten Jahrhunderts ein Markt für Liegefahrräder gefunden.

Schließlich gibt es Anwendungsbereiche, bei denen durch die Anwendung von ganz unterschiedlichen mehr oder weniger gleichberechtigten Lösungsprinzipien eine technische Aufgabenstellung erfüllt werden kann. Das Zusammenspiel aller Verkehrsmittel zum Personentransport kann hier als Beispiel dienen.

Neben den rein anwendungstechnischen Aspekten spielen auch sich verändernde technische Möglichkeiten, ökonomische Aspekte, der jeweilige Zeitgeist und nicht zuletzt die Mode eine Rolle bei der Akzeptanz eines technischen Lösungsprinzips.

Bei der Entwicklung von technischen Produkten ist es die Aufgabe des Ingenieurs, die zur Erfüllung der jeweiligen Aufgabe am besten geeignete technische Lösung zu finden. Dazu muss er akzeptieren, dass man ein Ziel auf mehreren Wegen erreichen kann und mehrere alternative **Varianten** zur Lösung der technischen Aufgabe erarbeiten. Einige der Varianten sollten alternative Funktionsprinzipien realisieren (Bild 1.1).

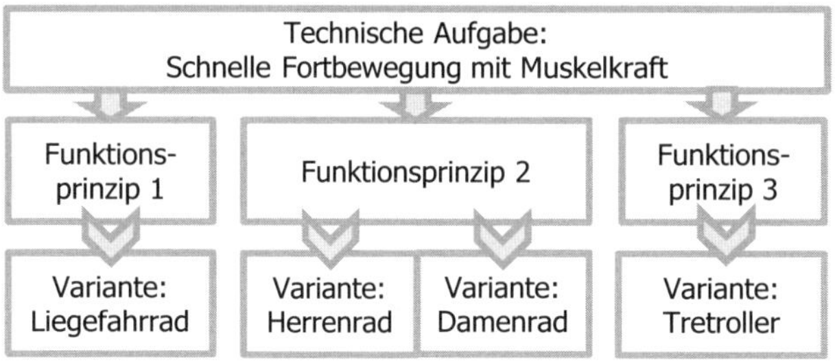

Bild 1.1 Mehrere Varianten zur Erfüllung einer technischen Aufgabe

Die Abgrenzung der Varianten sollte so erfolgen, dass nicht nur unterschiedliche Modifikationen eines technischen Lösungsweges ausgeführt werden, sondern tatsächlich alternative Funktionsprinzipien angewendet werden. Für das im Bild 1.1 gewählte Beispiel wurden stellvertretend für das Funktionsprinzip 2 mehrere ähnliche Varianten benannt. So funktionieren die dort beispielhaft genannten Damen- und Herrenrädern nach dem gleichen Funktionsprinzip, genauso wie Straßenfahrräder oder Mountainbikes. Liegefahrräder und Tretroller setzen dagegen echte alternative Funktionsprinzipien um (Funktionsprinzip 1 beziehungsweise 3 in Bild 1.1).

Charakteristisch für die Tätigkeit eines Ingenieurs ist neben der Modifikation bestehender Lösungen und deren stetiger Verbesserung die Entwicklung von neuen, bisher unbekannten Produkten. Besonders zur Lösung solcher Aufgabenstellungen benötigt man eine spezielle Vorgehensweise, mit deren Hilfe technischen Lösungen gefunden werden, die den Anforderungen bestmöglich entsprechen.

Bei der Anwendung dieser Vorgehensweise beginnt man zunächst mit der **Funktionsanalyse**. Der Begriff wird nicht allein in der Technik, sondern auch in anderen Bereichen verwendet und teilweise mit anderen oder zusätzlichen Inhalten verbunden. Daher ist eine Definition für das hier zugedachte Verständnis angebracht:

> Die **Funktionsanalyse** ist ein Instrument zur Ermittlung der technischen Aufgabenstellung für ein Erzeugnis und benennt alle angestrebten Teilaspekte der Aufgabenstellung vollständig. ■

Die Funktionsanalyse ist also ein Werkzeug, mit dem ein Ingenieur die Zielstellung für sein Handeln im Entwicklungsprozess festlegt. Im Gegensatz zu vielen anderen Tätigkeitsgebieten ist es meist nicht zielführend, wenn die Aspekte der Aufgabenstellung allein aus den Wünschen des Kunden generiert werden. In einigen Fällen handelt der Entwickler aus eigenem Antrieb und möchte seinen (potenziellen) Kunden ein Erzeugnis präsentieren. Auch wenn – wie bei der Mehrheit der Entwicklungsprojekte – die Entwicklung mit der Beteiligung eines oder mehrerer Kunden ausgeführt wird, müssen und können bestimmte Aspekte aufgrund seiner Kompetenz nur allein vom Ingenieur eingebracht und berücksichtigt werden. Hierzu gehören beispielsweise die Aspekte einer günstigen und modernen Fertigung. Die Funktionsanforderungen sind also keine eindimensionale skalare Größe, man kann sie mit einem mehrdimensionalen Vektor vergleichen, der unterschiedliche Aspekte der Entwicklungsziele beschreibt (Bild 1.2).

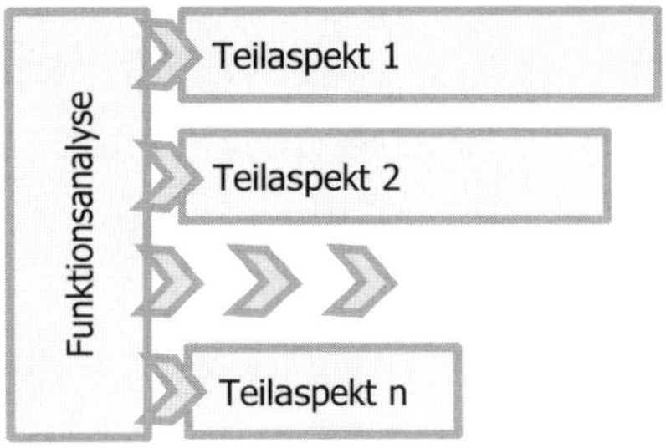

Bild 1.2 Schema zu den Begrifflichkeiten beim Produktentstehungsprozess

In den meisten Fällen widersprechen sich einige der mithilfe der Funktionsanalyse erkannten Aspekte. So sind die Wünsche nach möglichst geringen Kosten und eine hohe Wertigkeit und Beständigkeit des Erzeugnisses ein immer wieder anzutreffender Widerspruch, für den ein gut akzeptierbarer Kompromiss gefunden werden muss.

Bei der Funktionsanalyse müssen möglichst viele Aspekte der Anforderungen an das gewünschte Erzeugnis aufgefunden werden, damit sie beim weiteren Fortgang des Entwicklungsprozesses berücksichtigt werden können. Die Kompetenz, die Erfahrung und die Sorgfalt bei der Ausführung der Funktionsanalyse ist ein entscheidender Erfolgsfaktor für die Marktgängigkeit des Erzeugnisses.

Die schöpferische Aufgabe des Ingenieurs besteht nun darin, eine Gestalt für das Erzeugnis zu finden, mit der möglichst viele während der Funktionsanalyse ermittelte Wünsche erfüllt werden. Das damit realisierte Produkt soll den Erwartungen nicht nur entsprechen – es muss sie übertreffen, damit der Kunde nicht nur zufrieden, sondern begeistert ist und eine feste Beziehung zu seinem Auftragnehmer eingeht.

Weil unterschiedliche Funktionsprinzipien eine andere Gestalt des Erzeugnisses bedingen und selbst ein und dasselbe Funktionsprinzip durch mehrere unterschiedliche Gestalten umgesetzt werden kann, sind in dieser frühen Phase des Entwicklungsprozesses mehrere Entwürfe zumindest für das grobe Aussehen des geplanten Erzeugnisses nötig. Auch bei sehr erfahrenen Konstrukteuren und vermeintlich einfachen technischen Aufgaben sollten mindestens drei Entwürfe vorliegen, um alternative Varianten zu garantieren. Dagegen sind mehr als ein Dutzend unterschiedliche Varianten schwer handhabbar. Überflüssig sind Varianten, die von vornherein nicht geeignet sind, die technische Aufgabe zu erfüllen. Die einzelnen Varianten müssen in diesem frühen Stadium der Erzeugnisentwicklung mehrere unterschiedliche Funktionsprinzipien repräsentieren und dürfen nicht nur leichte Abwandlungen und Variationen zur Realisierung eines Funktionsprinzips darstellen. Die Auffindung von alternativen Funktionsprinzipien fällt vor allem gestandenen Entwicklern schwer, weil sie aus ihrer Erfahrung heraus in eingefahrenen Bahnen denken und so schon einen mehr oder weniger vorgefertigten Lösungsweg für die Konstruktion sehen.

Auch wenn nun eine Vielzahl von Varianten vorliegt, kann das geplante Produkt nur in einer Form realisiert werden. Folglich muss eine Auswahl getroffen werden. Das etablierte Werkzeug zur Auswahl der geeigneten Variante wird als **Variantenvergleich** bezeichnet:

> Der **Variantenvergleich** ist das Auswahlverfahren, um eine Vielzahl von technischen Lösungsvorschlägen für eine technische Aufgabe auf eine geeignete zu reduzieren. ■

Zum Variantenvergleich stehen mehrere Werkzeuge zur Verfügung:

- Subjektive Auswahl
- Objektive Messung einer Größe
- Gewichtete Messung mehrerer Größen

Die einfachste Art des Variantenvergleichs ist die rein subjektive Auswahl, bei der entweder der Entwickler selbst oder ein anderer sachkundiger Kollege die Auswahl nach eigenem Ermessen mehr oder weniger emotional trifft. Das kann auch durch ein Kollegium erfolgen, dessen Mitglieder sich beraten und anschließend ihre Auswahl im Konsensprinzip treffen oder unabhängig voneinander entscheiden und dann die Variante mit den meisten Stimmen wählen. Diese Vorgehensweise ist beispielsweise bei mehreren Designvarianten eines Erzeugnisses sinnvoll, wenn keine klaren abzählbaren Größen zur Funktionserfüllung abgeleitet werden können.

Bei rein technischen Aufgaben kann häufig eine genau messbare Größe, wie mögliche Kraftaufnahme, die erforderliche Masse des Systems oder der Energieverbrauch zur Erfüllung einer Aufgabe bestimmt werden. Dann sind objektive Auswahlverfahren anwendbar. Die Bewertung der Eignung einzelner Varianten erfolgt entsprechend vorher festgelegten Kriterien, welche die Erfüllung einzelner Funktionsanforderungen widerspiegeln.

Bei den meisten technischen Systemen müssen mehrere Aufgaben gleichzeitig und mehr oder weniger gleichberechtigt erfüllt werden. Um den Überblick über die Eignung der Varianten zu behalten, sind zur Auswahl abstrakte Werkzeuge für den Variantenvergleich notwendig.

Im einfachsten Fall wählt man diejenige, mit der die größte Anzahl der Funktionsanforderungen erfüllt wird. Weiterhin besteht die Möglichkeit, die Qualität der Erfüllung von Funktionsanforderungen durch die einzelnen Varianten zu bewerten. Hier haben sich Punktsysteme zwischen null und zehn Punkten oder prozentuale Abschätzungen bewährt. Bekannt sind auch Vorgehensweisen, bei denen die Eignung mit Schulnoten bewertet wird. Komplexe Systeme betrachten die einzelnen Funktionsanforderungen gewichtet, sodass die Erfüllung von besonders wichtigen Funktionsanforderungen auch besonders stark in die Bewertung eingeht. Allerdings wird wiederum die Bewertung der Gewichtungsfaktoren subjektiv vorgenommen.

Unabhängig davon, welches Werkzeug zum Variantenvergleich gewählt wird, besteht das Ziel darin, sich für die am besten geeignete technische Lösung zu entscheiden und weniger zweckdienliche Alternativen auszusortieren. Dabei ist es durchaus sinnvoll, die einzelnen Varianten bis zu einer bestimmten Tiefe zu entwickeln, um die Entscheidung mit verlässlichen Fakten zu unterlegen (Bild 1.3). Unter Umständen können auch wenige alternative Varianten bis zur Produktionsreife fortentwickelt werden. Das ist beispielsweise dann sinnvoll, wenn nicht nur unterschiedliche Funktionsprinzipien, sondern auch Fertigungstechnologien für die Erzeugnisse eingesetzt werden sollen. Für eine genaue Kalkulation als Entscheidungsgrundlage ist dann oft erst bei oder nach der Herstellung der Nullserie eine genaue Kostenanalyse möglich.

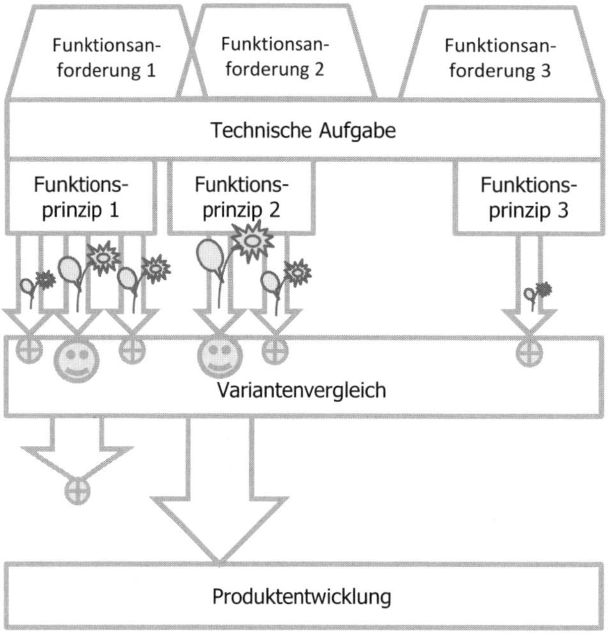

Bild 1.3 Durch Variantenauswahl verschlankt man die Entwicklungstätigkeit bis zur endgültigen Lösung

Auch im Alltag führen wir eine Art des Variantenvergleichs aus, wenn wir Kaufentscheidungen treffen und das am besten geeignete Angebot finden müssen. Dies geschieht meist rein subjektiv, bei größeren Anschaffungen wünschen sich aber einige Konsumenten, verschiedene Angebote vergleichen zu können. Von Zeit zu Zeit schließen wir auch bisher ungewohnte Möglichkeiten ein und führen als Alternativen zum klassischen Einkauf im Fachgeschäft einen Preisvergleich durch oder überlegen einen Gebrauchtkauf mithilfe des Internets. Vielleicht finden wir auch eine alternative Konsumart und leihen uns den betreffenden Gegenstand aus.

Auf der anderen Seite der Konsumgesellschaft besteht für einen Ingenieur die Aufgabe darin, die für den jeweiligen Anwendungsfall am besten geeignete technische Lösung dem Kundenkreis zur Verfügung zu stellen.

Ähnlich wie bei der Kaufentscheidung sollte der Techniker beim Variantenvergleich von Zeit zu Zeit neue Möglichkeiten ins Auge fassen, die bisher nicht infrage kamen und für die nur geringe Erfahrungen vorliegen.

1.1.2 Varianten zum Öffnen von Flaschen

Betrachten wir nun das Beispiel „Verschließen und Öffnen von Getränkeflaschen“, um den Ablauf von der Aufgabenstellung hin zur technischen Lösung zu verstehen. Dazu werden wir auch die unterschiedlichen Werkzeuge zum Öffnen der Flaschen untersuchen.

Aus dem Alltag kennen wir eine Vielzahl von Anwendungen, um Flaschen zu öffnen, die mehr oder weniger gut funktionieren, unterschiedlich teuer sind und uns mehr oder weniger gut gefallen.

Weil uns bereits mehrere Prinzipien zur Lösung der technischen Aufgabe bekannt sind, ist unserem Denken ein anschaulicher Vergleich der unterschiedlichen Lösungsmöglichkeiten möglich, um die für den Anwendungszweck am besten geeignete Variante zu erkennen.

Bestehende Lösungen erfüllen die gewünschte Aufgabe mehr oder weniger gut. Unabhängig davon muss für den Anwendungsfall der Öffnung einer Flasche hinterfragt werden, welche alternativen Möglichkeiten zur Erfüllung der technischen Aufgabe bestehen.

So ist zu klären, an welcher Stelle die Öffnung der Flasche erfolgen soll. Grundsätzlich könnte man neben der Entfernung des Verschlussteils von der Flasche auch das Glasgefäß auftrennen, um an den Inhalt heranzukommen. Wir kennen dieses Vorgehen ja von Konservendosen. Realisieren ließe sich dies bei Flaschen mit einer Lösung, die das Prinzip des Glasschneiders anwendet. Sinnvoll wäre es, den Hals oder den Boden der Flasche abzutrennen. Der Vorteil des Systems wäre, dass die Verschlussart der Glasverpackung nicht beachtet werden muss und sich so mit einem Öffnungsgerät alle Flaschen öffnen ließen.

Die Einführung dieses Prinzips verbietet sich aber, weil aufgrund des Öffnungsvorgangs Glasscherben oder -splitter der Verpackung in das enthaltene Lebensmittel gelangen würden und so die Gesundheit der Verbraucher gefährdet ist. Aus diesem Grund ist die Anwendung dieses Prinzips nur von bestimmten Ritualen der Corpsstudenten bekannt, wenn schäumende alkoholische Getränke mit einem Säbel geöffnet werden.

Wenn die Öffnung am Glasbehältnis sich offensichtlich nicht sinnvoll verwirklichen lässt, bleibt neben der Abtrennung des Deckels dessen Zerstörung als alternative technische Lösung, um an den Inhalt der Flasche zu gelangen. Auch hier muss hinterfragt werden, ob bei diesem Vorgang Teile des Deckels mit dem Inhalt in Berührung kommen könnten und welche Konsequenzen dies hat. Das Öffnungssystem könnte relativ unabhängig von der Gestalt der Flasche ausgelegt, müsste aber auf den konkreten Verschluss hin abgestimmt werden.

Alternativ zum Zerschneiden der Glaswand kann das Öffnen der Flasche durch die Trennung der Verbindung zwischen Flasche und Verschlussteil erfolgen. Wendet man die eingangs beschriebene Herangehensweise nun an, muss man zunächst hinterfragen, welche Verschlussverfahren traditionell für das Glasbehältnis verwendet wurden. Hier kommen vor allem drei Prinzipien infrage, auf die sich die anschließend angestellten Überlegungen beziehen werden. Diese sind:

- Verschlussstopfen aus Kork, wie wir sie von Weinflaschen kennen,
- Kronkorken, mit denen Bierflaschen verschlossen werden und
- Schraubkappen, wie sie bei Mineralwasserflaschen zum Einsatz kommen.

Damit erfolgt die Funktionsanalyse des Gesamtsystems. Um die im Konstruktionsprozess getroffenen Entscheidungen nachvollziehen zu können, bietet sich hier die Darstellung in einem Schema an (Bild 1.4).

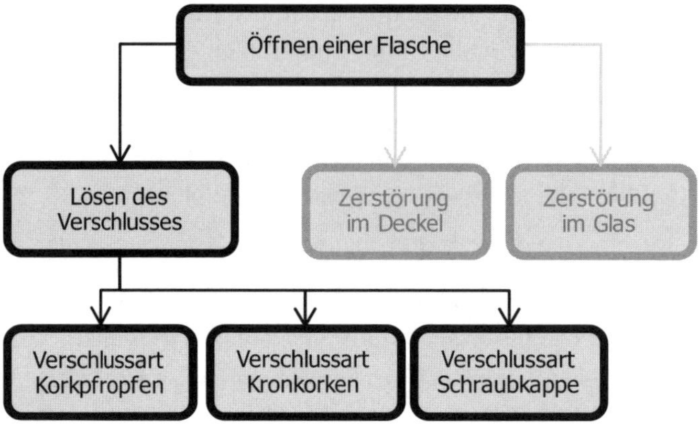

Bild 1.4 Schema zu den Möglichkeiten eines Flaschenverschlusses

Die Dokumentation der alternativen Lösungsmöglichkeiten ist ein ganz wesentliches Element der Entwicklungsarbeit. Auch wenn bestimmte Lösungen auf den ersten Blick vollkommen unrealistisch erscheinen, können in einigen Fällen auf diese Art neue Wege eröffnet werden. So ergeben sich vielleicht die entscheidenden Marktvorteile für ein bestimmtes Produkt. Zumindest sensibilisiert diese Vorgehensweise die Entwickler für die Komplexität und Vielfalt des technischen Handelns.

In vielen Fällen verschafft man sich bei einer entsprechenden Aufgabenstellung vor der Funktionsanalyse des technischen Systems einen Überblick über möglichst viele Konkurrenzprodukte und versucht, diese ingenieurtechnisch zu analysieren. Diese Vorgehensweise ist einfach und wird auch häufig angewendet.

Die besonders intensive Auseinandersetzung mit Konkurrenzprodukten hat in einigen Kulturen außerhalb von Mitteleuropa eine bedeutend längere Tradition. Beispielsweise sieht man im Fernen Osten eine mehr oder weniger deutliche Kopie eines Erzeugnisses als Verehrung des Urhebers und qualifiziert vielleicht sogar den betreffenden Gegenstand zum Bestandteil der Schöpfung. Die materiellen Befindlichkeiten unserer westlichen Welt übernimmt man in diesem Zusammenhang nur nach und nach. Auf der anderen Seite müssen wir Mitteleuropäer uns eingestehen, dass wir für das Nachempfinden technischer Erzeugnisse nicht die besten Voraussetzungen im internationalen Wettbewerb haben. So sollten wir Alternativen zu den bekannten technischen Lösungsmöglichkeiten suchen und uns so durch Wissensvorsprung, Spezialwissen aber auch durch wirksame Schutzrechte langfristig Marktvorteile sichern.

Das technische System Flaschenverschluss wird in Bild 1.5 dargestellt. Die Abdichtung kann an unterschiedlichen Bereichen der Flaschenöffnung erfolgen. Als Dichtflächen sind die Stirnfläche oder die Innenwand der Flaschenöffnung möglich (Bild 1.5).

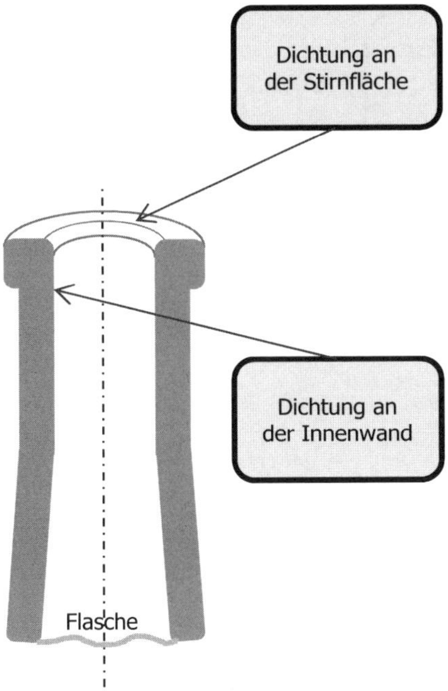

Bild 1.5 Abdichtung am Flaschenhals

Die drei folgenden Varianten eines Flaschenverschlusses verwenden unterschiedliche Prinzipien der Abdichtung. Die jeweiligen Öffnungswerkzeuge müssen natürlich auf das jeweilige Dichtungsprinzip abgestimmt sein.

1.2 Korkpfropfen

1.2.1 Aufbau und Prinzip der Abdichtung

Die vielleicht älteste eingesetzte Verschlussart findet sich heute noch bei Laborflaschen, die mit einem Glaskolben verschlossen werden. Hier wählt man eine schräg gehaltene Dichtungsfläche am Flaschenhals, auf die ein darauf abgestimmter kegelstumpfförmiger Glaskolben aufgesetzt wird (Bild 1.6).

Der Verschluss des Gefäßes wird hier im Gegensatz zu formbaren Pfropfen nicht durch Pressung aufgrund eines Übermaßes erreicht, sondern durch die Reibung zwischen den Körpern.

Bei einer zu geringen oder gar fehlenden Einführschräge ist es nur mit großem Kraftaufwand möglich, den Kolben weit genug in den Flaschenhals einzuführen. Wenn bei einer zu geringen Einführschräge das Verschließen der Flasche gelungen sein sollte, stellt sich das Öffnen als kräftiges Problem dar.

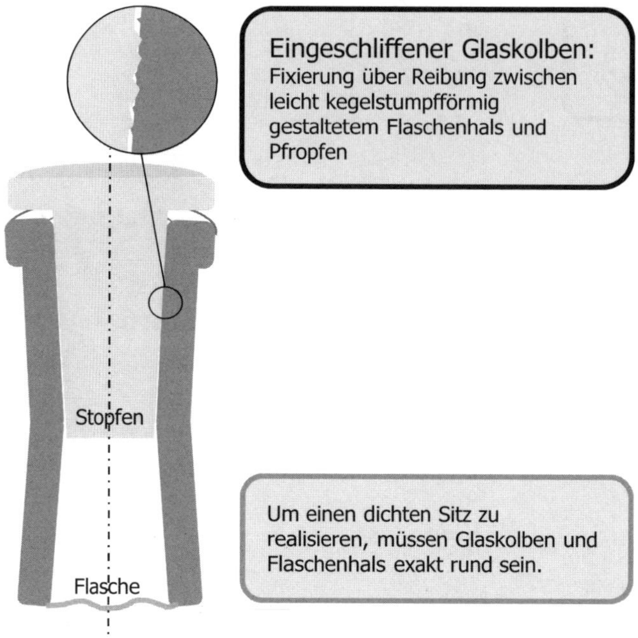

Bild 1.6 Dichtungsprinzip bei einem Glaskolben

Wählt man die Einführschräge zu groß, können sich die Mikrostrukturen nicht mehr miteinander verhaken (Bild 1.6 – Detailkreis oben). Man könnte den Deckel, ohne Widerstand zu spüren, von der Flasche abnehmen.

Charakteristisch für Reibungsphänomene ist, dass zum Start der öffnenden Bewegung eine größere Kraft notwendig ist als zur Fortführung. Das erklärt sich daraus, dass zunächst die Verhakungen der Mikrostruktur untereinander gelöst werden müssen. Wenn dies erfolgt ist, gleiten bei der Bewegung die mikroskopischen Erhebungen über die Oberfläche des Reibpartners, ohne dass ein Reibschluss in dessen vertieften Strukturen vorkommt. Stoppt die Bewegung, erfolgt durch ein Ineinandergreifen der Mikrostrukturen eine Verankerung beider Teile.

Das Lösen von Systemen, deren Zusammenschluss auf dem Prinzip der Reibung funktioniert, muss aus diesem Grund immer mit einer bestimmten Mindestgeschwindigkeit erfolgen, um einen kontinuierlichen Bewegungsablauf zu gewährleisten.

Allgemein ist bekannt, dass man die Reibung durch den Einsatz eines Schmiermittels vermindern kann. Diese Idee auf einen Flaschenverschluss zu übertragen, kann unangenehm werden. Das Schmiermittel bildet einen Film zwischen Flaschenhals und Glaskolben und führt so zu einem luftdichten Verschluss. Der konisch gestaltete Flaschenhals funktioniert ähnlich wie ein Ventil. Befindet sich im Behältnis ein höherer Druck als in der Umgebung, bewirkt ein leichtes Anheben des Kolbens einen Druckausgleich. Ein entgegengesetztes Druckverhältnis zieht den Kolben weiter in den Hohlraum hinein. So liegt im Inneren der Flasche seit dem Zeitpunkt des Verschlusses der geringste jemals wirkende Druck vor. Beim Öffnen muss dann zusätzlich zur Reibung dieser Unterdruck überwunden werden.

Ein Gefäßverschluss mit Glaskolben ist nur im Laborbereich sinnvoll, weil dieses Material chemikalienbeständig ist. Im Konsumbereich findet man solche speziellen Flaschen nur im Bereich der Kosmetik, wo solche Verpackungen Bestandteil der Präsentation des Inhalts sind und der Eindruck von Exklusivität vermittelt werden soll.

Eine andere und bereits sehr lange angewendete Möglichkeit, Glasflaschen zu verschließen, ist das Einpressen eines Korkkegels oder -zylinders. Für technische Anwendungen in der Chemie und der Pharmazie werden auch Stopfen aus Gummi verwendet.

Im Bereich der Getränkeindustrie wird eine Korkabdichtung vor allem für Weinflaschen angewendet. Das Dichtungsprinzip für diese Verschlussart ist in Bild 1.7 dargestellt.

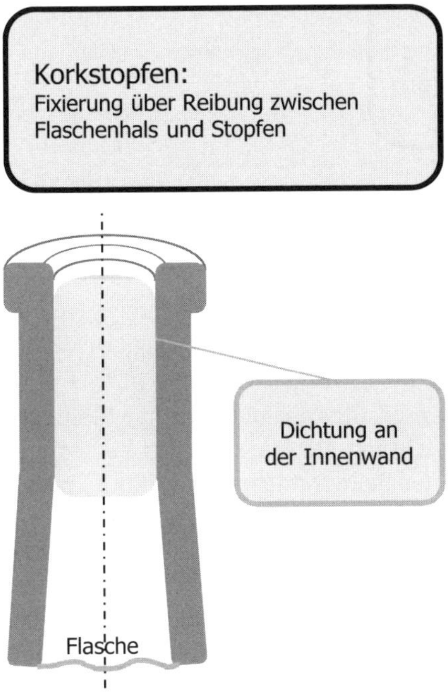

Bild 1.7 Dichtungsprinzip bei einem Stopfenverschluss mit einem Korkzylinder

Die einfachste und älteste Art, eine Glasflasche oder ein Tongefäß mit einem anderen Material zu verschließen, ist die Versiegelung mit einem (zäh)flüssig eingebrachten und dann aushärtenden Material wie Teer oder Wachs. Allerdings vermindert sich beim Aushärten das Volumen des Verschlussmaterials. Bei geringen Adhäsionskräften zwischen Behälter- und Pfropfenmaterial führt die schwindungsbedingte Volumenverminderung zu einem Ablösen des Pfropfens von der Behälterwand. Das Gefäß wird undicht.

Damit der Austritt der Flüssigkeit aus dem Behältnis vermieden wird, muss die Außenseite des Stopfens am Flaschenhals fest an der Innenwand anliegen. Das erreicht man, indem man den Stopfen aus einem festen und elastischen Material wählt. Der Außendurchmesser des Stopfens muss größer sein als der Innendurchmesser am Flaschenhals, sodass beim Einpressen eine Verformung auftritt, die eine feste Anlage am Flaschenhals garantiert (Bild 1.8).

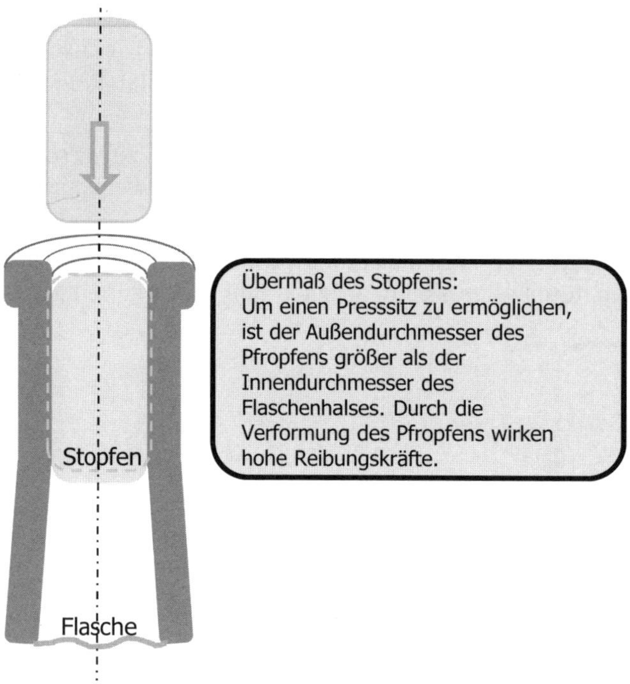

Bild 1.8 Verformung eines elastischen Stopfens

Bestens geeignet sind Kork- und Gummistopfen, die eine entsprechend geringe Steifigkeit haben, sodass über den gesamten Umfang der Abdichtung am Flaschenhals keine Stelle frei bleibt, durch die Flüssigkeit entweichen könnte. Beim Naturmaterial Kork besteht allerdings das Risiko, dass bei einer jahrelangen Lagerung aufrecht stehender Flaschen der Stopfen aufgrund der Wasserabgabe austrocknet und dadurch sein Volumen vermindert. Das kann zu einem Flüssigkeitsaustritt führen. Die Getränkeindustrie reagiert darauf mit dem Überzug einer Kappe aus Metallfolie oder Kunststoff über den Flaschenhals und die Korken. Lagerwein sollte unabhängig davon in liegenden Flaschen aufbewahrt werden.

Wie schon in der Vergangenheit gibt es heute immer wieder Bestrebungen, das Verschlusssystem zu ersetzen. Aber offensichtlich spielen für die Verbraucher neben den rein funktionalen Aspekten vor allem traditionelle Vorstellungen eine Rolle. Der Genuss von Wein ist nicht nur eine funktionale Angelegenheit, sondern sollte schon mit einer gewissen Kultur betrieben werden. Dazu gehören die traditionelle Verpackung in Glasflaschen und der ansprechende Korkverschluss.

Oft werden Verpackungen als äußere Markenzeichen wahrgenommen. So wird mit dem Fränkischen Weinanbaugebiet die Flaschenform des Bocksbeutels verbunden. Alternative Verpackungen wie Tetrapacks garantieren objektiv gleiche Produktqualität und haben logistische Vorteile, werden aber vom Verbraucher nicht angenommen und mit schmachvollen Begriffen tituliert.

Etwas mehr Toleranz bringt der Konsument alternativen Verschlussformen entgegen. Allerdings können sich die Versuche von großen Lieferanten, Schraubverschlüsse am Markt zu platzieren, bisher nur für einige Produkte durchsetzen.

Damit man den Wein genießen kann, muss der Kork aus der Flasche entfernt werden. Um effektive technische Lösungen für diese Aufgabe zu finden, nutzt man die Funktionsanalyse.

Bei der Entfernung eines Korkpfropfens aus einer Weinflasche bestehen grundsätzlich zwei denkbare Vorgehensweisen:

1. Entfernung durch eine äußere Kraftwirkung
2. Entfernung durch eine innere Krafteinwirkung auf den Korkpfropfen

1.2.2 Öffnungsvorgang durch innere Krafteinwirkung

Eine Kraftwirkung kann erzeugt werden, indem im Inneren der Flasche ein Druck zur Wirkung kommt. Dieses Prinzip des Ausstoßens eines Verschlusses ist uns von Sektflaschen her bekannt (Bild 1.9).

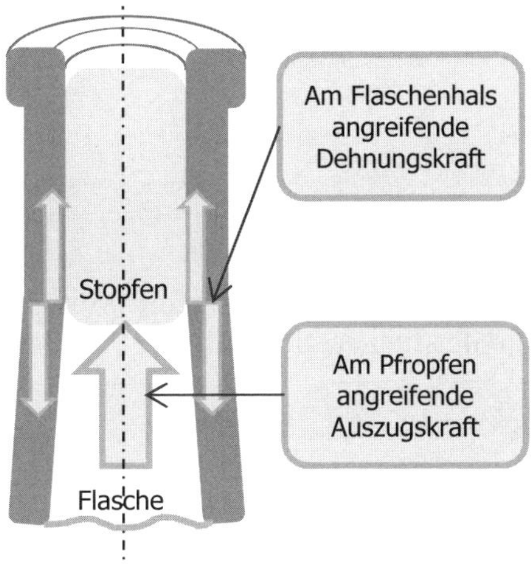

Bild 1.9 Kraftwirkung bei der Entfernung eines Korkpfropfens durch Druckaufbau

Bei den Schaumweinen entsteht der Überdruck im Behältnis aufgrund der Flaschengärung und liegt permanent an. Um ein unerwünschtes Öffnen zu vermeiden, muss der Stopfen fixiert werden.

Möchte man eine Weinflasche mit einem Überdruck aus den Flaschen heraus öffnen, müsste in geeigneter Form eine Gasphase erzeugt werden, mit der ein Druckaufbau im Innern der Flasche realisiert wird.

Das wäre durch die Erhitzung des Inhaltes realisierbar, wenn durch das Verdampfen von Teilen der Flüssigkeit ein entsprechender Überdruck im Inneren eine Kraftwirkung auf den Pfropfen erzeugen würde. Von der Behälterwand müssten diese Kräfte aufgenommen werden. Das bedeutet, dass die Flaschen stabiler ausgelegt werden müssten, so wie wir es von den Sektflaschen her kennen. Dann müsste man ein schlechteres Gewichtsverhältnis zwischen Verpackung und Inhalt in Kauf nehmen. Das endgültige Ausschlusskriterium für diese Lösungsvariante bei Weinflaschen ist, dass bei der Erhitzung des Inhaltes die Produkteigenschaften in einer vom Verbraucher nicht mehr akzeptierten Art und Weise beeinflusst würden. Aufgrund des geringeren Siedepunktes würde zuerst der im Wein vorhandene Alkohol die Gasphase bilden und sich beim Öffnen der Flasche während des Druckausgleichs verflüchtigen.

Als denkbare Alternative könnte man den Kork mit einem außen angelegten Vakuum ziehen. Weil aber ein luftleerer Raum bestenfalls Druckunterschiede bis zum atmosphärischen Druck ermöglicht, sind für diesen Fall die Auszugskräfte begrenzt. Größere Kräfte könnte man durch die Verwendung von Flaschen mit einer größeren Öffnung erreichen.

Weiterhin ist es denkbar, die Massenträgheitskraft des Inhalts als Quelle der auf den Korkpfropfen einwirkenden Kraft zu nutzen. So kann ein Kork auch durch kurze permanent ausgeführte Schläge auf den Flaschenboden gelockert und danach entfernt werden. Dies ist allerdings sehr mühsam. Wirken die Schläge auf das Glas ein, besteht immer die Gefahr des Splitterbruchs, der zu ernsthaften Handverletzungen beim Ausführen der Schläge führen kann. Auch ist es sehr unangenehm, wenn ein bereits gelockerter Kork aus der Flasche ausgeschlagen wird und sich dann der Inhalt ungewünscht ergießt.

Bei allen Prinzipien, die auf einer äußeren Kraftwirkung basieren, bleibt der Kork unzerstört. Insgesamt erscheint die Entfernung des Korkpfropfens durch eine äußere Kraftwirkung für eine Überführung in eine technische Lösung nur für Sekt und Schaumweine anwendbar. Für Wein, der keine Gasphase ausbildet, ist dieses Öffnungsprinzip wenig geeignet.

1.2.3 Öffnungsvorgang durch äußere Krafteinwirkung

Bei der Entfernung eines Pfropfens aus dem Flaschenhals durch eine äußere Krafteinwirkung muss eine axiale Zugkraft am Pfropfen angreifen und auf den Ring des Flaschenhalses eine Druckkraft wirken (Bild 1.10).

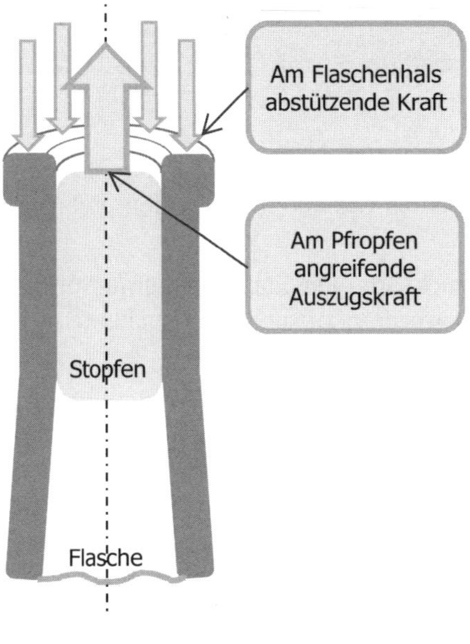

Bild 1.10 Kraftwirkung bei der Entfernung eines Korkpfropfens

Die wirkende Zugkraft und die abstützende Kraft haben den gleichen Betrag, sind aber entgegengesetzt gerichtet. So besteht ein Kräftegleichgewicht, das bei einem hinreichend großen Betrag der Kraft ein Herausziehen des Pfropfens ermöglicht. Wenn das Kräftegleichgewicht gestört ist, werden beide Körper im Richtungssinn der größeren Kraft bewegt.

Die Aufgaben, die ein solches System zur Öffnung von Flaschenverschlüssen zu erfüllen hat, sind:

1. das Eindringen und Verankern des Öffnungswerkzeugs im Pfropfen,
2. das Ausziehen des Pfropfens,
3. das Lösen des Werkzeugs aus dem entnommenen Pfropfen.

Das Eindringen und Verankern wird bei fast allen Öffnungswerkzeugen durch ein selbstschneidendes Gewinde mit sehr großer Gangtiefe sichergestellt. Alternativen werden in der Praxis kaum verwendet.

Denkbar wäre eine Variante, bei der man den Stopfen durchbohrt und einen Anker durch die Durchgangsbohrung hindurchführt. Über diesen ist eine Krafteinleitung auf die dem Flascheninhalt zugewandte Seite des Verschlusses möglich (Bild 1.11).

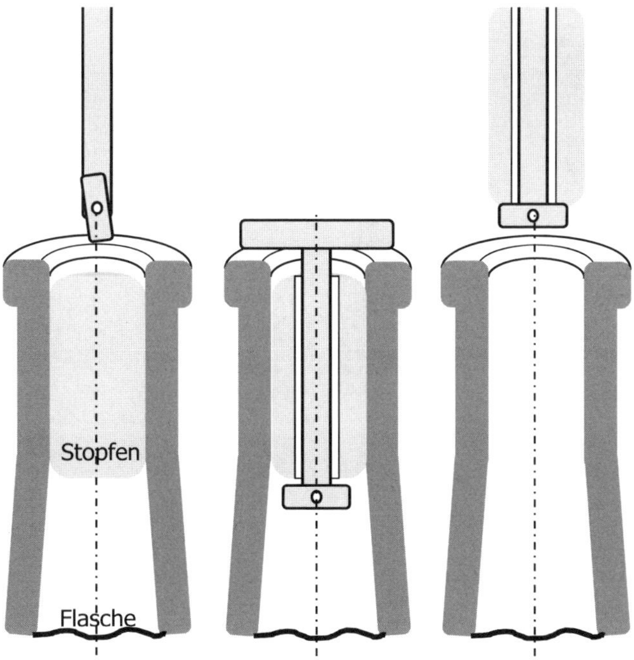

Bild 1.11 Entnahmewerkzeug nach dem Prinzip „Anker“

Bei diesem System würde das Bohren ein eigenständiges Werkzeug und entsprechenden Aufwand erfordern. Mit der Durchgangsbohrung ändert sich das Spannungsprofil des gepressten Stopfens, sodass die Demontagekraft weitgehend unabhängig vom Entnahmesystem bleibt. Der Anker müsste entsprechend stabil ausgelegt werden, um eine schadensfreie Kraftübertragung zu ermöglichen. Die Abstützung des Systems wäre am Rand des Flaschenhalses sinnvoll, müsste aber technisch aufwendig umgesetzt werden. Wegen des Klappmechanismus am Anker, der zum Einführen durch die Bohrung im Pfropfen erforderlich ist, kann das Verschlussteil vom Öffnungswerkzeug problemlos entfernt werden. Allerdings stellt das Gelenk auch einen mechanischen Schwachpunkt der Konstruktion dar. Potenzielle Anwendungen wären im Laborbereich, wo Verschlussstopfen mit Durchgangsbohrung für Glasrohre eingesetzt werden.

Eine weitere Variante für ein alternatives System könnte das Prinzip des Dübels nutzen. Hier wäre ein Sackloch erforderlich, in das ein Anker eindringt und sich dort so stark verklemmt, dass die Demontagekräfte eingeleitet werden können (Bild 1.12).

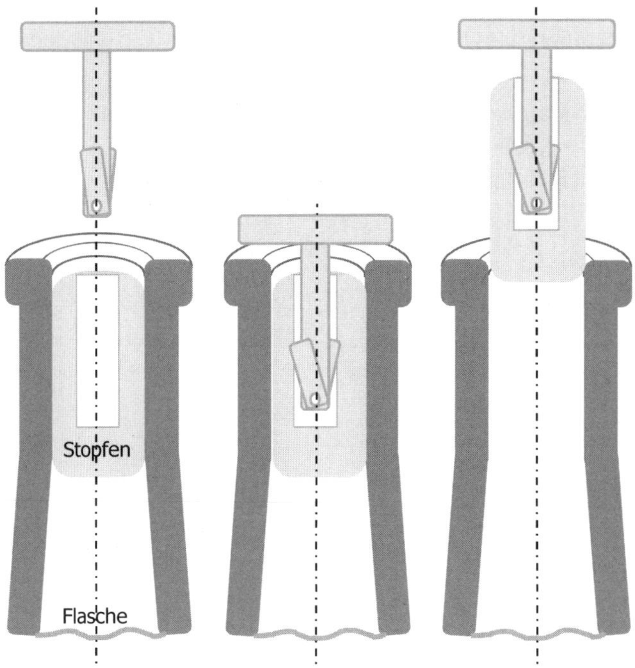

Bild 1.12 Spreizendes Entnahmewerkzeug

Sollte sich ein solches System durchsetzen, könnte das Sackloch bereits im Stopfen vorgesehen werden, ohne dass um die Dichtheit des Systems gefürchtet werden müsste. Dann wäre im Gegensatz zu dem in Bild 1.11 gezeigten System das Bohren nicht nötig. Beim Spreizen des Werkzeugs entsteht allerdings immer eine zusätzliche Pressung des Pfropfens gegen den Flaschenhals. So ist aufgrund der Nutzung dieses Öffnungswerkzeugs eine größere Zugkraft zum Entfernen des Verschlusses im Vergleich zu den anderen Varianten notwendig.

Um nach dem Öffnen den entfernten Pfropfen wieder vom Werkzeug zu lösen, muss die Spreizung im Sackloch aufgehoben werden. Dazu muss das Öffnungswerkzeug wieder zurück in das Loch bewegt und die Spreizelemente angelegt werden. Eine naheliegende Vorgehensweise besteht darin, die Gravitation zu nutzen. Beim Einführen wird das Entnahmewerkzeug von oben nach unten bewegt und die Spreizelemente entfalten sich. Nach der Entfernung des Pfropfens aus der Flasche dreht man das System so, dass sich der Kork über dem Entnahmewerkzeug befindet. Drückt man nun auf den Pfropfen, klappen die Spreizelemente an. Das Verschlusselement kann problemlos und unzerstört entnommen werden. Allerdings kann eine Fehlbenutzung zur irreversiblen Fixierung führen, wenn das Eindrücken bis zum Anschlag des Sacklochs erfolgt und das Werkzeug von oben in den Pfropfen noch weiter eingerückt wird. Um das Werkzeug zu retten, müsste nach dem Öffnen der Kork aufwendig zerstört werden.

Durchgesetzt haben sich die beiden beschriebenen Systeme (Bild 1.11 und Bild 1.12) nicht. Ungeachtet dessen verlangt, wie eingangs ausgeführt, die Vorgehensweise zur Entwicklung technischer Systeme die Betrachtung von alternativen Lösungsansätzen.

Verwendung findet vor allem ein System, bei dem das Öffnungswerkzeug in den Kork hinein geschraubt wird. Über das Gewinde ist dann die Übertragung von Zugkräften möglich (Bild 1.13).

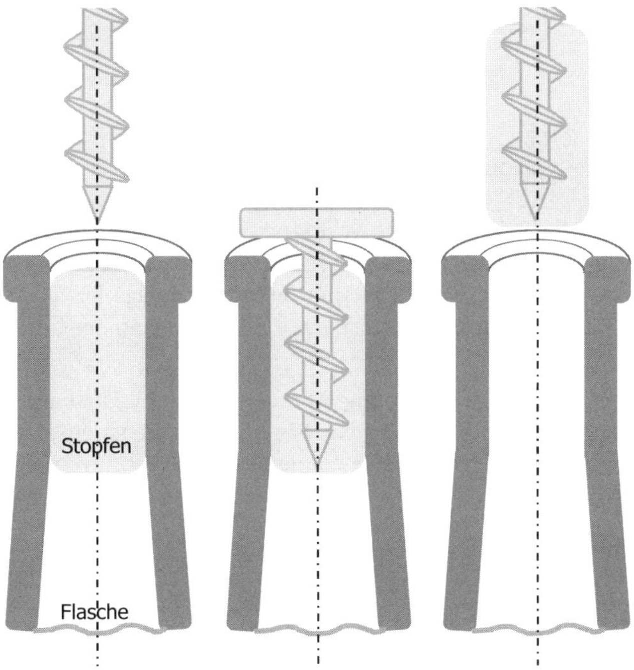

Bild 1.13 Entnahmewerkzeug mit Gewinde

Damit eine großflächige Kraftübertragung realisiert wird, wählt man für das Gewinde eine große Gangtiefe. Sonst besteht die Gefahr, dass der Pfropfen zerschert wird und man das Entnahmewerkzeug aus dem Verschluss unverrichteter Dinge wieder herauszieht. Wählt man die Gangtiefe zu groß, wirken stärkere Lasten am Entnahmewerkzeug und es wird beim Einschrauben mehr Material verdrängt.

Im Gegensatz zu den in Bild 1.11 und Bild 1.12 dargestellten Lösungen, bei denen das Entnahmewerkzeug geradlinig in den Pfropfen eingeführt wird, ist bei dem in Bild 1.13 gezeigten System eine Drehbewegung erforderlich. Das bedeutet einen zusätzlichen Aufwand bei der Bedienung.

Beim Einschrauben verzichtet man auf ein Vorbohren. So wird das Material des Pfropfens verdrängt. Bei einem Korkverschluss ist dies wegen der Elastizität des Materials und der Hohlräume im Inneren des Naturprodukts problemlos möglich. Bei einem Verschlusselement aus einem massiven Material würde beim Einschrauben eine zusätzliche Pressung gegen die Innenwand des Flaschenhalses erfolgen, die eine größere Entnahmekraft erfordern. Um die Materialverdrängung zu vermindern, verzichten heute die meisten Korkenzieher auf den Gewindekern und beschränken sich auf einen spiralförmig gebogenen Draht (Bild 1.14).

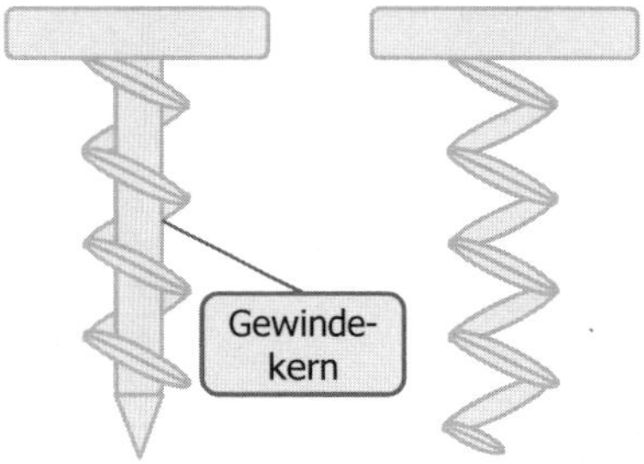

Bild 1.14 Prinzip des Korkenziehers mit Gewindekern und mit Spirale

Beim Ausziehen erfolgt ein Wechsel der Bewegungsart. Während das Einführen mit einer Rotation erfolgt, wird die Entnahme durch translatorischen (geradlinigen) Zug ermöglicht. Über die Gewindeflanken wird die Zugkraft auf den Stopfen übertragen. Das Entfernen des Stopfens ist möglich, wenn die Zugkraft groß genug ist, um die Pressung an der Innenwand des Flaschenhalses zu überwinden.

Die Entnahme des Verschlusselementes aus dem Öffnungswerkzeug erfolgt anschließend wieder durch eine Rotationsbewegung mit in Bezug auf das Einführen entgegengesetzter Drehrichtung. Der Stopfen zeigt nach der Entnahme mit einem solchen Öffnungsgerät durch das Einschrauben eine Fehlstelle, die eine weitere Verwendung als Verschlusselement ausschließt.

Wenn mehrere Möglichkeiten bestehen, eine technische Aufgabe zu erfüllen, muss man eine Entscheidung für eine Lösungsmöglichkeit treffen. In Abschnitt 1.1.1 wurde dieses Vorgehen als Variantenauswahl definiert. Aus der Vielzahl von Werkzeugen des Variantenvergleichs entscheiden wir uns hier für ein Punktesystem. So wird festgestellt, wie die alternativen Systeme die einzelnen Aufgaben erfüllen. Die technischen Aufgaben beziehen sich vor allem auf technische Funktionen, können aber andere Bereiche erfassen wie die Einbeziehung von Kostenbetrachtungen, strategischen Unternehmenszielen und Kundenakzeptanz. Als Funktionen, die für den Variantenvergleich herangezogen werden sollen, wurden für das konkrete Beispiel erkannt:

- Notwendige Vorarbeiten, die Voraussetzung für den Einsatz des Öffnungswerkzeugs sind.
- Einführen des Öffnungswerkzeugs in den Stopfen.

- Die Gewährleistung für eine nachvollziehbare und stabile Änderung der Geometrie des Öffnungswerkzeugs zur Entnahme des Stopfens.
- Zusätzliche Pressung gegen die Innenwand des Flaschenhalses bei der Anwendung des Öffnungswerkzeugs.
- Aufwand zur Entfernung des Stopfens aus dem Öffnungswerkzeug nach dem Öffnen der Flasche.

Beim Variantenvergleich werden zunächst die einzelnen Aufgaben aufgelistet und die alternativen Lösungsansätze verbal beurteilt. Für das hier abgehandelte Beispiel erfolgt dies in Tabelle 1.1.

Tabelle 1.1 Verbaler Variantenvergleich

	Entnahmewerkzeug nach dem Prinzip „Anker"	Spreizendes Entnahmewerkzeug	Entnahmewerkzeug mit Gewinde
Vorarbeiten	Durchgangsloch vorbohren	Sackloch, kann am Pfropfen vorgefertigt sein	Keine
Einführen	geradlinig	geradlinig	Rotationsbewegung
Änderung der Geometrie für die Entnahme	Anker drehen	Spreizarme ausfahren	Keine
Zusätzliche Pressung an der Innenwand	Keine	Aufgrund der Spreizung	Aufgrund der Materialverdrängung
Entfernung des Pfropfens aus dem Entnahmewerkzeug	Problemlos durch Einklappen des Ankers	Korrekte Positionierung um Spreizung zu lösen	Herausdrehen des Entnahmewerkzeugs aus dem Pfropfen

Nach der rein qualitativen Bewertung in Tabelle 1.1 werden die einzelnen Kriterien für die jeweiligen Varianten quantifiziert. Dazu sind mehrere Verfahren denkbar. So kann die Eignung durch die Vergabe von Schulnoten untereinander vergleichbar gemacht werden.

Hier wurden die einzelnen Kriterien mit einem Punktesystem bewertet, das bei einem Punkt eine hohe Kundenakzeptanz annimmt und einen wahrscheinlich sehr unzufriedenen Kunden mit zehn Punkten darstellt.

Bekannt sind noch viele weitere Systeme zum quantitativen Vergleich von alternativen Varianten, auf die hier nicht näher eingegangen werden soll. Damit die Vergleichbarkeit gegeben ist, darf bei der Auswertung das einmal verwendete System nicht gewechselt werden.

Mit dem Bewertungssystem können die Varianten in den jeweiligen Funktionen untereinander verglichen werden (Tabelle 1.2). Allerdings ist noch keine Aussage möglich, welche der Varianten insgesamt am besten zur Erfüllung der Gesamtaufgabe geeignet ist.

Tabelle 1.2 Quantitativer Variantenvergleich, Gewichtungsfaktoren in Prozent

	Entnahmewerkzeug nach dem Prinzip „Anker“	Spreizendes Entnahmewerkzeug	Entnahmewerkzeug mit Gewinde
Vorarbeiten (20 %)	10	4	1
Einführen (10 %)	1	1	7
Änderung der Geometrie für die Entnahme (30 %)	3	4	1
Zusätzliche Pressung an der Innenwand (30 %)	1	8	6
Entfernung des Pfropfens aus dem Entnahmewerkzeug (10 %)	1	10	7
Gewichte Summe			

Um einen quantitativen Vergleich über alle Funktionen ziehen zu können, werden für die einzelnen technischen Aufgaben Gewichtungsfaktoren vorgegeben. Dabei wird von einem konkreten Anwendungsfall ausgegangen. In Tabelle 1.2 wurden diese hinter den jeweiligen Funktionen in Klammern angegeben.

Die Gewichtungsfaktoren gelten nur für den betrachteten, ganz speziellen Anwendungsfall. Im hier angeführten Beispiel soll das Öffnen der Flaschen in einer privaten Umgebung erfolgen. Die Nutzung erfolgt bestenfalls einmal täglich durch wechselnde Personen ohne nennenswerte technische Kenntnisse. Unter diesen Voraussetzungen und nur unter diesen wurden die in Tabelle 1.2 angeführten Werte als Gewichtungsfaktoren festgelegt.

Bei der Vorgabe der Gewichtungsfaktoren ist eine gewisse Erfahrung sehr hilfreich, wenn die Festlegung wie in diesem Fall (Tabelle 1.2) nach subjektiven Kriterien erfolgt. Ändern sich die Umstände der Anwendung, müssen auch die Gewichtungsfaktoren angepasst werden. So ist die notwendige Vorbereitung für die Anwendung in einer häuslichen Umgebung ganz anders zu bewerten als bei einer sehr häufigen Wiederholung des Öffnungsvorgangs in einer Gaststätte oder bei einem Partyservice.

Benötigt man ein zusätzliches Werkzeug wie bei dem Prinzip Anker, stört dies im häuslichen Bereich ungemein, bei einer gastronomischen Nutzung wird das aber weniger kritisch bewertet. Im Gegensatz dazu ist die Entfernung des Pfropfens aus dem Öffnungswerkzeug, nachdem die Flasche entkorkt wurde, im häuslichen Bereich viel weniger störend als in der Gastronomie, wenn das Öffnungswerkzeug möglichst schnell wieder einsatzfähig sein muss.

Für die Begeisterung des Kunden und die Akzeptanz der Herstellermarke spielt bei der Beurteilung einzelner Varianten die bestmöglich auf die Kundenbedürfnisse ausgerichtete Gewichtung die entscheidende Rolle. Wir Verbraucher richten unsere Kaufentscheidung drauf hin aus, ob es dem Anbieter der Ware gelingt, unsere Bedürfnisse zu erkennen und unseren Geschmack zu treffen.

Mit den in Tabelle 1.2 gezeigten Werten sind die Varianten untereinander vergleichbar, wenn der für die jeweilige Variante vergebene Punktewert mit dem jeweils gültigen Gewichtungswert multipliziert wird.

In Tabelle 1.3 wurde dies für die vorgestellten Varianten erledigt. Die Vorarbeiten für das Prinzip Anker wurden in Tabelle 1.2 mit 10 bewertet. Mit dem Gewichtungsfaktor von 20 % ergibt sich die Punktezahl von 200 in Tabelle 1.3. Für die jeweiligen Varianten wurden alle ermittelten Werte addiert und in Tabelle 1.3 unten als Summe ausgewiesen. Diese „gewichtete Summe" wird als Vergleichszahl herangezogen.

Tabelle 1.3 Gewichteter Variantenvergleich

	Entnahmewerkzeug nach dem Prinzip „Anker"	Spreizendes Entnahmewerkzeug	Entnahmewerkzeug mit Gewinde
Vorarbeiten	200	80	20
Einführen	30	10	70
Änderung der Geometrie für die Entnahme	90	120	10
Zusätzliche Pressung an der Innenwand	30	240	180
Entfernung des Pfropfens aus dem Entnahmewerkzeug	10	100	70
Gewichte Summe	360	550	350

Entsprechend den Werten aus Tabelle 1.3 wäre das Entnahmewerkzeug mit Gewinde und das nach dem Prinzip „Anker" arbeitende am besten für die Verwendung im häuslichen Bereich geeignet, dagegen wird einem nach dem Prinzip des Spreizens arbeitendes Entnahmewerkzeug die Akzeptanz versagt. Nimmt man als typischen Einsatzort den Bereich der Gastronomie an, sind ganz andere Ergebnisse zu erwarten.

Alle hier diskutierten Systeme arbeiten nach dem Prinzip, dass ein Öffnungswerkzeug in den Korkpfropfen eindringt, über das die Zugkraft aufgebracht wird. Abgestützt wird dieses Werkzeug meist auf dem Flaschenhals, der die einwirkenden Kräfte aufnehmen muss (Bild 1.10).

Nur ganz einfache Korkenzieher, wie sie an einem Taschenmesser angebracht sind, verzichten auf die Abstützung am Flaschenhals. Dies erfordert eine Fixierung der Flasche mit der Hand. Bei dieser einfachen Lösung kann man gut nachvollziehen, was passiert, wenn sich die wirkenden Kräfte nicht mehr im Gleichgewicht befinden. Gelingt es nicht, die Fixierung zu sichern, wird durch die am Öffnungswerkzeug wirkende Kraft die gesamte Flasche weggezogen. In umgekehrter Richtung entsteht ein Malheur, wenn sich der Pfropfen plötzlich und unverhofft löst und man mit der fixierenden Hand die Flasche wegreißt.

Wenn man diese Erfahrung einmal gemacht hat, wird man einen Korkenzieher wählen, der sich von selbst auf dem Flaschenhals abstützt (Bild 1.10). So muss beim Ausziehen des Pfropfens die Gegenkraft nicht von außen auf die Flasche aufgebracht werden.

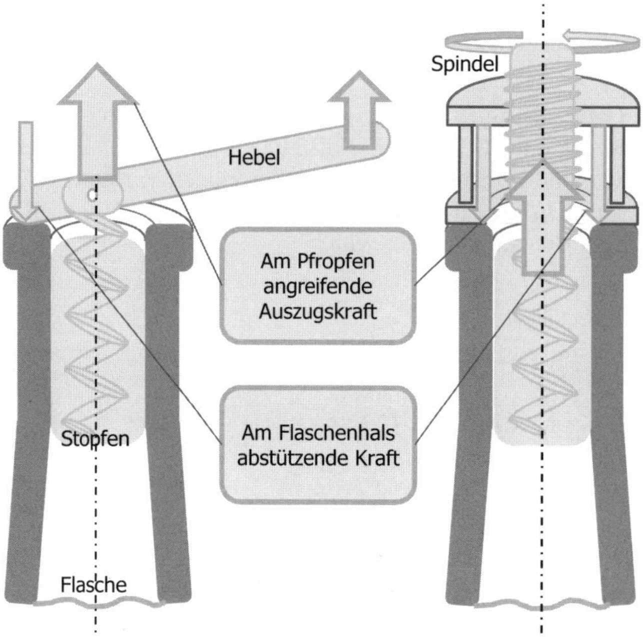

Bild 1.15 Zwei Prinzipien zur Kraftübertragung auf den Flaschenhals

In der linken Darstellung von Bild 1.15 erfolgt die Abstützung nur an einer Stelle des Flaschenhalses. Der angesetzte Hebel erleichtert das Einschrauben des Werkzeugs in den Pfropfen ohne großen Kraftaufwand. Diese technische Umsetzung ist einfach herstellbar und kann recht flach gehalten werden. Die Gelenke an Einschraubgewinde und Abstützung garantieren eine gute Wirkung des Hebels beim Herausziehen des Pfropfens. Als Nebenfunktion gewährleisten sie auch ein Zusammenlegen des Werkzeugs. Gern wird am Ende des Hebels zusätzlich noch ein Öffner für Kronkorken angebracht. So sind diese Ausführungen sehr gut für die Küchenschublade geeignet. Wegen der geringen Auflagefläche besteht aber die Gefahr des Abrutschens beim Entfernen des Korkens.

Spindelsysteme, wie sie in Bild 1.15 rechts gezeigt werden, bauen dagegen größer auf. Das Einschrauben erfolgt mithilfe der Spindel. Bei einfach gehaltenen Systemen setzt bei einer bestimmten Einschraublänge die Abstützung auf dem Flaschenhals auf und der Pfropfen wird aus dem Flaschenhals herausgezogen. Aufwendigere Ausführungen ermöglichen einen Bewegungswechsel, indem die Spindel beim Einschrauben mit einer Hülse blockiert und beim anschließenden Herausziehen freigegeben wird.

Bei anderen Ausführungen wird nach dem Auflegen der Abstützfläche die Spindel mit einem Hebelpaar zurückgezogen und entkorkt so die Flasche.

Wegen der beweglichen Teile sind solche Ausführungen aufwendig in der Herstellung.

Für welches der Systeme zum Öffnen einer Weinflasche sich der Konsument entscheidet, ist nicht allein technisch bestimmt. Hier kommt eine Art von technischer Evolution zur Wirkung, die den Kunden so lange Öffnungssysteme kaufen lässt, bis er eine für sich zufriedenstellende Lösung gefunden hat (Bild 1.16).

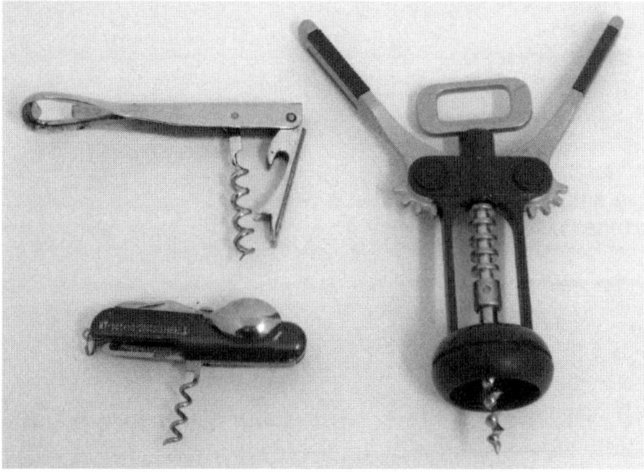

Bild 1.16 Verschiedene Ausführungen von Korkenziehern

1.3 Kronkorken

1.3.1 Aufbau und Prinzip der Abdichtung

Kronkorken setzten sich seit dem Ende des 19. Jahrhunderts als Verschlussart für Alltagsgetränke durch. Über lange Zeit gab es nur wenig Konkurrenz durch Bügel- und Schraubverschlüsse. Der große Vorteil der beiden Alternativen, dass die Wiederverschließbarkeit der Flasche möglich wurde, konnte die aufwendigere Herstellung lange nicht aufwiegen. Erst mit der Einführung der Plastikflaschen wurde der übermächtige Anteil der hier behandelten Verschlussart zurückgedrängt.

Der Begriff „Kronkorken" suggeriert die Verwendung des benannten Naturmaterials. Die Entwicklung der Technik hat dieses Material allerdings über die Jahre für diese Anwendung durch alternative Werkstoffe ersetzt. Zu einer Zeit, in der Kunststoffe noch in Kautschukplantagen heranwuchsen oder aus Kuhmilch gewonnen wurden, verwendete man zum Verschluss von Flaschen die in Abschnitt 1.2 beschriebenen Korkstopfen aus dem namentlich erwähnten Naturmaterial. Die Bezeichnung für diesen Rohstoff übertrug man auf die Funktion als solche. Seit ihrer Einführung werden die Flaschenverschlüsse mit einer gekröpften Metallscheibe als „Kronkorken" bezeichnet.

Während in den ersten Jahren der Verwendung die Dichtfunktion noch durch eingelegte Korkplättchen sichergestellt wurde, verwendet man heute als Dichtmaterial weiche Einlagen aus Kunststoff.

Unter technischem Gesichtspunkt stellt die Abdichtung einer Flasche mit einem Kronkorken eine Flanschabdichtung dar (Bild 1.5), weil die Abdichtung an der Grundfläche des Hohlzylinders „Flaschenhals" erfolgt.

Den prinzipiellen Aufbau eines Kronkorken-Verschlusses zeigt Bild 1.17.

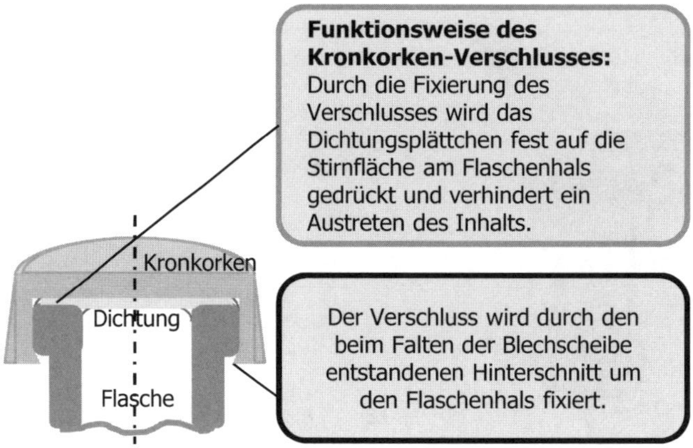

Bild 1.17 Flaschenverschluss mit Kronkorken

Das Grundprinzip der Flanschdichtung ist sowohl beim Kronkorken als auch bei Bügel- beziehungsweise Schraubverschluss mit Dichtungsplättchen gegeben. Lediglich die Fixierung des Verschlusselements an der Flasche unterscheidet sich. Für Flaschen mit Bügelverschluss übernimmt der Bügelmechanismus die Fixierung des Dichtelements, bei Flaschen mit Schraubgewinde wird die Fixierung über die Reibung im Gewinde sichergestellt. Die Kronkorken bilden aufgrund der Bördelung der Blechscheibe einen Formschluss zur Flasche aus.

Im Gegensatz zu einem Verschluss mit Stopfen haben die nach dem Flanschprinzip abdichtenden Systeme den Vorteil, dass ab einem bestimmten Niveau ein Überdruck in der Flasche durch eine moderate Öffnung des Verschlusses entweichen kann. Ist der Druck durch den Gasverlust dann reduziert worden, verschließen die Flanschdichtungen wieder. Weil bei der Öffnung des Verschlusses eine überwiegend elastische Deformation des Verschlusssystems vorkommt, ist ein „Ausatmen" der Flasche möglich. Eine Aufnahme von Gas aus der Umgebung ist hingegen wegen der Ventilwirkung des Verschlusses wenig wahrscheinlich.

1.3.2 Öffnungsvorgang durch äußere Krafteinwirkung

So wie bei den bereits betrachteten Stopfensystemen (vergleiche Bild 1.10) muss bei der Öffnung eines Kronkorken-Verschlusses ein Kräftegleichgewicht herrschen (Bild 1.18).

Die Kraftwirkung zur Öffnung des Verschlusses muss unter dem Kranz des Kronkorkens angreifen. Die Wirkung der Öffnungskraft bewirkt eine Deformation am Kronkorken in der Art, dass der nach der Umbördelung bestehende Hinterschnitt des Verschlusses aufgehoben wird.

Wenn die Wirkungsrichtung der Kraft rein radial ausgerichtet ist, kann die Kraft nur an einer sehr geringen Fläche am Kronkorken angreifen. So würde das Werkzeug abrutschen. Bei einer rein axialen Ausrichtung der Öffnungskraft erfolgt die Krafteinleitung von der Umbördelung direkt in den Öffnungswulst des Flaschenhalses, ohne dass eine Deformation zur Öffnung des Verschlusses erfolgen würde und Glasbruch am Flaschenhals entsteht. Die Einleitung der Öffnungskraft muss also schräg zum Kronkorken hin erfolgen, so wie es in Bild 1.18 dargestellt ist.

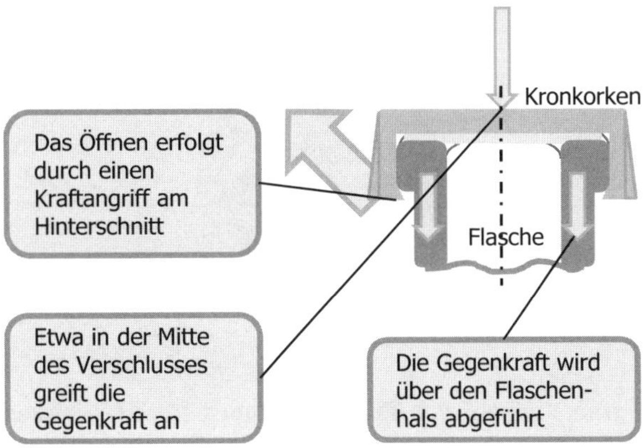

Bild 1.18 Schematische Darstellung der am Kronkorken angreifenden Kräfte

Wenn nur die Öffnungskraft allein wirkt, würde eine Deformation ausbleiben, die Flasche würde lediglich verschoben werden. Damit der Inhalt des Glasgefäßes zugänglich wird, muss eine Gegenkraft aufgebracht werden. Die Gegenkraft kann weitgehend auf einen Punkt fokussiert, linienförmig oder großflächig im Zentrum des Kronkorkens angreifen (Bild 1.19).

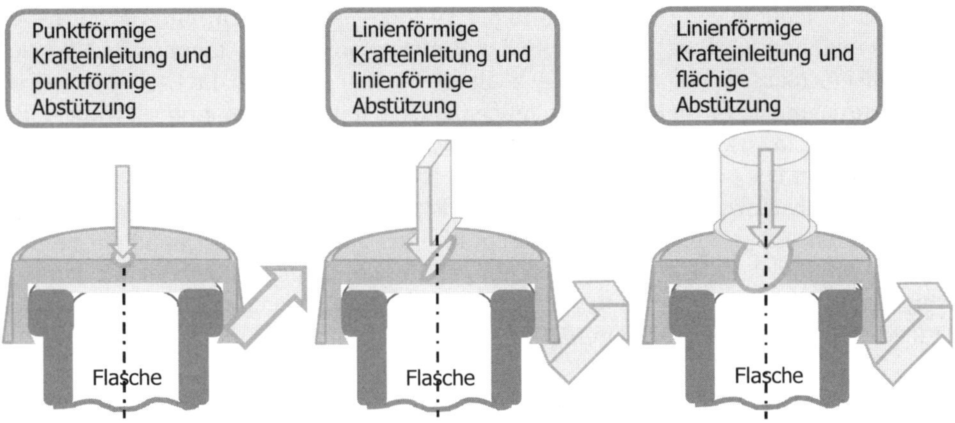

Bild 1.19 Möglichkeiten des Kraftangriffs zur Öffnung eines Kronkorken-Verschlusses

Die Gestalt des Öffnungswerkzeugs bestimmt, ob die Öffnungskraft punkt- oder linienförmig wirksam wird und auf welcher Fläche sich die Gegenkraft verteilt (Bild 1.19). Beispiele zur Ausführung von Flaschenöffnern zeigt Bild 1.20.

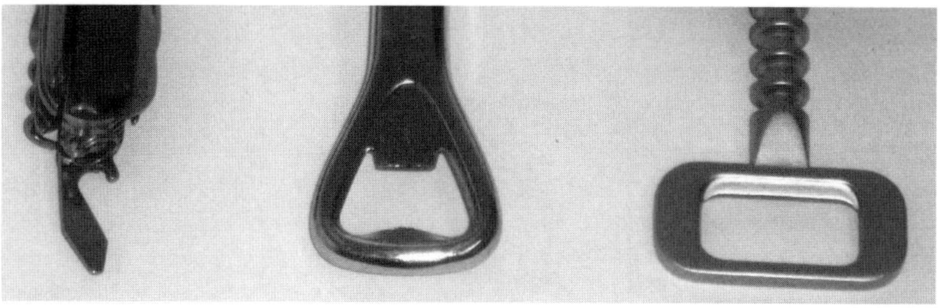

Bild 1.20 Einige Flaschenöffner

Aus dem Alltag ist bekannt, dass es eine Vielzahl von Flaschenöffnern für Kronkorken gibt, die auch gern als Werbemittel eingesetzt werden. In Bild 1.20 kann lediglich eine Auswahl mit jeweils einem Vertreter der unterschiedlichen Öffnungsprinzipien dargestellt werden. Die Deformationsbilder der mit diesen einzelnen Werkzeugen geöffneten Kronkorken unterscheiden sich voneinander. Die Gestalt des einzelnen Kronkorkens nach der Öffnung der Flasche hängt offensichtlich vom angewendeten Öffnungsprinzip des verwendeten Werkzeugs ab.

Bild 1.19 zeigt unverformte Kronkorken in ihrer Funktion, die Flasche zu verschließen. Die Art der Krafteinleitung beim Öffnungsvorgang ist vor allem für die Deformation der Verschlusselemente wichtig. Bei der in Bild 1.19 links dargestellten punktförmigen Art der Krafteinleitung wird zur Beseitigung der Hinterschneidung im umbördelten Bereich der Metallverschluss an der Stirnseite gebeult oder geknickt und so die Umbördelung gelöst. Die entnommenen Kronkorken erscheinen aufgrund der Deformation verbraucht. Bei punktförmiger Einwirkung der Gegenkraft (Bild 1.19 links) zeigt der Kronkorken genau an der Stelle, an der das Werkzeug aufgestützt wurde, eine kraterförmige Deformation. Eine linienförmig einwirkende Gegenkraft bewirkt nach dem Öffnungsvorgang einen über seinen Durchmesser geknickten Kronkorken. Die Ausführung entsprechend der rechten Darstellung in Bild 1.19 bewirkt dagegen nur erkennbare Deformationen an der den Hinterschnitt ausbildenden Perforation der Kronkorken. Die abgetrennten Verschlüsse zeigen so äußerlich keine Verbrauchsspuren.

Die Verwendung der unterschiedlichen Öffnungsprinzipien haben auch funktionelle Auswirkungen. Bei einfachen Flaschenöffnern, die aufgrund ihrer Bauform eine punktförmige Krafteinleitung bewirken, muss für eine erfolgreiche Beseitigung des Hinterschnitts das Werkzeug oft mehrmals angesetzt werden. Auch bei den Systemen, die den Kronkorken an der Stirnfläche an einer Linie knicken, müssen mitunter mehrere Ansätze bis zum endgültigen Öffnen der Flasche erfolgen. Dagegen sind die in Bild 1.19 rechts dargestellten Systeme sehr betriebssicher und erlauben ein vollständiges Öffnen mit einem einzigen Ansetzen des Werkzeugs.

Neben der rein technischen Funktion des Flaschenverschlusses werden Kronkorken auch mehr und mehr als Werbeträger für die jeweilige Marke entdeckt. Häufig werden auch Informationen für Gewinnspiele auf den Kronkorken hinterlegt. Von einigen Verbrauchern werden die Flaschenverschlüsse nach der Öffnung aufbewahrt und gesammelt. Hier sind natürlich Exemplare mit wenigen erkennbaren Gebrauchspuren klar bevorzugt.

Sowohl aus technischer Sicht als auch vom ästhetischen Standpunkt der Sammler aus sind das in Bild 1.19 rechts gezeigte Prinzip und die dazu gehörigen Öffnungswerkzeuge die beste Wahl. Hier wird die Gegenkraft großflächig angesetzt und der Hinterschnitt des Kronkorkens mit einer Deformation allein an der Umbördelung gelöst.

Einige Mitmenschen öffnen Flaschen mit einem Feuerzeug, einem Löffel oder anderen nicht für diesen Einsatzzweck vorgesehenen Gegenständen. Mit scheinbarer Mühelosigkeit wird die Flasche am Hals gepackt und der Gegenstand als Hebel angesetzt. Schnell verrät ein kurzes Zischen, dem übergangslos ein „Plopp“ folgt, dass es mit der versiegelten Flasche nun vorbei ist und der Inhalt frei zugänglich vorliegt. Dabei spalten sich offenbar die Geister in praktisch Veranlagte und die heimlichen Bewunderer. Aber auch hier kann man erklären, wie der Öffnungsvorgang funktioniert (Bild 1.21).

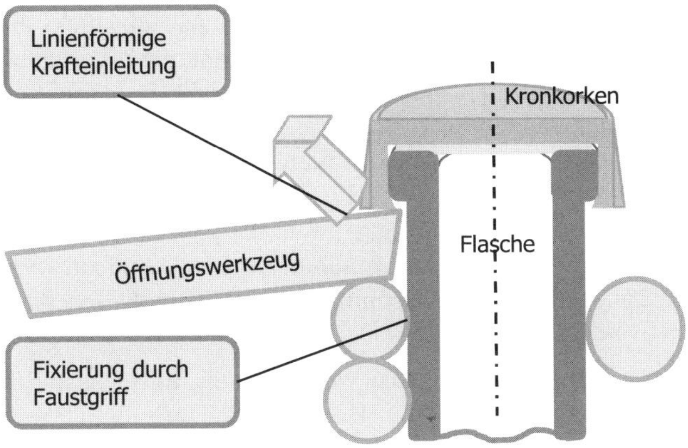

Bild 1.21 Schematische Darstellung des Flaschenöffnens mit einem angesetzten Hebel

Der zum Öffnen verwendete Gegenstand wird als Hebel verwendet und unter dem umbördelten Rand des Kronkorkens angesetzt. Die den Flaschenhals umfassende Hand bringt die Gegenkraft auf und fungiert als Drehpunkt für den Hebel. Mit etwas Übung kann man so Getränkeflaschen auch ohne spezielles Werkzeug fast ohne Mühe öffnen.

1.3.3 Gestaltung eines einfachen Öffnungswerkzeuges für Kronkorken

Weil sich bei Kronkorken die Form der verwendeten Werkzeuge mehr oder weniger ähnelt, wird hier auf eine grundlegende Funktionsanalyse, die in Abschnitt 1.1.1 vorgestellt und in Abschnitt 1.2.2 angewendet wurde, verzichtet. Nachdem in den vorherigen Abschnitten die Funktionsweise bestehender Produkte erklärt wurde, besteht die Aufgabe hier nun darin, ein eigenes Erzeugnis zu kreieren. Dabei werden nur grundlegende Prinzipien erklärt, um einen schnellen Einstieg in die Problematik zu ermöglichen. Diese erfüllen die gestellten Aufgaben nur teilweise. Die endgültige Ausgestaltung des Erzeugnisses bleibt der Fantasie und vielleicht auch dem handwerklichen Geschick des Lesers und der Leserin vorbehalten.

Das Öffnungswerkzeug soll einem der in Bild 1.19 dargestellten und im Text erklärten Prinzipien entsprechen. Die Anfertigung soll mit geringsten Stückzahlen handwerklich erfolgen und mit den einem einfachen Heimwerker zur Verfügung stehenden überschaubaren Mitteln umsetzbar sein.

Vor Beginn der Entwicklung erfolgt die Analyse der zu erfüllenden technischen Aufgaben, die von einem Werkzeug zum Öffnen eines Kronkorken-Verschlusses zu erfüllen sind:

1. Positionierung der Öffnungskante unter der Umbördelung des Kronkorkens.
2. Realisierung der Öffnungskraft bei gleichzeitigem Aufbringen der Gegenkraft.
3. Nachführung des Werkzeugs bei der Deformation des Kronkorkens.
4. Abführen des gelösten Kronkorkens vom Flaschenhals weg.
5. Gezieltes Ablegen des Kronkorkens.

Unter den genannten Randbedingungen bietet sich die Verwendung eines Holzstücks als gestalterisches Grundelement an. Der Werkstoff Holz kann unter den genannten Vorgaben auch von Heimwerkern einfach bearbeitet werden. Das Material ist leicht zu beschaffen und in vielen Kellern sind Reste in einer Bastelecke vorhanden. Dachlatten sind von den Proportionen gut geeignet, die gewünschten Aufgaben zu erfüllen und preiswert in jedem Baumarkt erhältlich. Die Querschnittsmaße betragen 35 × 17 mm, Längen sind von 1,80 bis 2,40 m üblich. Für den hier angestrebten Verwendungszweck können entsprechend mehrere Stücke aus einem Halbzeug gesägt werden. Auf Angaben zur Länge und zur Kantengestaltung wird hier verzichtet. Die Festlegung der Grundproportionen bleibt dem Ausführenden überlassen.

Damit die Umbördelung des Flaschenverschlusses gelöst werden kann, muss eine Öffnungskante unter den Kronkorken greifen. Der Werkstoff Holz ist dafür ungeeignet, weil hier sehr schnell Abnutzungserscheinungen auftreten. Hier bedingt die leichte Bearbeitbarkeit des Holzes eine entsprechend verminderte Verschleißfestigkeit. Das bezieht sich auch auf eine Verwendung entsprechend Bild 1.21. Es scheint, als würde man den Grundkörper um ein Öffnungselement aus Metall ergänzen müssen. Bevorzugt werden sollte die Funktionserfüllung unter Verwendung von Normteilen. Und tatsächlich kann mit einer Rundkopfschraube (DIN 96) eine entsprechende Öffnungskante realisiert werden, wenn diese mindestens um die Höhe des Kronkorkens über dem Grundelement steht (Bild 1.22).

Bild 1.22 Verwendung einer Rundkopfschraube als Öffnungselement

Der große Vorteil bei der Verwendung einer Schraube als Funktionsteil ist, dass kein extra Funktionselement angefertigt werden muss und man auf ein Montageelement verzichten kann. Die Schraube ist einfach zu beschaffen, gut verfügbar und leicht ersetzbar.

Der Abstand zwischen der Einschraubfläche am Grundelement und der Unterkante des Schraubenkopfes kann einfach mit einem Schraubendreher reguliert und angepasst werden.

In der Gesamtansicht würde das Erzeugnis dann die im Bild 1.23 gezeigte Gestalt haben.

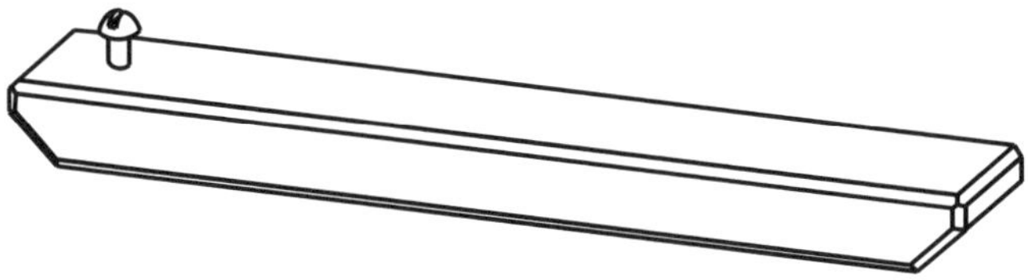

Bild 1.23 Ein einfacher Flaschenöffner mit einer Rundkopfschraube

Mit dem in Bild 1.22 und Bild 1.23 vorgestellten Werkszeug ist die Öffnung von Kronkorken grundsätzlich möglich. Allerdings wird man bei längerem Gebrauch feststellen, dass hin und wieder der Flaschenöffner seitlich wegrutscht. Dieses Problem kann einfach behoben werden, wenn anstelle von einer Schraube zwei Rundkopfschrauben in der in Bild 1.24 gezeigten Art und Weise in den Grundkörper eingebracht werden.

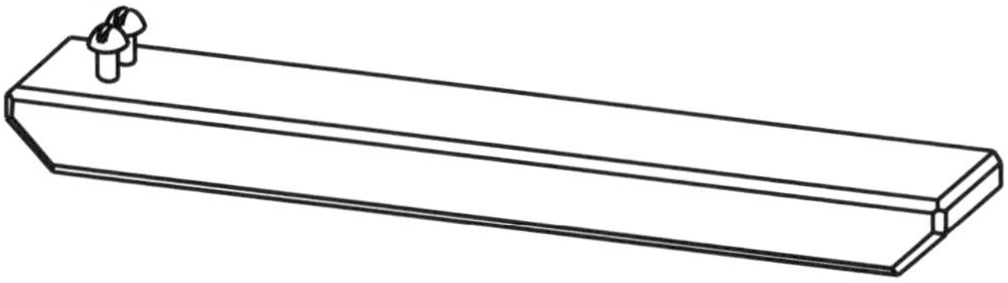

Bild 1.24 Verwendung von zwei Rundkopfschrauben als Öffnungselement

Bei der Verwendung von zwei Schrauben ist das Werkzeug seitlich stabilisiert. Man muss beachten, dass zwischen das Grundelement aus Holz und der Öffnungsfläche an der Unterkante der Rundkopfschrauben sicher ein Kronkorken hineinpasst und dass für beide Schrauben identische Einschraubtiefen realisiert werden. Das kann man mit der Verwendung eines Teiles mit entsprechender Dicke während des Einschraubens sicherstellen.

Die Öffnung des Kronkorkens kann in einem Zug erfolgen, ohne dass man nachsetzen muss. Mit einem in der Art der Darstellung von Bild 1.25 gezeigtem Flaschenöffner liegt nun ein Produkt vor, das einfach in einer handwerklichen Herstellungsweise mit den Mitteln und dem Können eines Handwerkers produziert werden kann.

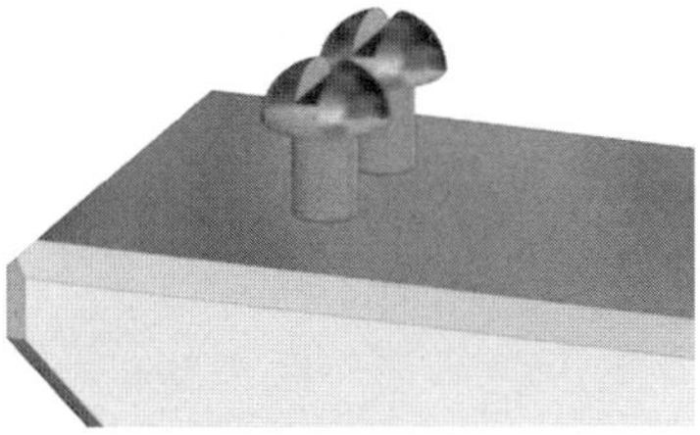

Bild 1.25 Flaschenöffner mit zwei Rundkopfschrauben

Das in Bild 1.25 gezeigte Erzeugnis ist ungeachtet seiner einfachen Herstellungsweise funktionell voll und ganz mit marktgängigen Produkten vergleichbar. Es ist aufgrund der Verwendung eines Grundelementes aus Holz recht voluminös, liegt dafür aber gut in der Hand und fühlt sich gut an. Jeder Nachbauende kann das Grundelement entsprechend seinen persönlichen Vorlieben gestalten und genau auf seine Vorlieben und die Form seiner Hand hin anpassen.

Allerdings werden nicht alle zu Beginn des Abschnitts genannten Funktionsanforderungen erfüllt. Die Fixierung des Kronkorkens nach dem Öffnen der Flasche ist nicht sicher gegeben und ein gezieltes Ablegen ist mit der vorgestellten Variante ebenfalls nicht realisierbar. Hier kann man sich damit trösten, dass professionelle Produkte ebenfalls nur in Ausnahmefällen diese Funktionen erfüllen. Ungeachtet dessen kann jeder Leser und jede Leserin mit der eigenen Kreativität spielen und über realisierbare Lösungen nachdenken, die auch diese Funktionsanforderungen erfüllen.

1.4 Schraubverschluss

Prinzip der Abdichtung

Schraubverschlüsse für Getränkeflaschen wurden zunächst bei hochprozentigen alkoholischen Genussmitteln eingeführt, weil sie gegenüber den beiden bereits vorgestellten Möglichkeiten den Vorteil der Wiederverschließbarkeit haben. Erst mit der Akzeptanz von großvolumigen Kunststoffflaschen wurden Schraubverschlüsse zu den am meisten eingesetzten und bestimmenden Verschlusselementen für Getränkeflaschen.

Das Funktionsprinzip eines Schraubverschlusses beruht auf der Reibung an einer schiefen Ebene. Wenn man einen Gegenstand mit einer entsprechenden Standfläche auf einem plan gearbeiteten und waagerechten Untergrund ablegt, bleibt er unbewegt liegen (Bild 1.26 oben). Erlaubt man eine Neigung des Untergrundes und vergrößert den Neigungswinkel der nun schiefen Ebene kontinuierlich, dann bewegt sich der Gegenstand ab einem bestimmten Winkel. Genau dort ist der wirksame Anteil der Schwerkraft des Gegenstandes groß genug, um die **Haftreibung** zu überwinden (Bild 1.26 Mitte). Der Gegenstand kommt ins Rutschen. Danach erhöht er kontinuierlich seine Geschwindigkeit entsprechend einer geradlinig gleichförmig beschleunigten Bewegung. Nachdem der Gegenstand ins Rutschen gekommen ist, kann man den Neigungswinkel wieder reduzieren, ohne dass die Bewegung stoppt. Bei einer geringen Verminderung des Neigungswinkels vermindert sich nur die Beschleunigung. Verringert man den Neigungswinkel noch weiter, wird der Gegenstand abgebremst, bis er auf der schiefen Ebene zum Stehen kommt. Bei einem bestimmten Neigungswinkel erfolgt aufgrund des dann herrschenden Kräftegleichgewichts eine geradlinig gleichförmige Bewegung ohne Beschleunigung (Bild 1.26 unten). Dieser Neigungswinkel, bei dem ein Kräftegleichgewicht vorliegt, ist kennzeichnend für die **Gleitreibung**.

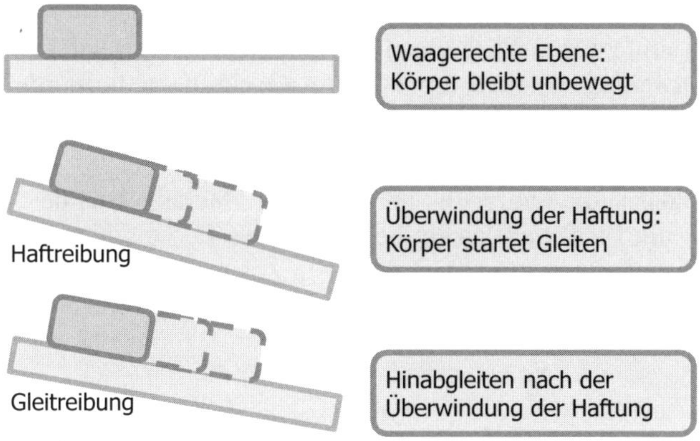

Bild 1.26 Reibungsverhältnisse an einer schiefen Ebene

Überträgt man das Funktionsprinzip auf ein Gewinde, entspricht die Neigung der schiefen Ebene der Gangsteigung. Die Gangsteigung muss so gewählt werden, dass ein Rutschen ausgeschlossen ist und sowohl Gleitreibung als auch Haftreibung wirksam sind.

Für eine andere Funktion, bei der man eine geradlinige ausgeführte, translatorische Bewegung mithilfe einer Spindel in eine Rotationsbewegung verwandeln möchte, sollte die Gangsteigung mehr als 45° betragen.

Dagegen ist die fixierende Funktion, wie man sie bei einem Schraubgewinde wünscht, normalerweise für Winkel kleiner als 10° gegeben. Dann halten die aufgeschraubten Kappen fest und lösen sich auch nicht, wenn die gesamte Flasche am Verschluss angehoben wird oder sich im Inneren ein gewisser Druck durch CO_2-Ausgasung aufbaut.

Zunächst wurden Deckel aus Metall verwendet. Für die Dichtung war ein spezielles Dichtungsplättchen aus einem duktilen Material notwendig (Bild 1.27 links), ähnlich wie man es bei Kronkorken verwendet (Bild 1.17).

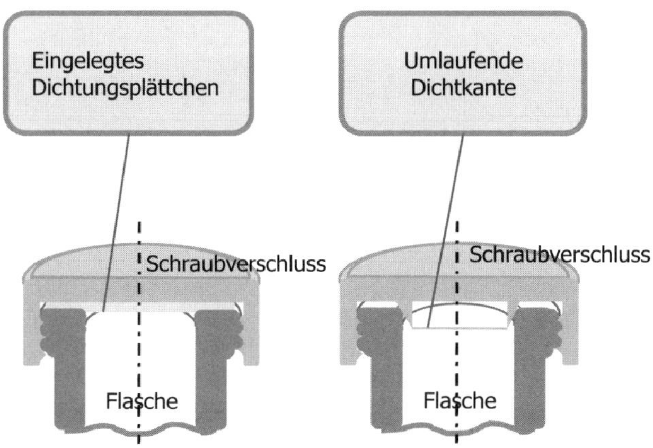

Bild 1.27 Dichtungsprinzip bei Schraubverschlüssen

Beim Anziehen des Gewindes zum Verschließen der Flasche wirkt zunächst Gleitreibung. Wenn die Kappe soweit aufgeschraubt ist, dass auch eine Deformation des Dichtplättchens erfolgt ist, vergrößert sich das notwendige Anzugsmoment beim Zuschrauben. So werden die Maschinen zum Verschließen mit einer Momentsteuerung versehen, die beim Erreichen eines bestimmten Anzugsmomentes den Schraubvorgang beendet.

Verwendet man Kunststoffverschlüsse, kann aufgrund der gegenüber Metallverschlüssen höheren Duktilität des Materials die Dichtfunktion in die Gestalt des Deckels integriert werden. Man setzt dazu einen umlaufenden Ring, der sich beim Zuschrauben an die innere Kante des Flaschenhalses anschmiegt und so die Dichtung gegen Flüssigkeitsaustritt realisiert (Bild 1.27 rechts).

2 Wie wichtig Proportionen sind – Ein Frühstücksbrettchen entsteht

2.1 Länge und Breite eines Frühstücksbrettchens

2.1.1 Proportionen bei flächigen Anwendungen

Zu den uns unmittelbar umgebenden Alltagsgegenständen haben wir ein etwas gespaltenes Verhältnis. Es ist für uns selbstverständlich, dass sie voll und ganz ihre technische Funktion erfüllen. Von ihnen darf in keiner Weise eine mechanische, chemische oder sonstige Gefährdung ausgehen. Kaufentscheidend ist, dass sie uns ästhetisch ansprechen und gefallen. Andererseits ist man nicht bereit, diesen Gegenständen Aufmerksamkeit und Beachtung zu schenken. Abgelehnt werden Alltagsgegenstände, deren Gebrauch mit Wartung und Pflege verbunden ist. So können Messer aus rostfreiem Stahl zwar in der Spülmaschine gesäubert werden, die Klingen erreichen aber nicht die Eigenschaften eines geschichteten Damaszenerstahls, welcher unbedingt von Hand gereinigt werden muss.

Beim Umgang und der Nutzung unserer Alltagsgegenstände sind stimmige Proportionen der Objekte für angenehme Empfindung und Behaglichkeit wichtig. Teilweise fließt die Proportionierung eines Erzeugnisses bereits in die **Normung** ein.

An Normen müssen sich Hersteller von Erzeugnissen halten, wenn sie ihre Kunden mit den entsprechenden Produkten versorgen. So ist gewährleistet, dass die Nutzer definierte Produkte bekommen, die der zutreffenden Norm entsprechen.

Die Gestaltung mancher Erzeugnisse lehnt sich sehr eng an Normen an, bei der Entwicklung anderer Artikel gibt es nur wenige Vorgaben und beim Design können viele Freiheiten ausgelebt werden.

Eine allseits bekannte Norm bezieht sich auf das Papierformat. Bereits seit der Französischen Revolution haben wir in Europa festgelegte Proportionen. In unserem modernen Büroalltag ist die Verwendung des DIN A4-Formats mit einem Seitenverhältnis 1:1,41 – oder genauer Eins zu Wurzel aus Zwei – selbstverständlich. An dieses Format sind die Normgrößen für Versandtaschen und Hefter der C- und B-Reihe angelegt.

Größere oder kleinere Formate behalten diese Proportionen von eins zur Hälfte der Wurzel aus Zwei bei und werden jeweils durch das Halbieren an der längeren Seite oder das Verdoppeln der kürzeren Seitenlänge gebildet (Bild 2.1).

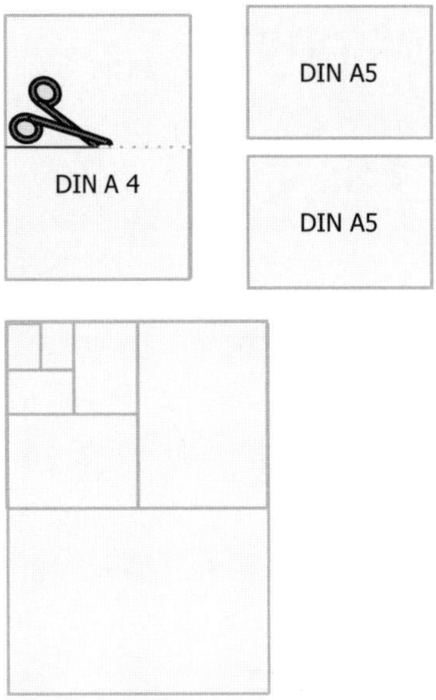

Bild 2.1 Die genormten Papierformate ergeben sich durch das Halbieren des längeren Seitenpaares des Rechtecks

So sind alle genormten Papierformate geometrisch ähnlich. Die Proportionen der Seitenverhältnisse gelten für alle vier Reihen von A bis D. Nur in Nordamerika sind Papierformate in Gebrauch, die von der Regel der geometrischen Ähnlichkeit im Verhältnis eins zu Wurzel aus Zwei abweichen.

Ausgangspunkt für die europäische Festlegung war, dass das Grundformat A0 einer Fläche von einem Quadratmeter entspricht. Auf diese Fläche beziehen sich die Gewichtsangaben für das flächige Papier. So kann durch einfaches Wiegen der Bögen die Qualität des Papiers ermittelt werden. Die kleineren Formate der Reihe ergeben sich durch das jeweilige Halbieren des Bogens. Diese Orientierung an der Halbierung des Bogens durch Faltung kommt aus dem Druckerhandwerk. Hier werden großformatige Bögen bedruckt und später zum Binden auf das Format des vorgesehenen Buches geschnitten. So vermeidet man bei diesem Arbeitsschritt mit der genormten Seitengröße einen Verschnitt an Papier.

Eine Alternative zur Halbierungsregel wäre die Orientierung am „Goldenen Schnitt“, bei dem das Seitenverhältnis von etwa 1:1,62 angestrebt wird und welches unter ästhetischen Gesichtspunkten am harmonischsten ist. Den exakten Wert ermittelt man einem Faktor Φ, der sich aus der Hälfte von $1 + \sqrt{5}$ ergibt.

Bei papierlosen Trägern optischer Informationen wurden, ohne dass eine straffe Normung ein definiertes Seitenverhältnis vorgab, mehrere Formate genutzt (Bild 2.2).

Als Fernseher Mitte des letzten Jahrhunderts eingeführt wurden, betrug deren ursprüngliches Seitenverhältnis 4:3 und übernahm das ursprüngliche Filmformat der frühen Kinofilme. Da die Apparate damals das Prinzip der Braunschen Röhre anwendeten, konnte nur in einer begrenzten kreisähnlichen Fläche ein scharfes Bild dargestellt werden. Das gewählte Seitenverhältnis nahe der quadratischen Form und die Abrundung der Ecken der Quadrate waren für dieses System der Bilderzeugung vorteilhaft. Seit der Einführung der Flachbildschirme favorisiert man das Verhältnis von 16:9 für die Bildwiedergabe. Heute sind Tendenzen erkennbar, die zu einem Format 16:10 gehen.

Bild 2.2 Gängige Formate für die bildliche Darstellung

Auch wenn die ergonomischen Gegebenheiten für das Breitformat sprechen, war die Umstellung darauf für viele Menschen doch gewöhnungsbedürftig.

Weil die einzelnen Fernsehsender zu unterschiedlichen Zeitpunkten die Bildformate wechselten, mussten die Konsumenten entweder bei einem Kanalwechsel die Grundeinstellungen des Fernsehapparates ändern oder mit verzerrten Bildern, abgeschnittenen Rändern oder ungenutzten schwarzen Balken am Rand der Projektionsfläche vorlieb nehmen. Bei einigen Wiedergabegeräten wurde versucht, mit einer zusätzlichen Funktion das jeweilige Bildformat automatisch zu erkennen und die Einstellung eigenständig zu wechseln, doch nur mit eingeschränktem Erfolg. So wurden aufgrund des Formatwechsels dem Nutzer durch die unkoordinierte Umstellung Einschränkungen beim Fernsehkonsum zugemutet.

An diesem Beispiel zeigt sich, wie wichtig sinnvolle und beständige Normungen sind.

Bei der rein bildlichen Darstellung geht es um die Ästhetik der optischen Wirkung. Technologische Gründe – wie die Minimierung des Verschnitts durch das Halbieren der längeren Seitenfläche bei den Papierformaten – sind hier sekundär.

2.1.2 Proportionen bei mechanischer Belastung

Für funktionale Gegenstände, die mechanischen Belastungen ausgesetzt werden, müssen aber neben den ästhetischen Ansprüchen vor allem funktionale Überlegungen angestellt werden.

Das gilt auch für Frühstücksbrettchen, für die sich Holz neben Kunststoff als Material am besten geeignet zeigte. Es fasst sich gut an und beim Schneiden auf dieser Unterlage nutzen sich die Messer nicht ab. Dieser Rohstoff zeigt in den einzelnen Belastungsrichtungen unterschiedliche Werkstoffeigenschaften. In Wachstumsrichtung können deutlich größere Kräfte aufgenommen werden als quer dazu. Werden quadratische Brettchen durch Biegung stark belastet, verformen sie sich quer zur Faser stärker als längs dazu. Sie brechen immer quer zur Faser (Bild 2.3).

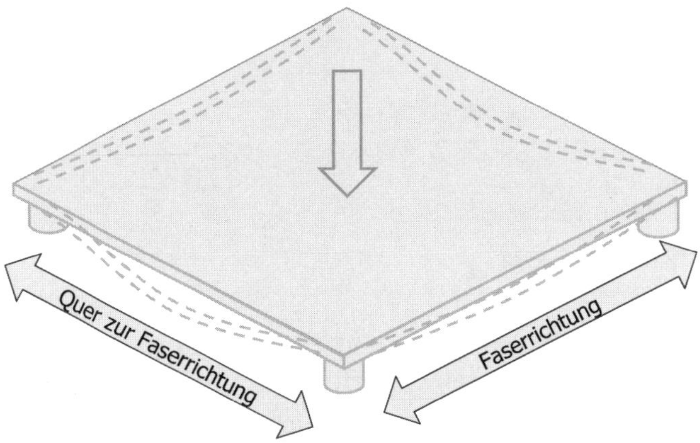

Bild 2.3 Belastung einer quadratischen Holzplatte

In Faserrichtung kann Holz größere Kräfte aufnehmen als quer dazu. Man bezeichnet ein solches Materialverhalten auch als anisotrop. Holz hat in Faserrichtung einen etwa um Faktor zehn bis zwanzig größeres Modul als quer zu den Fasern. Damit das Material bei Biegung einigermaßen gleichmäßig belastet wird, darf man keine quadratische Platte benutzen, in der Art, wie sie in Bild 2.3 gezeigt wird, sondern muss ein Rechteck mit einer in Faserrichtung deutlich längeren Seite verwenden, so wie wir es von der Geometrie eines Brettes her kennen.

Für das beabsichtigte Frühstücksbrettchen bedeutet dies, dass eine quadratische oder kreisrunde Form im Sinne der belastungsgerechten Materialausnutzung ungeeignet ist.

Vollkommen unzweckmäßig sind Brettchen, die quer zur Faserrichtung eine längere Ausprägung haben als in der Wachstumsrichtung des Holzes. Diese brechen schon bei geringsten Belastungen. Wenn schon nicht als Frühstücksbrettchen, kann man genau solche Brettchen verwenden, um seine Mitmenschen zum Beispiel als Karatekämpfer zu beeindrucken, dem es gelingt, mühelos Holzstücke mit bloßen Händen zu zertrümmern - und das ohne viel Training.

Wie bei Brettern üblich, sollten auch Frühstücksbrettchen in Faserrichtung länger sein als quer zu dieser. Techniker wünschen sich natürlich am liebsten eine genaue Vorgabe, wie eine gleichmäßige Kraftverteilung zwischen der Ausrichtung in Faserrichtung und quer dazu möglich wird. Auch in der Zeit der Computersimulation ist hier keine genaue Angabe möglich.

Schon weil Holz ein Naturprodukt ist, können genauen Aussagen zu den einzelnen Materialkenngrößen nicht getroffen werden. Unsere Hölzer werden aus unterschiedlichen Baumarten gewonnen. So unterscheiden sich natürlich die Werte für die Festigkeit und auch die Ausprägung der Anisotropie zwischen Faserrichtung und quer zu dieser für Holz zum Beispiel aus Pappel, Kiefer, Esche, Buche beziehungsweise Weißbuche und Eiche.

Auch die Umgebungsbedingungen bei der Lagerung sind für die Werkstoffeigenschaften von Holz entscheidend. So hängen die Materialeigenschaften vom Holz stark vom Feuchtegrad ab. Die Festigkeit in Richtung quer zu den Fasern ist für feuchtes Material besser als bei ausgetrocknetem Holz. Wenn Bretter extrem trocken gelagert werden und keine Oberflächenbehandlung den Wasserverlust verhindert, kann es sogar vorkommen, dass die Brettchen auch ohne Lasteinwirkung in Längsrichtung reißen und ausgesondert werden müssen.

Auch wenn aufgrund der Wechselwirkungen des Werkstoffs Holz mit seiner Umwelt keine genaue Angabe zu einem belastungsgerechten Seitenverhältnis getroffen werden kann, gilt die Aussage, dass immer das längere Seitenpaar eines Rechtecks in Faserrichtung des Holzes gelegt sein sollte.

2.1.3 Proportionen aus ästhetischer Sicht

Neben der rein technischen Funktion sind für Gebrauchsgegenstände natürlich funktionelle und ästhetische Merkmale vordergründig. Auch unter diesem Aspekt spricht einiges dafür, ein Frühstücksbrettchen nicht quadratisch, sondern als mehr oder weniger stark gestrecktes Rechteck auszulegen. Das entspricht dem Blickfeld des Nutzers, wenn das Frühstücksbrettchen vor ihm auf dem Tisch liegt.

Eine Normung der Proportionen von Frühstücksbrettchen, wie wir sie von den Papierformaten her kennen, hat sich nicht durchgesetzt. Der Vorteil einer Normung wäre, dass bei Bedarf der Hausrat um passende Stücke ergänzt werden kann, weil die neu erworbenen Teile gleiche Abmessungen wie bereits Vorhandene haben. Nachteilig ist, dass die Produkte uniform sind und eine Normung die Möglichkeiten zur individuellen Gestaltung beschränkt.

Der gestalterische Freiraum für die Proportionen beim Erzeugnis „Frühstücksbrettchen" muss mit einer entsprechenden Vorgabe ausgefüllt werden. Der Entwickler muss die Maße für Länge und Breite nach einem oder mehreren Kriterien festlegen.

Solche Festlegungen können durch eine mehr oder weniger willkürlich getroffene Festlegung erfolgen, die nach der Umsetzung für gut befunden wird. Dieser Weg ist sehr schnell gangbar, setzt aber für die richtige Entscheidungsfindung entsprechende Kompetenz voraus. Viele Entwickler verfügen über einen großen Erfahrungsschatz und treffen geeignete Proportionen rein emotional, ohne darüber nachdenken zu müssen.

2.1.4 Auslegungsfehler und deren Konsequenzen

Fehlt es dem Entwicklerteam an der nötigen Kompetenz beim Auslegen der Applikationen, können Produkte mit einem Mangel an den Markt kommen. Das spätere Beheben eines Fehlers, der sich im Entwicklungsprozess eingeschlichen hat, ist oft sehr, sehr aufwendig. Man stelle sich nur einmal vor, dass bei dem gewählten Beispiel „Frühstücksbrettchen" schon die Küchenschränke für das festgelegte Seitenverhältnis angefertigt worden sind, sodass nur Brettchen mit diesen Maßen eingelagert werden könnten. Die nachträgliche Änderung der Proportionen wird man sich in diesem Falle sehr gründlich überlegen, weil man nicht nur die überschaubaren Kosten zur Neuanschaffung der Brettchen aufbringen, sondern auch noch neue Schränke anfertigen lassen müsste.

Zwar wird die Auslegung von Küchenmöbeln auf die Abmaße der Frühstücksbrettchen hin in der Praxis wohl eher die Ausnahme bleiben, im Maschinen- und Fahrzeugbau sind aber solche Abhängigkeiten der Teilkomponenten voneinander ein entscheidendes Element der Projektplanung. Die Korrektur von Fehlern bei der Entwicklung einzelner Komponenten ist mit enormem Aufwand verbunden, weil die Abwandlung einer einzelnen Baugruppe wiederum Veränderungen an anderen Elementen des Gesamterzeugnisses erfordert.

Diese Überlegungen führten in der Praxis zur Einführung von Werksnormen, um das Risiko von Fehlentwicklungen bei einfachen Teilen, wie beispielsweise Schrauben zu vermindern.

Eine willkürliche Festlegung von Grundproportionen ist immer dann kritisch, wenn diese Festlegung nicht nur das unmittelbar betreffende Erzeugnis betrifft, sondern auch Auswirkungen auf Investitionen für andere Erzeugnisse, Bauvorhaben, Vorrichtungen zur Weiterbearbeitung oder Werkzeuge zur Anfertigung hat. ■

2.1.5 Ableitung von Proportionen nach objektiven Kriterien

Für den Techniker ist es angenehm, wenn er die Proportion nach einer mehr oder weniger objektiven Methode vorgeben kann. Zunächst wird er versuchen, die Proportionen des Erzeugnisses aus dem Anwendungszweck abzuleiten. Das wäre im betrachteten Beispiel „Frühstücksbrettchen" leicht möglich, würden darauf nur genau definierte Brotscheiben mit bekannten Maßen gelegt werden. Dann könnte man aus den Abmessungen für die Schnitten die Proportionen für das Brettchen folgern. Jedoch haben bekanntlich Brotscheiben unterschiedliche Maße.

Die Möglichkeit der Auslegung nach einem Erzeugnis aus dem Umfeld wird für diesen Anwendungszweck wohl nicht erfolgreich sein, weil das Erzeugnis „Frühstücksbrettchen" normalerweise nicht auf einen in seinen Maßen genormten Auflagegegenstand hin ausgelegt werden kann. Eine Ausnahme wäre denkbar, wenn ein Frühstücksbrettchen als Werbebeigabe zu einem industriell hergestellten Brot mit reproduzierbarer Form und Abmessung der Schnitten vorgesehen ist.

Unabhängig von den tatsächlichen Gegebenheiten soll hier zur Erklärung der Vorgehensweise von einer „genormten“ Brotscheibe ausgegangen und an diesem Beispiel die Übertragung der Proportion erklärt werden.

Zur Festlegung der Abmessungen für das Brettchen muss aus der Proportion der abzulegenden Schnitte die Abmessung des Brettchens abgeleitet werden. Im einfachsten Fall wird um die Auflage herum ein in seiner Breite konstanter Rand zugegeben (Bild 2.4).

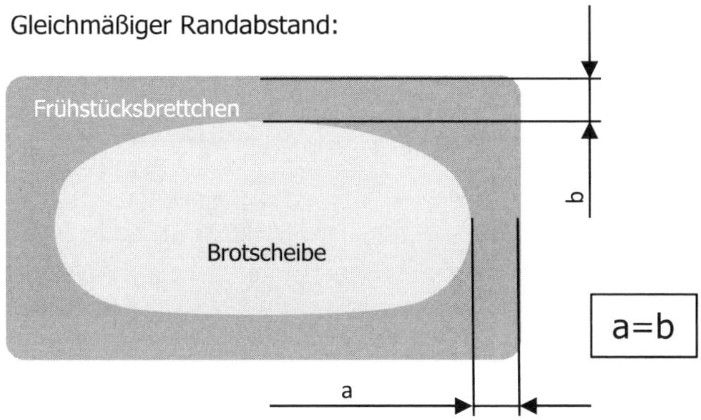

Bild 2.4 Ableitung der Proportionen aus der funktionellen Aufgabe bei additiver Verknüpfung

Diese Art der Übertragung der Proportionen hat additiven Charakter.

Ein weiteres praktisches Beispiel für eine rein additive Übertragung der Proportionen ist die Festlegung der Maße für eine Tischdecke, die an jeder Seite des rechteckigen Tisches in einer gleichmäßigen Länge über die Tischkante hinweg nach unten hängen soll. So würde auf einen Tisch mit einer Platte von 120 × 80 cm eine Tischdecke mit 160 × 120 cm perfekt passen (Bild 2.5).

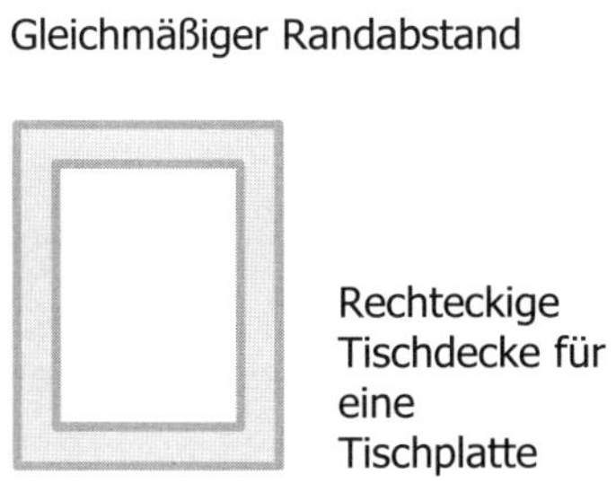

Bild 2.5 Additive Übertragung der Proportionen am Beispiel Bilderrahmen nach Normgröße

Als Alternative besteht die Möglichkeit einer multiplikativen Verknüpfung der einzelnen Proportionen. Während man bei der additiven Übertragung rund um die Auflage einen bestimmten Zuschlag auf deren Maße gibt (Bild 2.4), wird bei einer multiplikativen Ableitung von Proportionen aus einem anderen Funktionsteil das Seitenverhältnis einer rechteckigen Auflage auf das Brettchen übertragen.

Auf das Beispiel „Frühstücksbrettchen“ angewendet, das auf diese Weise entsprechend der aufgelegten Brotscheiben ausgelegt werden soll, werden die Seitenverhältnisse wie in Bild 2.6 gezeigt übertragen.

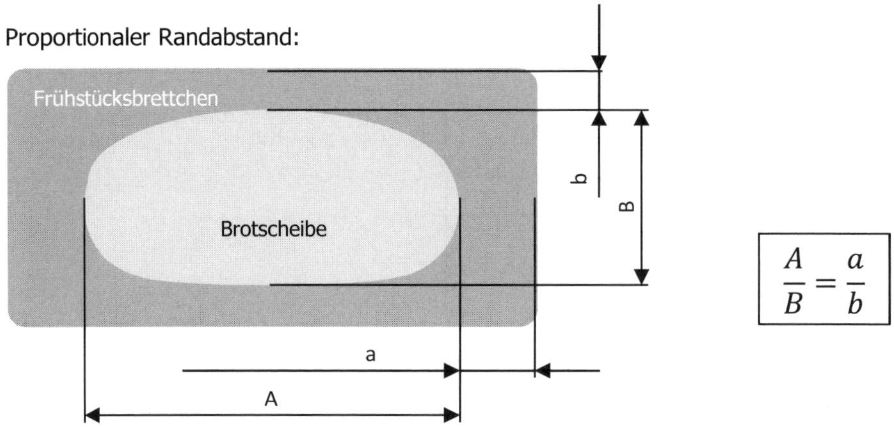

Bild 2.6 Ableitung der Proportionen aus der funktionellen Aufgabe bei multiplikativer Verknüpfung

Ein weiteres Anwendungsbeispiel ist das Einlegen eines Bildes mit Normformat in einen größeren Bilderrahmen, ebenfalls mit Normformat (Bild 2.7).

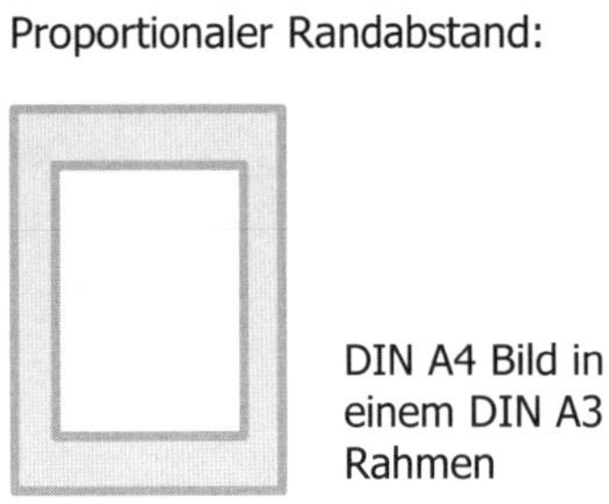

Bild 2.7 Multiplikative Übertragung der Proportionen am Beispiel eines Bilderrahmens nach Normgröße

Ob man sich nun für eine additive oder multiplikative Übertragung der Proportionen entscheidet, hängt vom jeweiligen Anwendungsfall ab.

Bei quadratischen Flächen ist aufgrund der identischen Seitenlänge zwischen beiden Möglichkeiten kein Unterschied auszumachen, bei Rechtecken mit einem ausgeprägten Längenunterschied der Seitenpaare muss man hingegen sehr genau überlegen, ob eine additive oder multiplikative Übertragung der Proportionen erfolgen soll. Das Beispiel der Tischdecke zeigt deutlich, dass bei bestimmten Anwendungen nur eine der beiden Übertragungen sinnvoll ist.

Natürlich stellen die beiden genannten Möglichkeiten keine alternativlose, dogmatische Festlegung dar. So können durchaus auch Zwischengrößen sinnvoll sein. Beispielsweise ist die Übertragung von Proportionen bei der Zusammenstellung einer kleinen Bildergalerie problematisch, wenn die zur Präsentation vorgesehenen Drucke unterschiedliche Formate haben. Dann ist es durchaus sinnvoll, Rahmen von einheitlicher Größe zu verwenden und auf eine starre Proportionierung zu verzichten.

Auch Panoramadarstellungen, bei denen die Breite deutlich mehr als doppelt so groß ist wie die Höhe, kommen am besten zur Wirkung, wenn ein randloser Rahmen verwendet wird, der in der Breite eine etwa um den Faktor 1,5 größere Zugabe hat als in der Höhe.

2.1.6 Möglichkeiten der Begutachtung

Stehen keine objektiven Kriterien für die Auswahl der Proportionen eines Erzeugnisses zur Verfügung, sollte die Entscheidung nach qualifizierten subjektiven Gesichtspunkten getroffen werden.

Eine Möglichkeit besteht darin, mehrere unterschiedlich gestaltete Erzeugnisse herzustellen und zu begutachten. Die Abschätzung der Eignung von Erzeugnissen mit einer variierenden Gestaltung kann funktionell oder individuell erfolgen.

Ein Beispiel für eine funktionelle Begutachtung wäre die Optimierung des Strömungswiderstands eines Ventilbauteils. Man stellt eine Gruppe von Erzeugnissen her, die sich in einzelnen Parametern systematisch unterscheiden. So wird beispielsweise der Radius eines Querschnittsübergangs variiert. Die einzelnen Modelle werden anschließend im Versuchskanal getestet und der Strömungswiderstand gemessen. Nach der Auswertung der ermittelten Ergebnisse verfügt man über eine Datengrundlage zur Optimierung des Querschnittübergangs.

Eine individuelle Begutachtung erfolgt durch eine Gruppe von Menschen. Im einfachsten Fall besteht die Gruppe von Menschen aus dem Vorgesetzten des Entwicklers, der seine favorisierte Lösung durchsetzt, weil er für den Erfolg oder Misserfolg des Erzeugnisses verantwortlich ist. Wenn sich ein für die Entwicklung des Produkts verantwortliches Gremium mit der Entscheidungsfindung für eine Proportion der Maße beschäftigt, scheint auf dem ersten Blick die Entscheidungsfindung besonders wirklichkeitsnah zu sein. Die Qualifikation des Gremiums ist aber zu hinterfragen. So kann es die Leitung der mit der Entwicklung beschäftigten Firma oder ein Projektteam aus mehr oder weniger kompetenten Personen repräsentieren. Hier besteht die Gefahr, dass die Begutachtung allein vom Standpunkt des Entwicklers sowie des Herstellers der Produkte erfolgt, die Sichtweise des Nutzers aber unberücksichtigt bleibt.

Eine weitere Möglichkeit ist die Befragung von Experten zu den jeweiligen Gebrauchseigenschaften der geplanten Produkte. Für das hier diskutierte Beispiel der Frühstücksbrettchen könnten die einzelnen Versionen von erfahrenen Küchenmeistern beurteilt werden. Problematisch ist hier zum einen, die richtigen „Experten" zu finden, und zum anderen muss der Anspruch der Fachleute auch den der Verbraucher widerspiegeln. So kann ein Messer, das ein geübter Koch zu schätzen weiß, in der Hand des einen oder anderen Laien eine Bedrohung für seine körperliche Unversehrtheit darstellen.

Eine wirklich realistische Meinung zu den Gebrauchseigenschaften des jeweiligen Produkts bekommt man am besten von den Nutzern selbst. Die einfachste Möglichkeit stellt hier das Ansprechen von zufällig ausgewählten Passanten auf der Straße dar, die um eine Beurteilung des jeweiligen Produkts gebeten werden. Dabei kann eine Vorführung des betreffenden Erzeugnisses erfolgen oder es wird zur Begutachtung ausgehändigt. Anstelle der Produktmuster kann eine verbale Beschreibung abgegeben oder eine Abbildung des geplanten Erzeugnisses vorgezeigt werden. Die Passanten äußern dann zu unterschiedlichen Alternativen ihre Meinung. Für das Beispiel Frühstücksbrettchen ist eine Passantenbefragung durchaus denkbar. Allerdings wird sich die Meinung der Befragten im öffentlichen Raum, also auf der Straße, situationsbedingt anders darstellen als im heimischen Umfeld.

Um Unsicherheiten der jeweiligen Umgebung auszuschließen und möglichst realistische Aussagen zu erhalten, sollte die Meinungsfeststellung vorzugsweise in einem Umfeld stattfinden, das der späteren Anwendung sehr nahe kommt. Im Beispiel des Frühstücksbrettchens könnte dies zum Beispiel in einer Kantine oder einem Hotel erfolgen. In dieser Umgebung ist die Form eines Interviews nicht unbedingt die beste Wahl.

Eine sehr einfache Alternative besteht darin, die unterschiedlichen Brettchen frei wählbar in einer Kantine aufzustellen, um die jeweils verwendete Anzahl der unterschiedlichen Versionen zu erfassen und auszuwerten. Für exakte Ergebnisse sollte man die Anordnung der einzelnen Versionen variieren, damit auch dieser Einfluss auf die Auswahl ausgeschlossen wird. Die von den Testpersonen am häufigsten benutzte Version scheint dann die Erfolgreichste zu sein.

Allerdings sind nicht alle Menschen in ihren Verhaltensmustern gleich. Deshalb sollte anschließend beispielsweise mit einem Interview noch überprüft werden, aus welchem Grund sich einige Personen gegen die vorherrschende Meinung entschieden haben. Vielleicht könnte eine charakteristische Minderheit eine Version favorisieren, die beispielsweise den Bedürfnissen von Linkshändern entgegen kommt. Die von der Mehrheit abweichende Händigkeit ist hier die Erklärung für ganz spezielle Bedürfnisse einer bestimmten Verbrauchergruppe.

Bei jeder Art der Meinungsermittlung gilt der Grundsatz, dass man sich in der Regel Aussagekraft mit Aufwand erkaufen muss. Der Chef muss sich Zeit nehmen. Für die Zusammenkunft von Gremien müssen Termine und Räumlichkeiten organisiert werden. Experten wollen Anerkennung und müssen koordiniert werden. Für eine Passantenbefragung muss eine Agentur beauftragt und natürlich bezahlt werden. Letztlich muss eine Testreihe mit unbekannten Personen im anwendungsnahen Umfeld akribisch vorbereitet, durchgeführt und ausgewertet werden. Der Zeitaufwand ist enorm und die Kosten erreichen schnell den Wert eines gut ausgestatteten PKWs.

Für das Erzeugnis „Frühstücksbrettchen“ ist dieser Aufwand kaum gerechtfertigt. Vielleicht kann man den Prozess der Meinungsfindung durch eine kleine Umfrage im Bekanntenkreis, der studentischen Lerngruppe oder auch durch eine humoristisch umpackte Einlage auf der nächsten Geburtstagsfeier simulieren. Weiterhin kann die Nutzung von sozialen Netzwerken in Betracht gezogen werden.

Auch bei professionell unterstützten Meinungsbildungsprozessen muss man damit rechnen, dass danach kein oder ein nur eingeschränkt nutzbares Ergebnis vorliegt. In diesem Fall muss wohl oder übel eine Vorgabe erfolgen.

Als Vorgabe für das Frühstücksbrettchen wird hier eine Längen-Breiten-Proportion von 1 zu 2 festgelegt. Die Entscheidungsfindung für unser Beispiel erfolgte somit nach einer bloßen Festlegung von außen (vgl. Bild 2.8).

Bild 2.8 Denkbare Formate von Frühstücksbrettchen

Mit dieser Wahl wird der funktionellen Anforderung bei der Zubereitung und dem Ablegen von kalten Speisen sowie dem Schneiden oder – für den semiprofessionellen Koch – Hacken von Zutaten entsprochen. Schnitten sind in Mitteleuropa meist länglich geformt, selbst bei einem quadratischen Brotquerschnitt möchte man neben der Brotscheibe noch Beigaben wie ein Stück Gemüse ablegen. Brötchen teilt man und kann dann jede der beiden Hälften auf dem länglich proportionierten Brettchen platzieren.

Aus ergonomischer Sicht kann man in diesem Breitformat mit beiden Händen agieren. Schließlich ist unser Blickfeld auf die Erfassung eines Breitformats trainiert.

2.1.7 Festlegung der Abmessungen

Nachdem die Proportionen gefunden wurden, muss ein Grundmaß festgelegt werden. Beim Frühstücksbrettchen bietet sich die Breite des kurzen Seitenpaares des Rechtecks an. Als Kriterium für die Auslegung soll die Forderung erfüllt werden, dass das Brettchen mit einer Hand ergriffen werden kann. Mit einem Maß von 12 cm für das kürzere Seitenpaar ist diese Forderung für fast alle Erwachsenen erfüllt. Aus der aufgestellten Proportionalitätsregel von 2 : 1 ergibt sich so ein Maß von 24 cm für die Länge des Brettchens.

Die Auslegung der Grundfläche entspricht genau den Dimensionen, die lange Zeit für Back- oder Ziegelsteine bevorzugt wurden: 24 × 12 × 6 cm. Bei diesen war eine Motivation für die Festlegung dieser Abmessung, dass der Stein mit einer Hand transportiert und positioniert werden kann.

Auch bei der Auswahl der Materialdicke müssen ein gestalterischer und ein technischer Aspekt betrachtet werden.

Sehr dünne Brettchen wirken einfach und billig. Bei der Handhabung geben sie elastisch nach. Wenn sie zurückfedern, ist die erwünschte Anordnung des Belages nicht mehr gegeben. Kommen dünne Brettchen mit Wasser in Berührung, spaltet sich schon nach wenigen Nass-Trocken-Wechseln das Holz und sie sind unbrauchbar. Will man sehr dünne Brettchen von einer ebenen Auflagefläche aufnehmen, rutschen sie sehr schnell aus der Hand. Vorteilhaft an dünnen Brettchen ist, dass sie sehr leicht sind und wenig Platzbedarf beim Einstapeln erfordern.

Wenn Frühstücksbrettchen zu dick ausgelegt werden, sind sie schwer, unhandlich, benötigen viel Platz bei der Lagerung und können bei manchen Menschen aufgrund ihrer Massivität ein Gefühl der Bedrohung auslösen. Sollte eine Speise vom Brettchen herunterfallen, kann diese nicht einfach über den Rand zurückgeschoben werden, weil das dicke Brettchen eine hohe Stufe bildet. So muss das Malheur zwischen Daumen und Zeigefinger im Pinzettengriff erfasst und zurücktransportiert werden. Vor allem bei klebrigen Speisebestandteilen oder einer pastösen Konsistenz ist dies für viele Menschen unangenehm.

2.1.8 Materialauswahl

Um ein Aufspalten des Brettchens in Faserrichtung auszuschließen, muss abhängig von der Art des Holzes eine bestimmte Mindestdicke vorgesehen werden. Kritisch ist vor allem, wenn die Schneidunterlage in den Geschirrspüler gerät und bei hohen Temperaturen im schnellen Wechsel einer feuchten und trocken Umgebung ausgesetzt ist. Unbehandeltes Kiefernholz neigt bereits bei einer Materialstärke unter 20 mm zur Spaltung in Faserrichtung. Quer zur Faser kommen keine Defekte vor. Aus gestalterischer Sicht ist eine Dicke über 20 mm unerwünscht. Die Brettchen wirken dann sehr massiv, fast schon bedrohlich, sie benötigen viel Platz beim Einstapeln nach dem Gebrauch und das unauffällige Aufschieben eines kleinen Malheurs ist bei dieser Höhe nicht mehr möglich.

Mit Sperrholz gibt es hier ein alternativ aufbereitetes Grundmaterial für Schneidbrettchen, das auch geringere Materialdicken zulässt.

Bei diesem Material werden dünne Schichten abwechselnd in Faserrichtung und quer dazu jeweils um 90° verdreht verklebt. Damit der Aufbau spannungsarm bleibt und sich nicht verzieht, muss über die gesamte Höhe die symmetrische Anordnung der Schichten gewährleistet sein (Bild 2.9).

Ein gestalterischer Nachteil beim Einsatz von Sperrholz ist, dass dieses Grundmaterial normalerweise für sehr technische Einsatzgebiete vorgesehen ist. Hier wird bei preiswerten Qualitäten das recht weiche Holz der schnell wachsenden Pappel verwendet, bei welchem man bereits mit dem Daumennagel Abdrücke im Holz verursachen kann. Bei anderen, höherpreisigen Qualitäten muss man wegen der technischen Fokussierung für den Einsatz des Materials mit Fehlern im Dekor rechnen.

Bei der Materialauswahl für die geplante Anwendung „Frühstücksbrettchen“ muss sichergestellt sein, dass die Verklebung der Sperrschichten nicht toxisch ist und für den Kontakt des Materials mit Lebensmitteln keine Bedenken bestehen. Auch wenn die Gefahr der Längsspaltung bei der Verwendung von Sperrholz nicht mehr besteht, muss die Reinigung in der Geschirrspülmaschine vermieden werden. Die Verleimung der Schichten ist normalerweise nicht wasserfest ausgeführt.

Sperrholz entsteht durch das Verkleben von unterschiedlich ausgerichteten sehr dünnen Holztäfelchen

Bild 2.9 Das Prinzip des Sperrholzes

Für die Anwendung Frühstücksbrettchen kommt Sperrholz aus Kiefer, Birke und Rot- oder Weißbuche infrage.

Als Materialstärke erscheinen 8 bis 12 mm sinnvoll. Bei der Verwendung von kreuz und quer verleimtem Holz kann eine solche Materialdicke problemlos realisiert werden, ohne dass die Gefahr des Aufspaltens parallel zur Faserrichtung besteht. Noch dünner sollten die Brettchen nicht ausgelegt werden, weil sonst die Aufnahme von einer Tischplatte mit nur einer Hand schwierig ist.

2.2 Umsetzung des Entwurfs

Für die Umsetzung der Idee muss ein Frühstücksbrettchen natürlich in geeigneter Art und Weise hergestellt werden. Bewusst wurde hier eine sehr einfache Geometrie des Erzeugnisses gewählt, damit die Herstellungsprozesse übersichtlich bleiben und so für den Leser verständlich dargestellt werden können.

Beim Einsatz von Sperrholz kann man entsprechende rechteckige Zuschnitte schon vom Materiallieferanten beziehen. Viele Baumärkte bieten einen Schnittservice mit großen Tafelsägen an, haben aber nur ein eingeschränktes Holzsortiment. Alternativ kann man Sperrholzplatten auf einer Tischkreissäge in den gewünschten Maßen auch unter heimwerkertypischen Verhältnissen zuschneiden.

Bei der Verwendung einer Tafel- oder einer Kreissäge (Bild 2.10) sind nur geradlinig verlaufende Schnitte möglich. Solche Arten von Sägen sind hoch effektiv und es können viele Zuschnitte in kurzer Zeit erstellt werden. Beim Einsatz dieser Maschinen sind die Herstellungskosten der Werkstücke gering. Weil aber nur geradlinige Schnitte ausgeführt werden können, ist der Einsatz von Tafelsägen auf die Herstellung von rechteckigen Formen, bei Kreissägen bestenfalls auf vieleckige Grundflächen für die Schneidbrettchen begrenzt.

Bild 2.10 Einfache Tischkreissäge

Zur Realisierung von nicht geraden oder runden Formen kann man Bandsägen verwenden (Bild 2.11). Der Radius der Form muss aber hinreichend groß sein, um ein Verklemmen des Sägeblatts zu vermeiden.

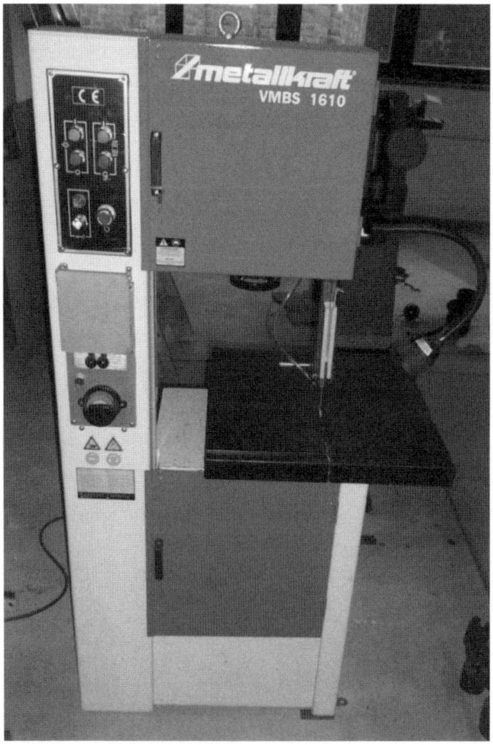

Bild 2.11 Foto einer Bandsäge

Weil das Sägeband in einer geschlossenen Schleife läuft, kann man mit einer Bandsäge keine inneren Konturen schneiden. Wenn im Frühstücksbrettchen ein Langloch zum Eingreifen erwünscht ist (Bild 2.12), muss man ein Startloch vorbohren, um anschließend mit einer Stichsäge die innere Kontur am Eingriff abzufahren. Das erfordert zusätzliche Arbeitsschritte.

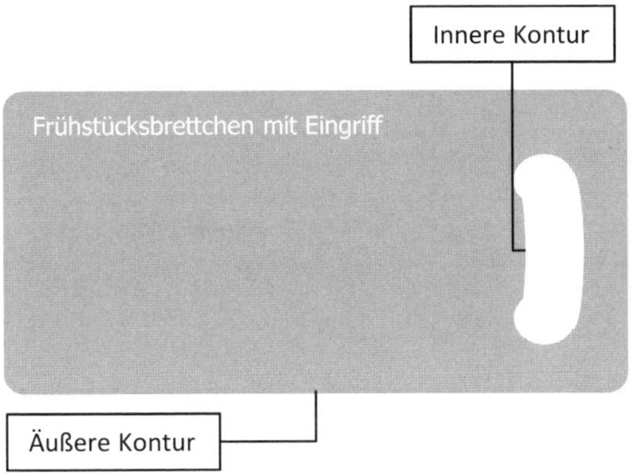

Bild 2.12 Innere Kontur am Eingriff eines Frühstücksbrettchens

Wenn die gewünschten Rohlinge in einem Baumarkt oder von einem Tischler zugeschnitten werden, müssen das Aussehen und die Abmessungen der gewünschten Zuschnitte am besten schriftlich mitgeteilt werden. Bei den einfachen Rechtecken der Frühstücksbrettchen kann dies über das Benennen der Hauptabmessungen erfolgen. Für Holz als inhomogener Werkstoff gilt die Besonderheit, dass sich immer das zuerst genannte Maß auf die Faserrichtung bezieht, das zweite Maß des Quadrats beschreibt die Länge quer zur Faserrichtung. Bei Sperrholz bezeichnet das erste Maß die äußere, sichtbare Lage. Eine Bestellung könnte also so aussehen:

Sperrholz 10 mm dick, 240 mm × 120 mm oder 24 cm × 12 cm.

Wichtig ist die Angabe der Maßeinheit. Mancher Heimwerker wurde schon böse überrascht, wenn seine eigentlich handlichen Zuschnitte die Transportkapazitäten eines PKWs übertrafen, nur weil anstelle von Millimetern der Zuschnitt auf Zentimeter ausgelegt wurde.

Für die Beschreibung von komplexeren Teilen ist die Anfertigung einer Zeichnung sinnvoll. Für das technische Zeichnen gelten bestimmte Regeln:

1. Linien werden mit Zeichengeräten wie Lineal oder Zirkel gezeichnet.
2. Körperkanten werden etwa mit doppelter Stichstärke gezeichnet wie (Maß)Hilfslinien.
3. Alle Maßzahlen beziehen sich auf die Maßeinheit Millimeter und werden ohne Einheit dargestellt.
4. Maßzahlen sind von unten oder von rechts gut lesbar anzugeben.

Die Grundidee der Regeln entstand zu Zeiten, als es noch sehr aufwendig war, von Originalzeichnungen Kopien zu vervielfältigen. Damals war es erforderlich, die Zeichnungen mit Tusche anzufertigen und der Berufsstolz der technischen Zeichner und Ingenieure brachte druckreife Werke hervor. Mit der Einführung von komplexen CAD-Systemen wurden diese lange Zeit bestehenden Regeln mehr oder weniger aufgeweicht. So können viele CAD-Systeme nur mit Aufwand unterschiedliche Strichstärken für Körperkanten und Hilfslinien erzeugen.

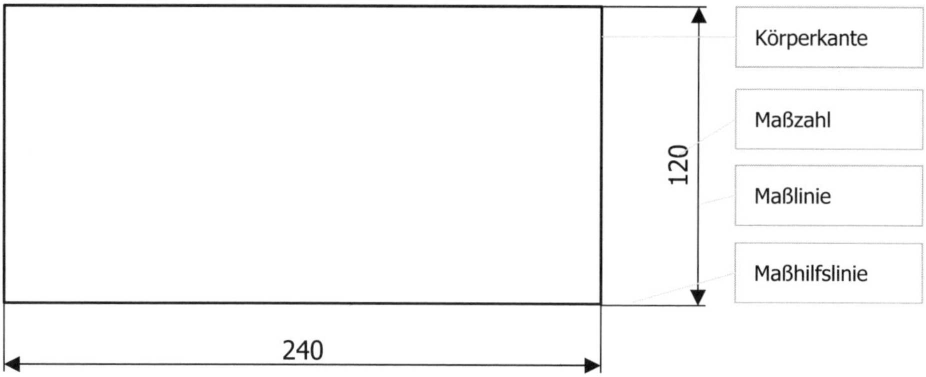

Bild 2.13 Technische Zeichnung für den Zuschnitt eines Frühstücksbrettchens

Aus Bild 2.13 kann die Dicke des Zuschnitts nicht entnommen werden. Um diese Information zeichnerisch darzustellen, wird das Objekt in mehreren Ansichten abgebildet. Auch hierfür gibt es klare Regeln. Ausgehend von der Hauptansicht (Bild 2.14) erfolgt die Darstellung des betreffenden Objekts jeweils um 90° gedreht. Die Ansichten zueinander stehen ebenfalls im rechten Winkel.

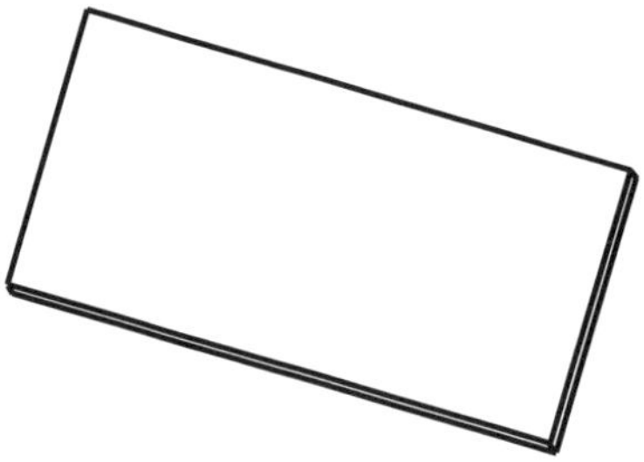

Bild 2.14 Hauptansicht eines darzustellenden Objekts

In den meisten Fällen kann man sich auf die Ansicht von oben, vorn und rechts beschränken, um alle Details eines Gegenstandes mit der zeichnerischen Darstellung zu beschreiben (Bild 2.15).

Bild 2.15 Objekt, dargestellt in drei Ansichten

In einigen Fällen erfordert die Darstellung aller Details weitere Ansichten, die in der mit Bild 2.16 gezeigten Anordnung abgebildet werden.

Bild 2.16 Darstellung in sechs Ansichten

Obwohl die eigentlichen Regeln des Technischen Zeichnens auf die Darstellung von verdeckten Kanten verzichten, können mit gestrichelten Linien normalerweise unsichtbare Körperkanten gezeigt werden (Bild 2.17).

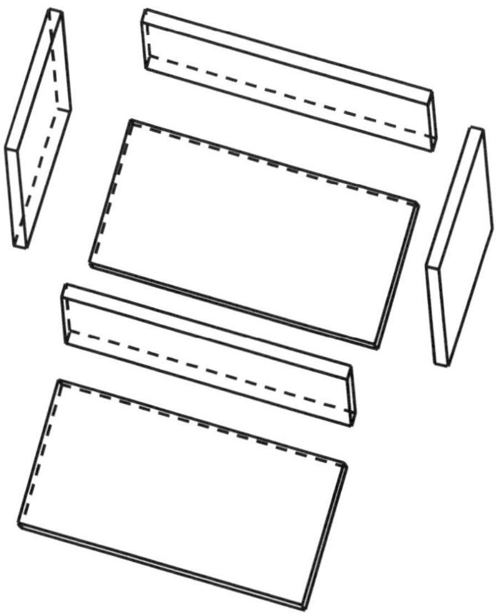

Bild 2.17 Darstellung in sechs Ansichten mit verdeckten Kanten

Die Technische Zeichnung bildet die Ansichten des Körpers so ab, dass der Blickwinkel genau senkrecht über der Hauptansicht liegt (Bild 2.18 und Bild 2.19).

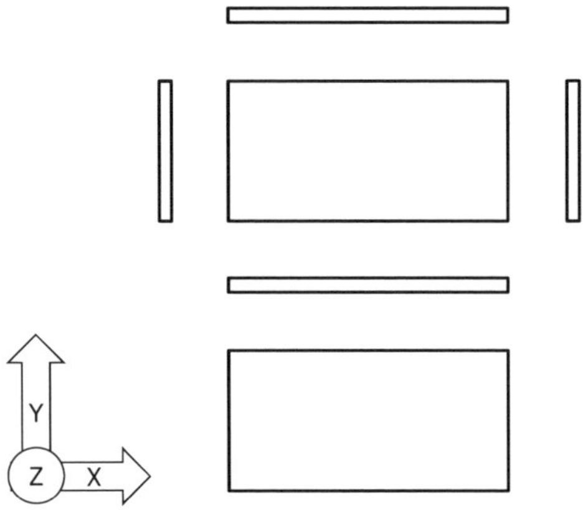

Bild 2.18 Komplettdarstellung aller sechs Seitenflächen

Das gilt gleichermaßen für die Darstellung in sechs (Bild 2.18) Ansichten, wie auch für die in drei Ansichten (Bild 2.19).

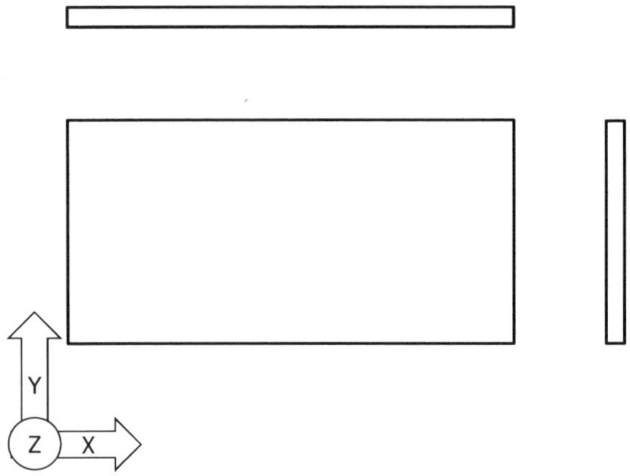

Bild 2.19 Darstellung in drei Ansichten

Der Vorteil der technischen Darstellung in den drei oder sechs Ansichten besteht darin, dass die Maße aus der Zeichnung abgelesen und in die Bearbeitungsmaschine eingegeben werden können. Die quaderförmigen Halbzeuge, aus denen das Erzeugnis hier hergestellt werden soll, spannt man in Analogie zur zeichnerischen Darstellung auf die Maschine und kann die Zeichnungsmaße schnell für die Fertigung übernehmen. Diesem Vorteil steht eine unnatürliche Darstellung entgegen. Wird eine komplexe Geometrie dargestellt, können häufig die Details nur schwer erkannt werden.

Damit man vom beabsichtigten Produkt einen räumlichen Eindruck vermitteln kann, werden beim technischen Zeichnen bestimmte perspektivische Darstellungen verwendet.

Bekannt ist die isometrische Axonometrie (Bild 2.20), bei der alle Bauteilkanten, die real in einem 90°-Winkel zueinander stehen, mit einem 30°-Winkel zur Horizontalen gezeichnet werden. Die Längen der Kanten bleiben ungekürzt.

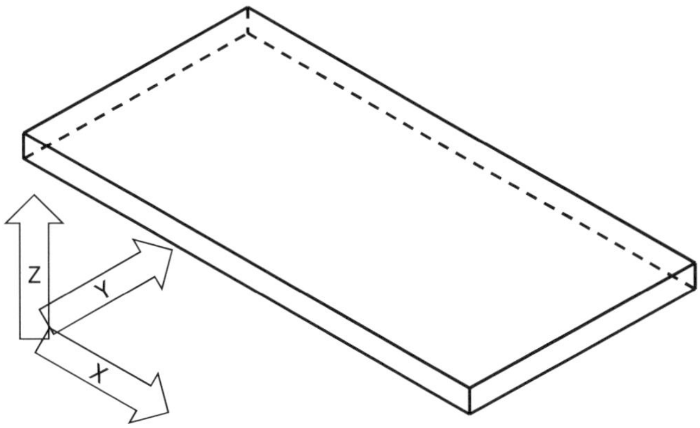

Bild 2.20 Isometrische Axonometrie für den Zuschnitt eines Frühstücksbrettchens

Bei der dimetrischen Axonometrie (Bild 2.21) werden die Bauteilkanten der wesentlichen Ansicht mit einem Winkel von 7° ungekürzt dargestellt, die Kanten der senkrecht zu dieser liegenden Ansicht werden in einem Winkel von 42° gezeichnet und um die Hälfte eingekürzt.

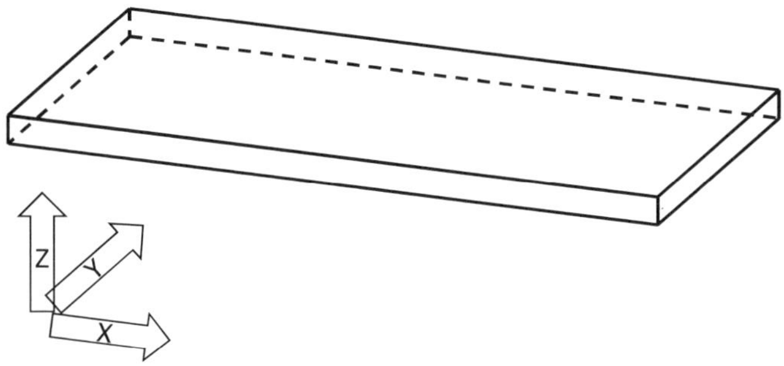

Bild 2.21 Dimetrische Axonometrie

Bei der Arbeit mit CAD-Programmen können die jeweiligen Ansichten einfach generiert und ausgegeben werden.

■ 2.3 Mehraufwand bei schönen Formen

Alternativ zum Sägen kann man die Kontur eines Frühstücksbrettchens durch einen rotierenden Fräser aus dem Plattenmaterial herausarbeiten lassen (Bild 2.22). Allgemein ist aber der Fräsprozess langsamer als ein Sägevorgang. Oft müssen die Schnittkanten mehrmals abgefahren werden, weil eine hinreichende Spanabfuhr nur für eine bestimmte Schnitttiefe gegeben ist. Dafür bestehen große Freiheitsgrade bei der abgetragenen Geometrie. Eine Einschränkung gibt es bei inneren Konturen. An diesen können keine scharfen Ecken ausgearbeitet werden. Man muss einen Mindestradius vorsehen, der durch den eingesetzten Fräserkopf bestimmt ist.

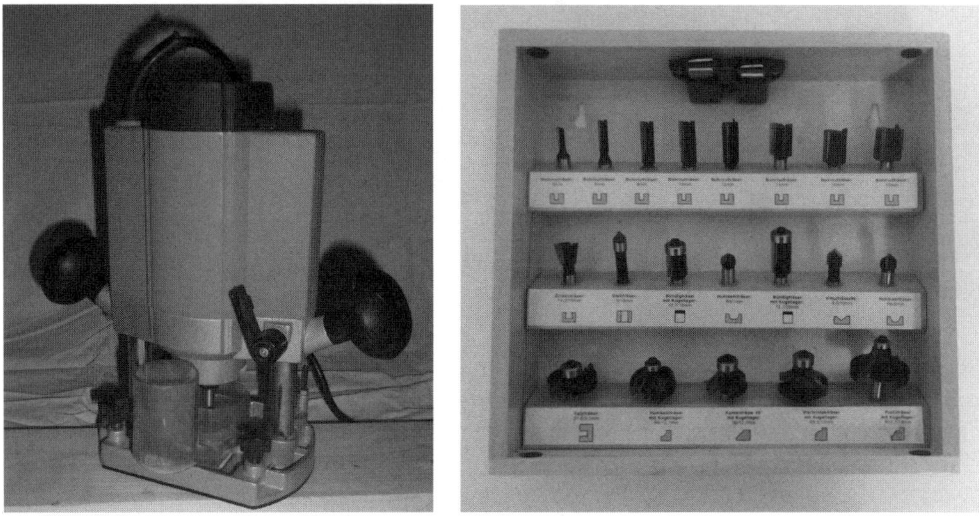

Bild 2.22 Oberfräse und entsprechendes Werkzeugsortiment

Größte Freiheiten bei der Gestaltung von Plattenware hat man, wenn man auf moderne Verfahren, wie das Wasserstrahlschneiden oder das Laserschneiden, zurückgreifen kann (Bild 2.23). Beim Wasserstrahlen müssen die verwendeten Rohstoffe zumindest kurzzeitig eine gewisse Wasserbeständigkeit haben, beim Laserschneiden kann es an den Schnittkanten zu Verbrennungen kommen.

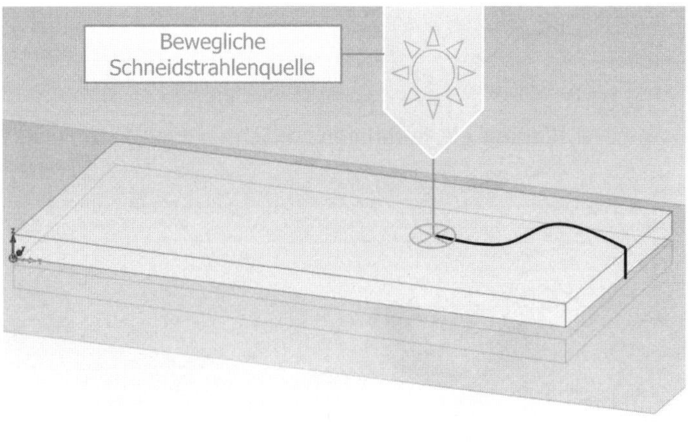

Bild 2.23 Trennen mit einem frei beweglichen Strahl

Der fertigungstechnische Aufwand zur Herstellung von komplexen Formen ist viel größer als beim Sägen. Entweder ist die Zeit zur Realisierung der Schnitte länger oder die Anlagen sind in der Anschaffung sehr teuer. In beiden Fällen fallen pro hergestellten Teil höhere Kosten an als beim Sägen.

Für die subjektive Beurteilung eines Erzeugnisses ist nicht nur die visuelle Wahrnehmung wichtig. Wenn man ein gesägtes oder auch geschnittenes Frühstücksbrettchen in der Hand hält, wird man sich an sehr scharfen Kanten stören. Mit einem zusätzlichen Arbeitsschritt werden die Kanten beseitigt. Das erfolgt, indem die betreffende Kante mit einer Fase oder einem Radius versehen wird (Bild 2.24).

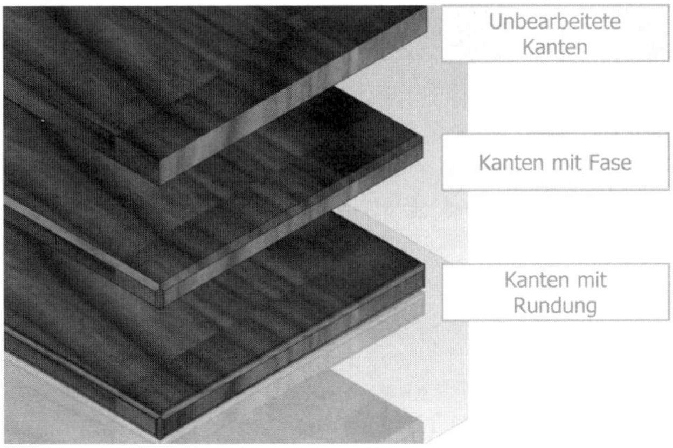

Bild 2.24 Möglichkeiten, um Kanten zu brechen

Die Kanten von handwerklich hergestellten Brettchen können gebrochen werden, indem das Werkstück geschliffen wird. Zieht man die Brettchen über einem eben aufgespannten Schleifpapier ab oder behandelt sie mit einem Schleifklotz, kann man eine Fase einbringen. Es ist auch möglich, mit einer Schleifscheibe oder einem Bandschleifgerät den Schleifprozess mit maschineller Unterstützung auszuführen. Bei der zeichnerischen Darstellung einer Fase werden beide Kanten fett dargestellt. Die Bemaßung gibt die Breite der Fase und den Winkel zur Bezugskante an (Bild 2.25).

Bild 2.25 Zeichnerische Darstellung von Kanten mit einer Fase

Alternativ zum Schleifen einer Fase kann die Kantenbearbeitung mit lose geführtem Handschleifpapier erfolgen, indem man das entsprechende Papier lose über die Kanten zieht (Bild 2.26). So erhält man Rundungen.

Bild 2.26 Kantenbearbeitung durch Schleifen links: Rundung, rechts: Fase

In einer Zeichnung werden Rundungen mit einem Radius bemaßt. Die auslaufende Rundung auf der Hauptansicht wird mit einer dünnen Linie dargestellt, die voll sichtbaren Körperkanten werden fett dargestellt (Bild 2.27).

Bild 2.27 Zeichnerische Darstellung von Kanten mit Rundung

Schließlich besteht noch die Möglichkeit, durch Fräsen bei einem mehr oder weniger vollmechanisierten Prozess die Kanten zu brechen (Bild 2.28). Verwendet man einen entsprechend gearbeiteten Formfräser, kann die Bearbeitung der Kanten schon in den Schneidprozess integriert werden.

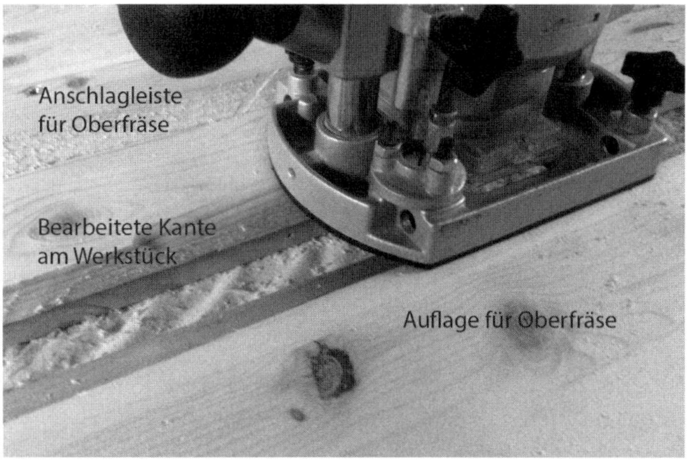

Bild 2.28 Kantenbearbeitung mit einem Fräser

Mit einer entsprechenden Fräserform können neben Radien auch Profile an den Kanten eingearbeitet werden.

2.4 Nachbearbeitung

Neben der Form bestimmt die farbliche Gestaltung unsere Wahrnehmung für ein Erzeugnis. Eine wichtige Rolle spielt hier die jeweils vorherrschende Mode. So wurden in den siebziger Jahren des vergangenen Jahrhunderts die von der chemischen Industrie zur Verfügung gestellten kräftigen Farbmittel reichlich verwendet und grellbunte, großflächige, farbliche Gestaltungen bevorzugt. Als Gegenbewegung verwirklichten andere Nutzer ihre Träume in der Vorzugsfarbe Beige.

Allgemein gilt, dass Produkte, mit denen wir nur kurzzeitigen Kontakt haben, stärker von der Mode beeinflusst werden können, als Erzeugnisse, die über lange Zeit von uns benutzt werden. Vor allem dann, wenn die beabsichtigte Nutzungsdauer voraussichtlich länger sein soll als das Vorherrschen des jeweiligen Trends, sollte man nur sehr dezent modische Akzente in das Erzeugnis einfließen lassen.

Dagegen sind Produkte, die vorwiegend für junge Menschen bestimmt sind, kaum absetzbar, wenn sie nicht dem aktuellen Zeitgeist entsprechen.

Die technische Umsetzung einer farblichen Gestaltung kann auf unterschiedliche Art erfolgen (Bild 2.29). Einerseits kann eine auf das Erzeugnis aufgetragene Schicht die farbliche Erscheinung des Erzeugnisses bestimmen. Man spricht hier von einer Lackierung. Andererseits ist es möglich, dass eine farbliche Veränderung im Inneren des Materials vorgenommen wird. Man bezeichnet einen solchen Vorgang als Einfärbung. Speziell bei Holzwerkstoffen spricht man vom Beizen.

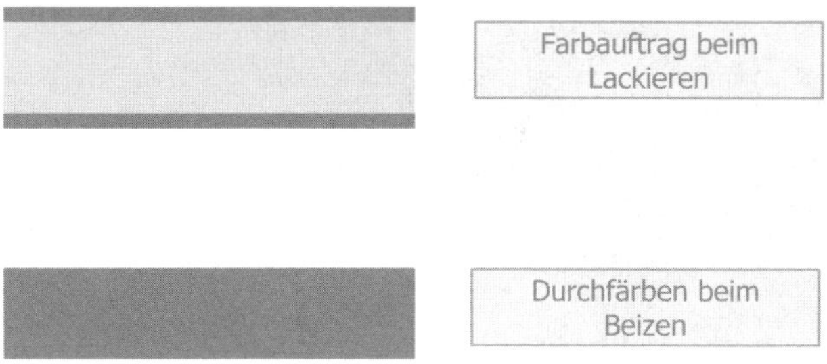

Bild 2.29 Lackieren und Beizen

Neben der farblichen Veränderung des Erscheinungsbildes kann eine Lackierung auch eine oberflächige Schutzfunktion erfüllen. Ebenso kann beim Beizen auch ein Stoff verwendet werden, der das Holz vor Pilz- und Bakterienbefall schützt. In vielen Fällen treten diese Schutzfunktionen so stark in den Vordergrund, dass farblose Lacke oder Beizen verwendet werden.

Die Behandlung erfolgt meist durch flüssige Medien, die oberflächig aufgetragen werden. In wenigen Ausnahmefällen werden pastöse Massen oder Pulver angewendet, die sich durch Erhitzung umwandeln und eine Schicht ausbilden.

Das Auftragen der Farbstoffe auf der gesamten Oberfläche erfolgt handwerklich durch Streichen mit Pinsel, mithilfe einer Farbrolle oder durch Spritzen. Im industriellen Maßstab ist das Eintauchen der Erzeugnisse im Farbmedium oder das Spritzen gebräuchlich.

Eine lokal unterschiedliche Farbbehandlung ist durch individuelle Pinselführung, durch Druckverfahren oder durch Verwendung einer Schablone beim Spritzen möglich.

Insgesamt ist der Farbauftrag ein sehr aufwendiger Prozess. Wenn man die Erzeugnisse herstellt, um damit zu handeln, entsteht ein großer Teil der Herstellungskosten aufgrund der Farbgebung. Das bedeutet, farbige Erzeugnisse muss man im Vergleich zu unbehandelten Produkten teuer verkaufen. Vor allem die mit Recht strengen Umweltauflagen und die notwendigen langen Trocknungszeiten für die meisten Farbmittel verursachen die erhöhten Aufwendungen.

Wenn man den Werkstoff Holz verwendet, kann man eine Individualisierung der Erzeugnisse auch mit einer Brandzeichnung realisieren. Im handwerklichen Bereich können mit einem leistungsstarken Lötkolben Strichmuster oder einzelne Buchstaben eingebrannt werden (Bild 2.30) oder mit einer Lötlampe die spezifische Maserung des Holzes durch eine lokale Karbonisierung hervorgehoben werden.

Bei Serienfertigung kann eine Brandzeichnung mithilfe eines beheizten Stempels erfolgen, bei dem die zu zeichnenden Konturen erhaben ausgearbeitet sind. Wird dieser Stempel auf eine hohe Temperatur aufgeheizt und auf das zu kennzeichnende Holzbrettchen gepresst, überträgt sich das erhabene Bild als Brandabdruck auf das Holz.

Frühstücksbrettchen mit Brandzeichnung sollten anschließend mit farblosem Lack überzogen werden, um einen hinreichenden Schutz der Zeichnung zu sichern und um zu vermeiden, dass sich karbonisierte, also verkohlte Holzpartikel an Speisen anlagern.

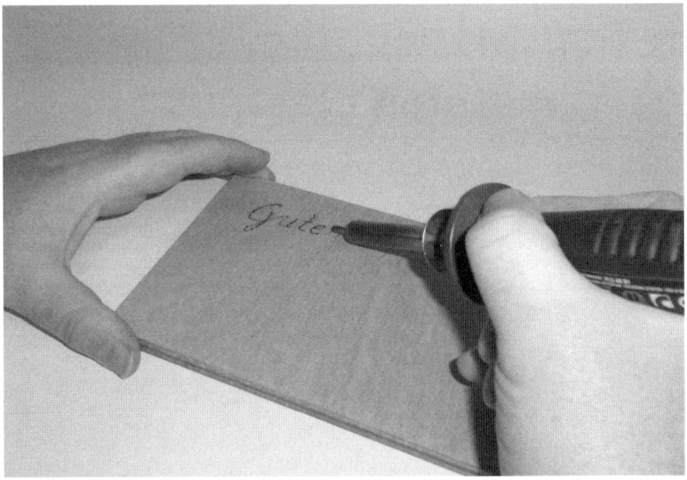

Bild 2.30 Brandzeichnung mit einem Lötkolben

3 Teile die zusammengehören – Eine Starteinrichtung für Silvesterraketen entsteht

3.1 Funktionsanalyse

Nach dem Weihnachtsfest folgt mit dem Silvesterabend für die meisten jungen Menschen eine ganz besondere Nacht. Damit die bösen Geister vom Übertritt in das neue Jahr abgehalten werden, ist es in vielen Gegenden eine gute Tradition, mit Böllern und Raketen die Geister, die Nachbarn und nicht zuletzt auch sich selbst zu beeindrucken.

Es ist üblich, die Silvesterraketen aus Glasflaschen heraus zu starten. Neben dem schnell lösbaren Problem, dass die Glasflaschen vor der zweckentfremdeten Nutzung als Startvorrichtung erst einmal geleert werden müssen, stecken die Raketen immer schräg in den Flaschen. Der Raketenstart erfolgt nicht genau senkrecht, sondern in einer bogenförmigen Bahn. Die maximal mögliche Flughöhe wird so nicht erreicht. Vor allem, wenn die teuren, langen Feuerwerkskörper mit einer schweren Effektladung aus einer Glasflasche gestartet werden sollen, kippt das Provisorium mitunter nach dem Zünden um. Die Effektkörper fliegen dann als Irrläufer unmittelbar über dem Straßenniveau. Viel schlimmer als der verdorbene Spaß ist hierbei das Risikopotenzial, wenn die Treibladung einer solchen Rakete unkontrolliert in Augenhöhe von Passanten explodiert.

So vorteilhaft die zweckfremde Verwendung von Alltagsgegenständen in vielen Fällen auch ist, in dem hier gezeigten Beispiel ist die Nachnutzung von Sektflaschen nicht nur unangebracht, sondern sogar gefährlich.

Mit einer einfach realisierbaren Idee sollte die technische Aufgabe eines sicheren und senkrechten Starts von Silvesterraketen besser gelöst werden, als durch die Verwendung von Glasflaschen.

Einerseits müssen bei der Umsetzung ein sicherer Stand und eine stabile Positionierung der Rakete realisiert werden. Andererseits muss der Feuerwerkskörper unfixiert bleiben, um nach einem ungehinderten Start das Aufsteigen der Effektladung zu ermöglichen.

Für die Positionierung der Feuerwerkskörper bietet sich der Holzstiel der Feuerwerkskörper an, der zur Flugstabilisierung der Effektkammer dient.

Die Grundidee ist, eine sichere Positionierung mit Hilfe von Haken oder Ösen zu realisieren, die den Holzstiel der Rakete mit ausreichend Spiel umfassen können (Bild 3.1).

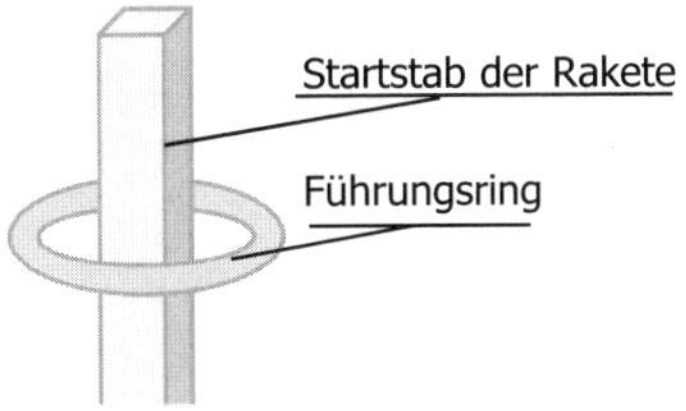

Bild 3.1 Umfassung des Raketenstiels

Damit eine sichere Positionierung gegeben ist, müssen mindestens zwei geschlossene Ringe oder drei offene Haken um den Stiel greifen.

Die Haken oder Ösen können dann mit einer geeigneten Konstruktion fixiert werden (Bild 3.2).

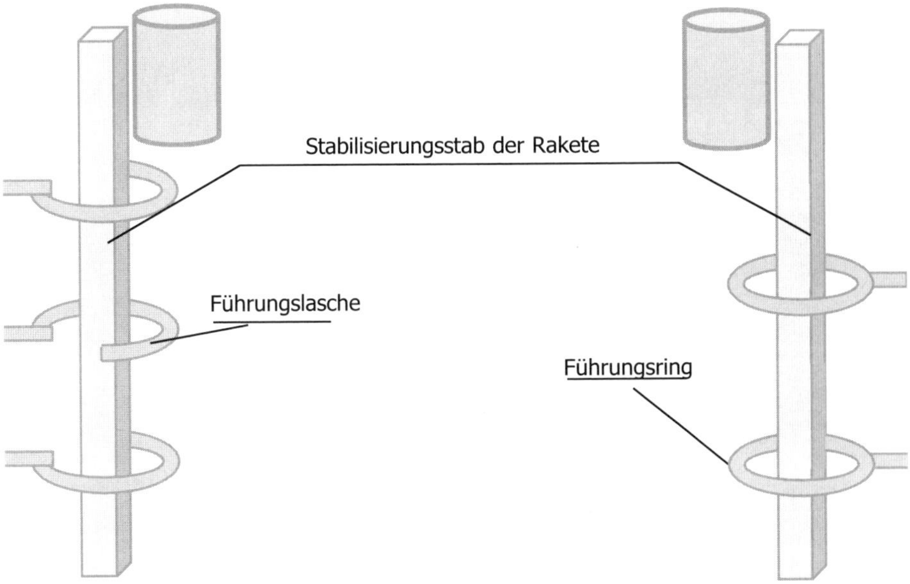

Bild 3.2 Positionierung des Raketenstiels mit zwei geschlossenen Ringen oder drei offenen Haken

Haken mit einer Ringöse und selbstschneidendem Gewinde sind handelsüblich (Bild 3.3).

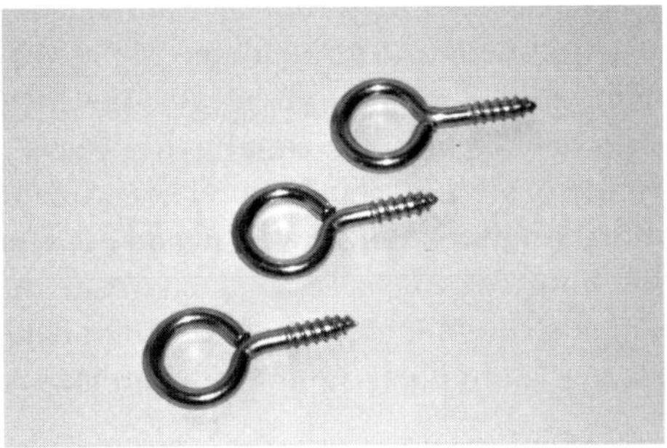

Bild 3.3 Sortiment handelsüblicher Ringösen

Bei der Auswahl muss sichergestellt werden, dass der innere Durchmesser der Öse merklich größer ist als die Diagonale des rechteckigen Raketenstieles. Hier sollte ein mindestens zwei Millimeter großes Spiel vorgesehen werden. Die angeformten Gewinde müssen für eine Montage im Bauholz geeignet sein.

Zur gefahrlosen Positionierung einer Rakete mithilfe von Haken oder Ösen müssen diese Fixierelemente an einer Vorrichtung montiert werden. Dazu werden sie in eine senkrechte Startstütze eingebracht. Eine Bodenplatte sorgt für einen stabilen Stand.

Für die Startstütze kann man ein Halbzeug mit rundem oder quadratischem Querschnitt wählen. Vom ästhetischen Standpunkt aus würde vielleicht ein runder Querschnitt besser gefallen als ein quadratischer. Unter dem Gesichtspunkt der Verfügbarkeit und des Preises hat aber ein quadratischer Querschnitt klare Vorteile. Das hängt damit zusammen, dass man rechteckiges Konstruktionsholz durch Sägen der runden Baumstämme erhält. Rundholz muss in einem anschließenden Arbeitsschritt durch Fräsen oder Drechseln noch erzeugt werden und ist so wesentlich teurer (Bild 3.4).

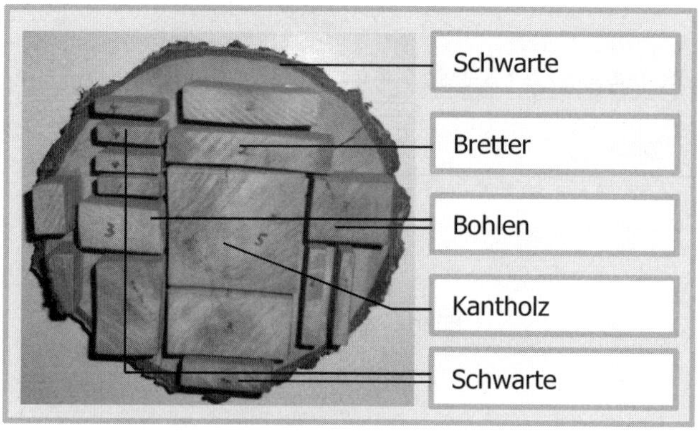

Bild 3.4 Erzeugung von Holzhalbzeugen aus einem Stamm

Die Möglichkeiten der Beschaffung von Rundholz aus einem Baumarkt beschränken sich aus diesem Grund vor allem auf den Kauf von Besen- oder Gerätestielen, die es neben anderen Materialien auch in einer Massivholzausführung gibt. Für unsere Zwecke erscheint die Verwendung von Rundholz für die Startstütze nur dann sinnvoll, wenn Rohlinge aus einem vorhandenen Restbestand gewonnen werden können.

Allerdings gibt es auch bei der Auswahl von rechteckigem oder quadratischem Konstruktionsholz Einschränkungen. Auch für diese Querschnitte sind nicht beliebige Maße verfügbar. Grundsätzlich könnte man die Baumstammrohlinge genau auf ein gewünschtes Maß zuschneiden. Das würde aber bedeuten, dass in den Sägewerken ständig die Maschinen neu eingerichtet werden müssen. Die gewünschten Latten wären entsprechend teuer. Aus diesem Grund beschränkt man sich im Sortiment auf bestimmte Vorzugsmaße. Für unsere Zwecke ist ein geeignetes Vorzugsmaß für Konstruktionsholz beispielsweise bei 24 mm mal 48 mm, wie es die Profis gern bei Dachkonstruktionen anwenden. In den Baumärkten werden außerdem Latten mit der Abmessung 17 mm mal 35 mm sehr preiswert angeboten. Die Auswahl an rein quadratischen Querschnitten ist viel übersichtlicher und vom jeweiligen Händler abhängig.

Die Besonderheit, dass Halbzeuge nur in eingeschränkten Abmessungen verfügbar sind, ist eine Folge der Industrialisierung. Um Erzeugnisse unabhängig von ihrem Hersteller verwenden zu können, erarbeitete man ein Normenwerk, das unter anderem bestimmte ausgewählte Dimensionen für die Halbzeuge vorgibt. Eine sehr bekannte alltägliche Normung bezieht sich auf die Papierformate (siehe Abschnitt 2.1). Für Gewinde ist die Normung die Voraussetzung, dass Schrauben mit beliebigen Muttern zusammengefügt werden und später mit einem normierten Schlüssel Reparaturen ausgeführt werden können. Genauso werden die Abmessungen, wie Materialdicke von Plattenware und Blechen oder die Querschnitte von Halbzeugen durch Normen vorgegeben.

Der große Vorteil einer Normung geometrischer Größen ist, dass die Ausgangsprodukte in großen Mengen preiswert hergestellt werden können. Meist sind nicht nur die Nennmaße von der Norm erfasst, sondern auch die Toleranzen vorgegeben. So kann man sich als Weiterverarbeiter auf die Reproduzierbarkeit der geometrischen Eigenschaften von Halbzeugen verlassen. Maschinen und Vorrichtungen können so genau angepasst werden.

Die Normierung hat auch Einfluss auf die Durchführung einer technischen Berechnung. Bei der konstruktiven Auslegung der Anwendungen trifft man eine bestimmte Annahme, mit welchen Rohlingen beispielsweise ein Fachwerk ausgeführt wird. Danach rechnet man für die geometrischen Eigenschaften dieser Rohlinge die Konstruktion unter Annahme oder Vorgabe von definierten Lasten durch und ermittelt die technische Sicherheit der Anordnung. Es erfolgt nur eine Entscheidung, ob die konkret untersuchte Konstruktion für die betreffende Anwendung die Sicherheit ausreichend ist und umgesetzt werden kann. Wenn das nicht gegeben ist, müssen konstruktive Veränderungen vorgenommen werden.

Für Leichtbauanwendungen und bei Massenfertigung, beispielsweise in der Auto- oder Flugzeugindustrie, setzt man weniger normierte Halbzeuge ein, sondern optimiert die Geometrie der Bauteile anhand der auftretenden Lasten.

Neben geometrischen Vorgaben werden auch Werkstoffeigenschaften, äußere Erscheinungseigenschaften, Test- und Prüfverfahren und vieles mehr genormt. ■

Die Startstütze, welche dem Feuerwerkskörper mit den eingeschraubten Halteösen einen sicheren Halt gibt, muss einen sicheren Stand auf dem Boden haben. Um dies sicherzustellen, verwendet man eine Standplatte, auf die unsere Startstütze montiert wird. So ist eine stabile Auflage des Systems auf dem Erdboden gewährleistet.

Die Grundfläche der Standplatte wird quadratisch ausgeführt, damit unabhängig von der Belastungsrichtung eine stabile Auflage gewährt werden kann.

Für die Standplatte kann man einen Zuschnitt aus Sperrholz (siehe Bild 2.9), eine quer verleimte Tischlerplatte oder aber Leimholz verwenden (Bild 3.5).

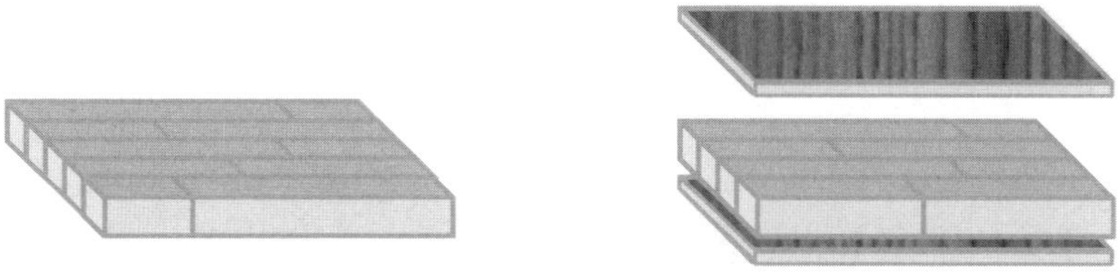

Bild 3.5 Aufbau von Leimholz und einer Tischlerplatte

Wenn man mehrere Startrampen herstellt, ist eine quadratisch zurechtgeschnittene Leimholzplatte aus einer B-Sortierung die preiswerteste Lösung. Die Verleimung hält die Stäbchen bestens zusammen, sodass gegenüber natürlich gewachsenem Holz keine Nachteile auftreten. In der B-Sortierung kommen mehr oder weniger viele optische Fehlstellen vor, wie beispielsweise Astlöcher, beschädigte Kanten oder Verfärbungen. Für die hier beabsichtigten Zwecke sollten diese Mängel jedoch vernachlässigbar und eine B-Sortierung vollkommen ausreichend sein.

Das Leimholz wird in den Baumärkten mit 1,8 cm Stärke gehandelt und in 20, 25, 30 und 40 cm breiten und jeweils 80, 120 oder 200 cm langen Platten angeboten, die auf gewünschte Maße zugeschnitten werden können.

3.2 Proportionen der Einzelteile

Wenn man von der Materialstärke absieht, konnten bei der Festlegung der Proportionen des im letzten Kapitel behandelten Frühstücksbrettchens die Abmaße recht frei gewählt werden. Dort wurde das Erzeugnis aus einem einzigen Teil gebildet.

Funktionsbedingt besteht unsere Startvorrichtung für die Silvesterraketen aus mehreren Teilen, die bei der Auswahl der Proportionen mehr oder weniger die Berücksichtigung bestimmter Vorzugsmaßen erfordern.

Vorzugsmaße, die sich aufgrund der staatlichen Normung oder bestimmter Sortimente der Lieferanten ergeben, bedingen, dass in bestimmten Anwendungsfällen die Proportionierung der Erzeugnisse mitunter nur in diskreten Schritten erfolgen kann. Oft muss ein Kompromiss zur Erfüllung mehrerer unterschiedlicher funktioneller Anforderungen gefunden werden.

Vorzugsmaße gelten bei der Startrampe für alle Bauteile. Die Holzelemente werden nur in bestimmten Querschnitten angeboten und die verwendeten Metallteile sind als Zukaufteile nur in ihren handelsüblichen Proportionen verfügbar.

Die Ösen, durch die der Stabilisierungsstab der Rakete geführt wird, müssen groß genug sein, um ein hinreichendes Spiel für die Aufnahme des Raketenteils zu sichern. Die angeformten Gewinde der Ösen dürfen aber auf der gegenüberliegenden Seite nicht wieder aus der Startstütze heraus ragen, sonst besteht Verletzungsgefahr beim Gebrauch. So bedingen die vorgegebenen Proportionen der Ösen eine bestimmte Dicke für die Startstütze.

Andererseits wäre das ästhetische Bild gestört, wenn die Startstütze mit ihrem Querschnitt gegenüber der Grundplatte dominiert.

Analog zum Frühstücksbrettchen benötigt man neben der Festlegung der Proportionen ein Grundmaß, aus dem heraus sich dann die Gestalt des Erzeugnisses ableitet.

Während beim Frühstücksbrettchen das Grundmaß ohne Einschränkungen festgelegt werden konnte, muss in diesem Anwendungsbeispiel überprüft werden, ob bestimmte Vorzugsmaße einzuhalten sind. Dies gilt für die Ösen oder Haken absolut, weil sie Normteile darstellen. Die Holzteile könnte man durch entsprechende zusätzliche Bearbeitungsschritte auch in von den Vorzugsmaßen abweichenden Dimensionen realisieren. Für das Betreiben dieses zusätzlichen Aufwands muss aber eine gute Begründung bestehen. Die hier verwendeten Vorzugsmaße für Holzteile beziehen sich auf das Angebot, das in einem ganz normalen Baumarkt für übersichtliches Geld zu bekommen ist. Sicher sind hier und da auch weitere Abmessungen für Holzhalbzeuge vorrätig, die bei einem beabsichtigten Nachbau auch gern verwendet werden können.

Weil Holzlatten mit quadratischem Querschnitt nur in einem sehr eingeschränkten Sortiment beschafft werden können, wird die quadratische Startstütze aus zwei aneinander geschraubten rechteckigen Latten mit einem Querschnitt von 35 mm mal 17,5 mm oder 24 mm mal 48 mm gebildet. Die Länge der Startstütze soll eine ansprechende Proportion ergeben.

Die Grundplatte kann durch Teilen von Leimholzplatten gewonnen werden und quadratisch sein. Aufgrund der diskret vorgegebenen Breite des Leimholzes kommen Kantenlängen von 25, 30 oder 40 cm in Betracht.

Ein Überblick zu den Vorzugsmaßen der Einzelteile gibt Tabelle 3.1.

Tabelle 3.1 Vorzugsmaße der für die Raketenstartvorrichtung verwendeten Bauteile

Gewindelänge der Öse	20 cm	30 cm	40 cm
Querschnitt der Startstütze		35 mm × 35 mm	48 mm × 48 mm
Grundplatte	25 cm × 25 cm	30 cm × 30 cm	40 cm × 40 cm

Als Grundmaß, das für Herausarbeitung der Gesamtproportion des zusammengebauten Erzeugnisses Verwendung findet, wird die Seitenlänge der Grundplatte herangezogen. Die Auflagefläche ist nicht nur optisch dominierend, sie bestimmt auch den Platzbedarf und vor allem die Standfestigkeit des Systems.

Alternativ zur Grundplatte könnte man auch an den Ösen ein Grundmaß festlegen. Funktionell ist dieses Bauteil außerordentlich wichtig, weil es die Startfähigkeit der Feuerwerkskörper vehement beeinflusst. Allerdings kann bei diesem Einzelteil kaum von einer optischen Dominanz die Rede sein. ■

Mit einer maßstäblichen Skizze kann die Wirkung der Proportionen der unterschiedlichen Bauteile abgeschätzt werden (Bild 3.6).

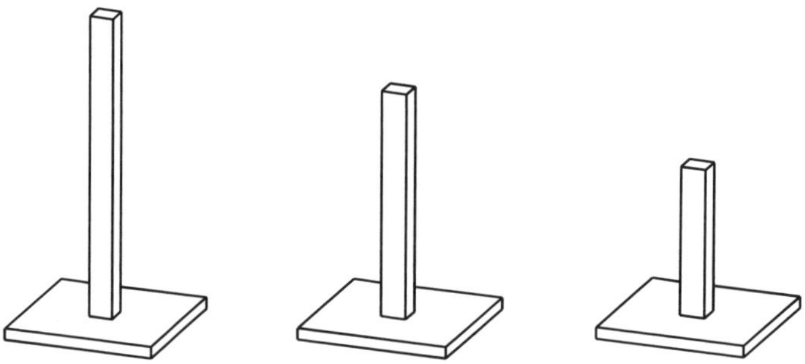

Bild 3.6 Skizze mit unterschiedlich langen Startstützen

Wenn eine Skizze zur Abschätzung der Proportionen kein befriedigendes Ergebnis bringt, kann mithilfe eines CAD-Systems ein virtuelles Abbild des späteren Erzeugnisses generiert werden (Bild 3.7).

Bild 3.7 Varianten unterschiedlicher Proportionen als virtuelle Abbilder

Als uns angenehme Proportion wählten wir in Bild 3.6 und Bild 3.7 die mittlere Abbildung, bei der die Startstütze 1,5-mal so lang ist wie die Kantenlänge der Grundplatte. Für die Abmessungen der Grundplatte wird ein Verhältnis der Kantenlänge des Querschnitts der Startstütze zur Kantenlänge der Grundplatte von etwa 8 : 1 favorisiert.

Als konkretes Grundmaß wird für die Grundplatte ein Wert von 30 cm mal 30 cm ausgewählt. Dies ermöglicht eine hinreichende Standfestigkeit, sodass die Startvorrichtung auch nicht bei einem hektischen Zurücktreten einer ängstlichen Person nach dem Zünden des Feuerwerkskörpers umkippen kann. Außerdem hält sich so der Platzbedarf beim Einlagern der Vorrichtung in der langen Zeit zwischen den Jahreswechseln noch in Grenzen.

Eine etwas hemdsärmelige Möglichkeit zur Festlegung und vor allem zur Überprüfung der Proportionen ist in Bild 3.8 gezeigt. Mit entsprechendem Abdecken der für die Startstütze vorgesehenen Leisten mithilfe eines Gegenstands wird eine ästhetisch gefällige Proportion ermittelt und durch eine Markierung gekennzeichnet. Hier wurden die zeichnerisch festgelegten 45 cm für die Höhe der Startstütze bestätigt.

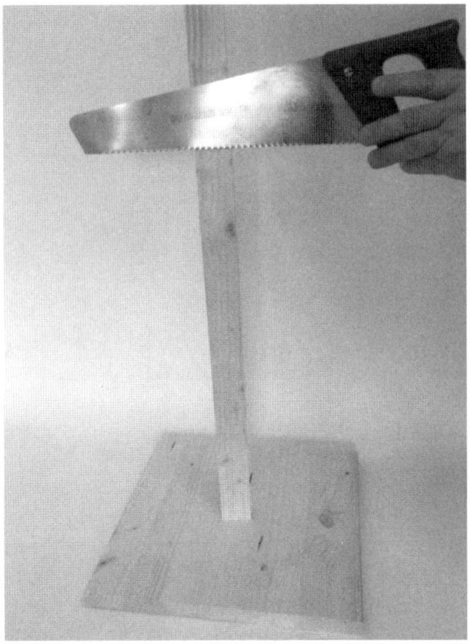

Bild 3.8 Sichtprüfung zur Auffindung gefälliger Proportionen

■ 3.3 Möglichkeiten zur Verbindung von Einzelteilen

3.3.1 Übersicht

Ein jeder kennt das unangenehme Gefühl, wenn man mit einem technischen Gegenstand hart arbeitet und plötzlich zwei funktionslose Hälften in den Händen hält, weil man es mit der Belastung übertrieben hat. In den meisten Fällen tritt die Zerstörung an der Fügestelle von zwei Bauteilen auf.

Dem Zusammenbau der einzelnen Teile muss daher nicht nur bei der Ausführung, sondern bereits beim Entwurf des Erzeugnisses besondere Beachtung geschenkt werden.

Das Problem beim Fügen von Bauteilen hat zwei wesentliche Aspekte: Einerseits ist die stoffliche Bindung der Materialien an der Fügestelle natürlich geringer als im jeweiligen

Einzelteil. Andererseits kommen an den Verbindungsstellen besonders starke lokale Belastungen vor, wenn die Spannungen von einem Fügeteil mit geringem Querschnitt aufgenommen werden müssen oder wenn aufgrund des scharfen Wechsels der Steifigkeit der beiden beteiligten Materialien Spannungsspitzen im Übergangsbereich vorkommen.

Zur Montage von Bauteilen sind unterschiedliche Technologien bekannt. Viele beziehen sich vor allem auf bestimmte Werkstoffe, andere charakterisieren ein Fertigungsverfahren. Bekannt sind beispielsweise:

- Schweißverfahren,
- Kleben,
- Nageln oder Krampen zum Verstiften von zwei Teilen,
- Schrauben und
- Klemmen.

Die Auswahl der Montageverfahren erfolgt nach mehreren Kriterien:

- Grundsätzliche Eignung für die konkrete Anwendung,
- gute Haltbarkeit der Fügestelle,
- beabsichtigte Lösbarkeit oder Unlösbarkeit der Bauteile,
- schnelle Belastbarkeit,
- möglichst geringe optische Beeinflussung des Gesamterzeugnisses,
- einfache technologische Einbindung in den Gesamtprozess,
- spezielle Erfahrungen und Kompetenzen mit einzelnen Fügeverfahren.

3.3.2 Schweißverfahren

Wenn man „Schweißen" hört, denkt man an Gleisarbeiter, die hinter einer Einhausung unter grellen Flammenkugeln beispielsweise die Schienen der Straßenbahn miteinander verbinden.

Charakteristisch für diese bei Metallen aber auch bei Kunststoffen weitverbreitete Verbindungstechnologie ist, dass an der Fügestelle Material durch eine äußere Energiequelle angeschmolzen wird, das danach zu einem festen Übergangsbereich erstarrt und die Verbindung der Fügeparner realisiert.

Die lokale Erhitzung kann beispielsweise durch das Verbrennen eines Gases wie Acetylen, einem lokalen Lichtbogen, wie beim Elektroschweißen von Metallen, Thermitschweißen oder auch durch rein mechanische Reibung erfolgen, wie beim Ultraschall- oder beim Reibschweißen von Kunststoffen.

Das helle weiße oder bläuliche Licht, vor dem wir uns bei dem eingangs erwähnten Beispiel des Schienenschweißens schützen müssen, resultiert aus dem temperaturabhängigen Strahlungsspektrum der Materialien bei hoher Schmelztemperatur wie beispielsweise Stahl. Beim Warmgasschmelzen von Kunststoffen sind keine Lichteffekte zu beobachten, weil die emittierte Wärmestrahlung dieser Werkstoffe bei den hier notwendigen Prozesstemperaturen noch deutlich unter der Frequenz des sichtbaren Lichts liegt. ■

Nachdem die Fügestelle mit Schmelze ausgefüllt worden ist, lässt man das Material abkühlen und erstarren. So entsteht eine haltbare stoffliche Verbindung der Fügepartner auch über große Flächen. Zur Erzeugung der Schmelze kann das Material von den beiden Fügepartnern verwendet werden (Bild 3.9). Alternativ kann auch Fremdmaterial erschmolzen werden, beispielsweise beim Elektroschweißen Teile der Elektrode.

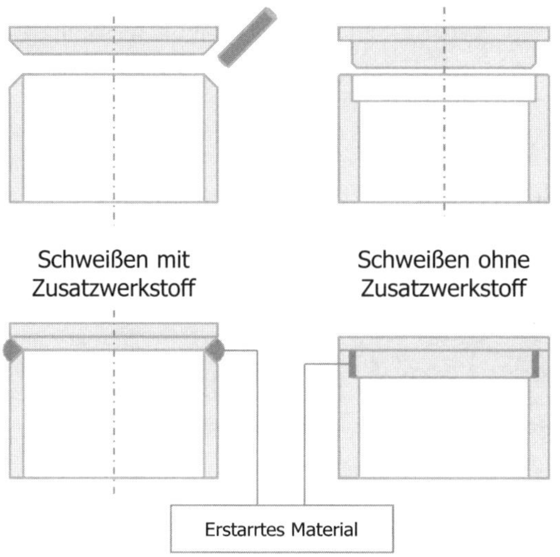

Bild 3.9 Prinzip der Schweißverfahren

Der Vorteil einer Schweißverbindung ist, dass sie ohne zusätzliche Bauteile realisiert werden kann und normalerweise sehr hohe Belastungen aushält. Es handelt sich um eine großflächige, stoffliche Verbindung. Nachteilig ist, dass diese Fügetechnologie sehr hohe Anforderungen an die Gestaltung und die Präzision der Geometrie der Verbindungsfläche stellt. Das Schweißen erfordert einen zusätzlichen Produktionsschritt und es muss eine spezielle Maschinentechnik vorhanden sein. Der ausführende Personenkreis benötigt spezielle Kenntnisse, damit keine unangenehmen Eigenspannungen oder lokale Umwandlungen im Gefüge der Schweißnaht und deren Umgebung entstehen.

Für Bauteile aus Holz ist das Schweißen absolut ungeeignet, weil aufgrund seines chemischen Aufbaus aus diesem Material keine Schmelze gebildet werden kann.

3.3.3 Kleben

Beim Kleben wird zwischen Flächen der zu verbindenden Teile eine Substanz aufgebracht, die aufgrund einer Umwandlung eine stoffliche Verbindung ermöglicht. An die Klebeflächen werden besondere Anforderungen gestellt. Sie müssen geometrisch aufeinander abgestimmt sein und dürfen mit keiner Fremdsubstanz benetzt sein. Das heißt für die Praxis: Sie müssen fettfrei sein. Die Kontaktflächen der Klebepartner sollten so groß wie möglich gewählt werden, um die zu übertragenden Kräfte auf einer großen Fläche zu verteilen. Die Oberflächen müssen einen konstanten Abstand zueinander haben, damit die Haftung großflächig realisiert werden kann. Die Rauigkeit der zu verbindenden Oberflächen muss aufeinander und auf den Kleber abgestimmt sein. Hochviskose Klebstoffe erfordern und ermöglichen grob strukturierte Oberflächen. Bei niedrigviskosen Substanzen müssen Oberflächenstrukturen entsprechend feiner strukturiert sein, um eine optimale Haftung zu erreichen.

Bei der Gestaltung von Baugruppen mit Klebeverbindungen muss die Belastungsrichtung berücksichtigt werden. Unbedenklich sind Anordnungen, bei denen Druckbelastungen auf die Klebefläche wirken (Bild 3.10 links). Gleichmäßig angreifende Scherbelastungen können bei Beachtung der Gestaltungsregeln zum Kleben gut übertragen werden (Bild 3.10 Mitte). Kritisch sind Belastungen, die die Fügepartner senkrecht zur Klebefläche auseinanderziehen (Bild 3.10 rechts).

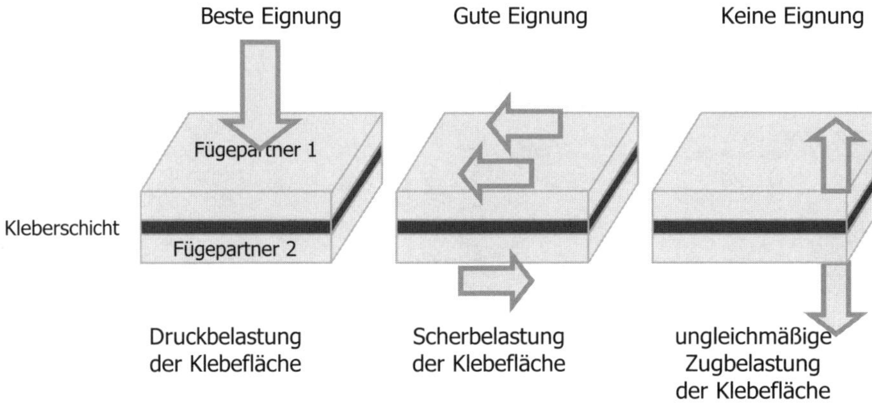

Bild 3.10 Belastungsrichtungen an Klebeverbindungen

Problematisch bei Zugbelastung sind die dann auftretenden Spannungsspitzen im Bereich der Klebeschicht.

Das Phänomen der ungleichmäßigen Zugbelastung der Klebefläche hat nicht nur negative Auswirkungen. Eine vorteilhafte Anwendung haben wir beispielsweise dann, wenn ein Klebestreifen von einer glatten Oberfläche abgezogen oder ein Wundpflaster von der Haut des Patienten gelöst wird. ■

Die Auslegung von Erzeugnissen muss so erfolgen, dass möglichst nur unkritische Belastungen an Klebeflächen auftreten. Dazu muss sichergestellt werden, dass:

- großflächige Berührungsflächen der Fügepartner realisiert werden,
- die Fügeflächen so gelegt werden, dass nur Druck- oder Scherbelastungen vorkommen,
- Zugbelastungen sind zu vermeiden,
- Spannungsspitzen sollten vermieden werden.

Möglichkeiten, entsprechende Anordnungen zu realisieren, zeigt Bild 3.11.

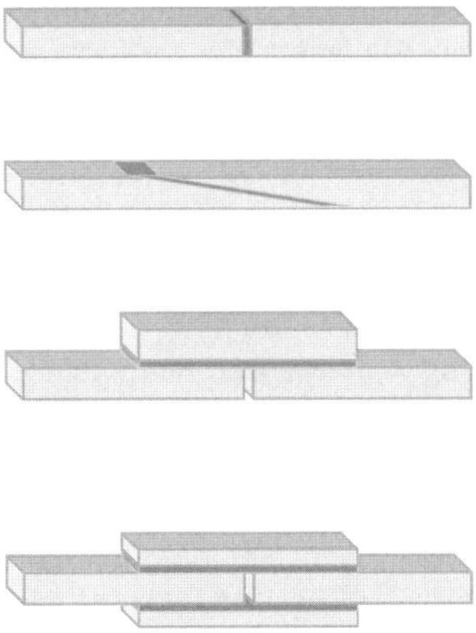

Bild 3.11 Möglichkeiten einer Klebegeometrie

Die Stoßverbindung (Bild 3.11a) ist zur Lastübertragung ungeeignet. Auf sie sollte man nur in Ausnahmefällen zurückgreifen, beispielsweise um Teile für einen nachfolgenden Montageschritt zu positionieren. Zum funktionalen Zusammenbringen von Bauteilen kann diese Art der Verbindungsgeometrie nicht eingesetzt werden.

Bild 3.11b stellt eine Schäftung dar. Der Vorteil dieser Klebegeometrie ist, dass keine zusätzlichen Bauteile notwendig sind. Daher wird eine Schäftung gern zum Fügen von Leisten oder der Reparatur eines flächigen Bauteils angewendet, wie einem Bootsrumpf. Bei einem lokal begrenzten Schaden an der Beplankung wird das beschädigte Materialstück so entfernt, dass alle Löcher und Risse herausgeschnitten werden. Damit eine hinreichend große Klebefläche vorhanden ist, wird um die schadhafte Stelle herum eine Schräge herausgearbeitet (Bild 3.12).

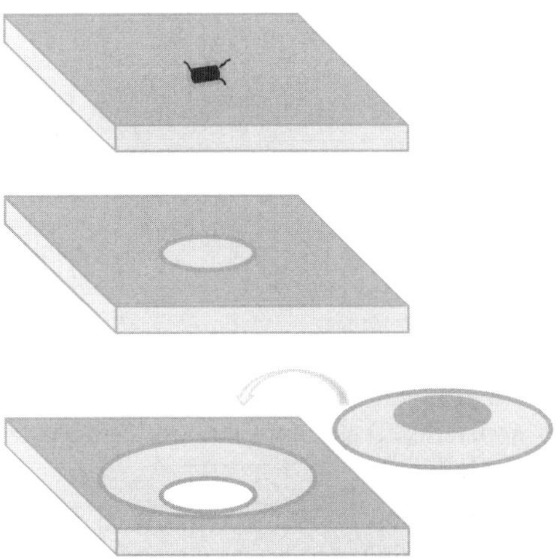

Bild 3.12 Ausführung einer Schäftung

Oft gibt es für die verschiedenen Anwendungsfälle spezielle Vorschriften oder Empfehlungen zum erforderlichen Steigungsverhältnis der Schrägen. Die empfohlenen Werte für die Länge der freizuschleifenden Fläche liegen meist zwischen 1 : 10 oder 1 : 20. Mit der so ausgearbeiteten Geometrie wird ein entsprechendes Gegenstück angefertigt, mit dem dann die Schadstelle verklebt wird.

Die Ausführung der in Bild 3.12 gezeigten Arbeitsschritte ist aufwendig und entprechend teuer. Zur zeitintensiven Wiederherstellung der Tragfähigkeit des Bauteils kommen in vielen Fällen noch arbeitsintensive Spachtel- und Lackierarbeiten. Die Anwendung der Schäftung beschränkt sich somit auf Reparaturen von großflächigen und teuren Bauteilen. So sind zum Beispiel viele Besitzer und Nutzer von Holzbooten mit dieser Art der Instandsetzung vertraut.

Viel weniger aufwendig als eine Schäftung ist die Laschung einer Klebestelle (Bild 3.11c und d). Wenn bei der Gestaltung von Erzeugnissen noch alle Möglichkeiten offen sind, sollte man schon beim Entwurf eine Geometrie wählen, die eine Laschung erlaubt oder weitere Funktionen des Bauteils einschließt.

Die einseitige Laschung (Bild 3.11c) ist sehr einfach und schnell herstellbar, bringt aber im Vergleich zur symmetrischen doppelten Laschung (Bild 3.11d) weniger Festigkeit.

Eine sehr lange Tradition speziell bei der Verwendung von Holzwerkstoffen hat die Fingerverzinkung. Flächige Gebilde aus Holz werden mit einer Keilzinkung verklebt. Man spricht auch von einer Fingerverklebung. (Bild 3.13)

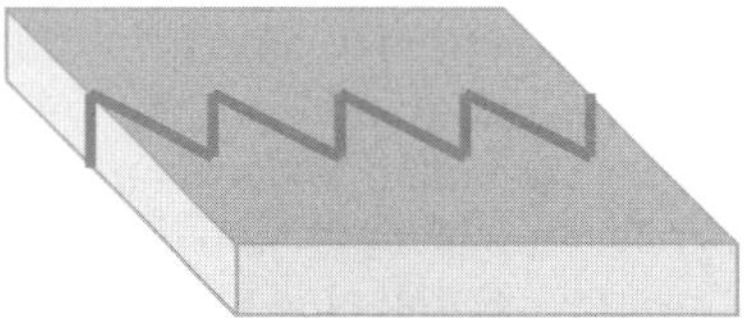

Bild 3.13 Fingerverklebung

Sollen Holzplatten in einem rechten Winkel aneinandergefügt werden, kann eine Schwalbenschwanzverzinkung angewendet werden, die mit einer Hinterschneidung eine seitliche Demontage verhindert. Einfacher herstellbar ist eine offene Verzinkung (Bild 3.14).

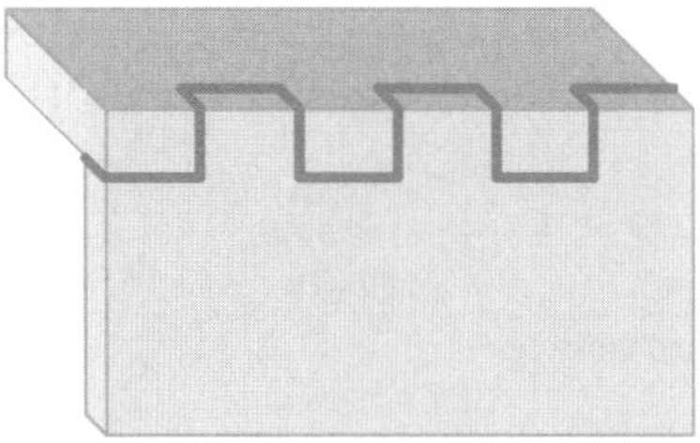

Bild 3.14 Offene Verzinkung

Jede Art von Verzinkung erfordert exakt gearbeitete Fügestellen. Die Herstellung einer solchen Geometrie ist aufwendig und erfordert spezielles Werkzeug. Für die Heimwerkstatt sind solche Verbindungstechniken somit ungeeignet.

Das Material Holz nimmt Klebstoffe sehr gut auf, es kann mit Substanzen auf Wasserbasis sehr gut benetzt werden. Holz ist als ein echtes Naturprodukt ein heterogener Werkstoff, der aus mehreren Substanzen und Bausteinen zusammengesetzt ist. Viele spezielle Klebstoffe für Holz ahmen die natürlichen Gegebenheiten nach und simulieren mit einer ähnlichen chemischen Struktur bestimmte Bestandteile des Holzes, welche die einzelnen biologischen Elemente des Holzes zusammenhalten. Diese Klebstoffe wirken besonders effektiv und sind meist ökologisch unbedenklich. Andere Klebstoffe werden synthetisch hergestellt und entfalten auf vielfältige Weise ihre Wirkung.

Nach dem Bestreichen der Klebeflächen werden die Fügepartner mit Druck zusammengepresst. Hier bietet sich die Verwendung von Leimzwingen an. Sollten diese aus Platzgründen nicht eingesetzt werden können, kann man Bauteile zusätzlich zur Verklebung durch Schauben direkt aufeinander pressen oder den Klebedruck durch eine provisorisch verschraubte Hilfskonstruktion erzeugen. Leimreste, die aus den Fugen austreten, sollten entfernt werden. Bei Holzleim benötigen die Klebestellen mehrere Stunden zum Aushärten.

Moderne Klebstoffe sind farbneutral. Verfärbungen am Holz, wie sie von früher gebräuchlichen Tischlerleimen verursacht wurden, kommen heute nicht mehr vor. Trotzdem sollte der Kleberauftrag nicht zu üppig erfolgen. An austretendem Kleber haften Schmutz- und Fremdpartikel besonders gut an und können nach Aushärtung kaum noch entfernt werden. Auch hat schon mancher Heimwerker als Nebeneffekt seine Werkzeuge oder seine Kleidung mit Kleber neu gestaltet.

Besondere Vorsicht ist bei der Verwendung von sogenanntem Sekundenkleber geboten. Dieser macht seinem Namen alle Ehre und stellt augenblicklich eine Verbindung zwischen den Klebepartnern her. Was im industriellen Maßstab große Vorteile bringt, ist im Hobby- und Heimwerkbereich mitunter kritisch. Manch unerfahrener Bastler musste nach einem Klebeversuch einen präzise ausgeführten Schnitt einer Rasierklinge zulassen und seine oberste Hautschicht auf seinem Bauteil zurücklassen. Bei der Arbeit mit Sekundenkleber müssen wegen des genannten Gefährdungspotenzials unbedingt Maßnahmen getroffen werden. Die Augen sind mit einer Schutzbrille und die Hände mit Gummihandschuhen zu schützen.

Weiche Holzsorten können sich gut verformen und so gewisse Ungenauigkeiten an den Klebeflächen ausgleichen. Außerdem weisen sie in ihrer inneren Struktur mehr oder weniger Poren auf. Verwendet man einen speziellen Holzkleber, werden diese Poren im Bereich der Fügestelle mit Klebstoff ausgefüllt. Daher sind weiche Holzsorten für Klebeverbindungen besser geeignet als Harthölzer, welche Unebenheiten kaum durch Deformation ausgleichen können und weniger Poren aufweisen.

Bei einer Serienproduktion erkennt man eine gute Verklebung daran, dass beim Bruchtest eines Musters sich die Bauteile an der Klebestelle nicht voneinander lösen, sondern die Bruchfläche durch das Material von einem der beiden Fügepartner läuft. ■

3.3.4 Nageln und Krampen zum Verstiften von Bauteilen

Der Gebrauch von Nägeln ist schon sehr lange bekannt. Aus unserer Alltagssprache kennen wir die Redensart „jemanden oder etwas ans Kreuz nageln“. Deren Herkunft geht auf eine sehr bekannte Gegebenheit zurück, die sich vor fast 2000 Jahre zugetragen hat – oder haben soll. Belegt sind aber noch wesentlich ältere Funde für diese Verbindungstechnik.

Beim Nageln werden Stifte - meist aus Metall, aber auch aus Holz - in das Material der zu fügenden Teile getrieben. Die Verbindung zwischen Nagel und Bauteil nutzt das Prinzip der Reibung. Man unterscheidet zwischen Haftreibung und Gleitreibung, wobei die Haftreibung immer größer ist als die Gleitreibung. Das begründet den berühmten „Schubs", den die Dinge benötigen, um auf einer geneigten Ebene in Fahrt zu kommen.

Beim Treiben von Stahlnägeln in Holz wird vorher normalerweise keine Bohrung eingebracht. Beim Einschlagen wird das umgebende Material also vollständig verdrängt, dazu werden die in der Holzstruktur vorhandenen Hohlräume komprimiert (Bild 3.15). Bei leichten Hölzern ist dies einfacher möglich, als bei den Harthölzern. Das verdichtete Material ist zudem tragfähiger.

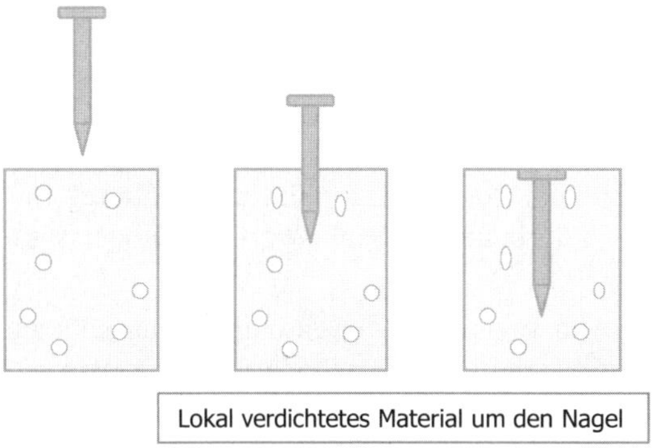

Bild 3.15 Beim Einschlagen eines Nagels wird Material in der Umgebung lokal verdichtet

Beim Einschlagen eines Nagels muss immer ein Widerstand überwunden werden. Das klassische Werkzeug zum Nageln ist ein Hammer. Beim ersten Schlag wird mit dem Auftreffen des Hammerkopfes auf den Nagel das Material des ersten Fügepartners verdrängt. Bei den folgenden Schlägen addiert sich zum energetischen Aufwand für die Materialverdrängung noch der Aufwand zur Überwindung der Reibung an den Flanken des Nagels, die vom Material umschlossen werden.

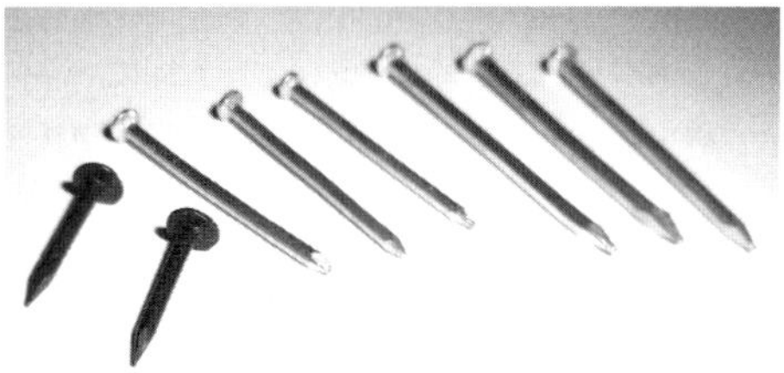

Bild 3.16 Sortiment Nägel

Wenn der Nagel (Bild 3.16) zu dünn ausgelegt ist, gelingt die Übertragung der zum Einschlagen benötigten Energie nicht mehr ohne Verformung des Metallstifts. Das Ergebnis der Aktion ist ein krumm geschlagener Nagel. Wird ein zu dicker Nagel gewählt, spaltet sich beim Eindringen des Nagels das Holz des Fügepartners.

Ein weiteres nicht zu unterschätzendes Problem ist die Unfallgefahr bei der Verwendung des Hammers. Fehlschläge können sehr schmerzhaft sein, vor allem, wenn Stahl- und Fingernagel verwechselt werden. Aber auch ein Abrutschen, ohne dass eigene Körperteile in Mitleidenschaft gezogen werden, führt meist zu sichtbaren Beschädigungen am Fügeteil.

Für die einzelnen Handwerkerzünfte bildete sich eine Vielzahl von Hämmern aus (Bild 3.17). Bekannt sind Schlosserhammer, Zimmermannshammer und Schusterhammer. Zum Einschlagen von Nägeln in Holz eignet sich am besten der Zimmermannshammer. Dieser hat eine ebene Bahn, in die gegen das seitliche Abrutschen des Hammers beim Einschlagen der Nägel noch diagonale Rillen gefräst werden. Einige moderne Zimmermannshämmer verfügen über ein magnetisches Element, mit dessen Hilfe der Nagel vor dem ersten Schlag am Hammer fixiert wird.

Auch der Schlosserhammer ist als Universalwerkzeug gut zum Einschlagen von Nägeln geeignet. Dagegen ist für Ungeübte der Gebrauch des Schusterhammers mitunter problematisch, da er für die Lederarbeiten über eine stark konvex ausgebildete Bahn verfügt. Wenn das Aufschlagen des Hammers auf den Nagelkopf nicht genau mittig erfolgt, wird so auf den Nagel eine waagerechte Kraftkomponente übertragen, die beim Einschlagen in massives Holz schnell zu krummen Nägeln führt. Ähnliches gilt für den in Bild 3.17 rechts gezeigten Ingenieurshammer, der zum Abklopfen von Maschinenteilen auf der Suche nach unsichtbaren Rissen gedacht ist – analog zur Klangprobe bei Tafelgeschirr.

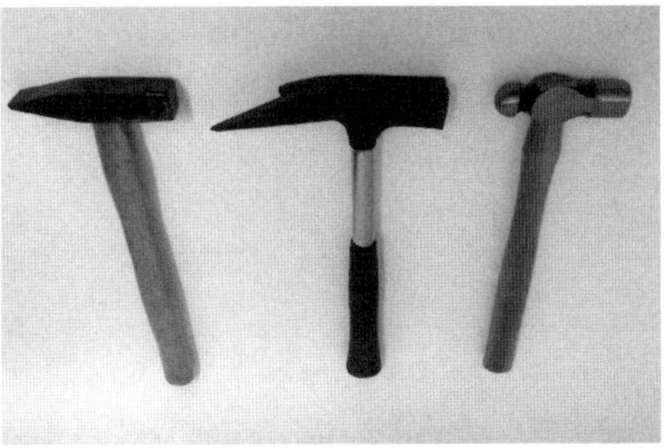

Bild 3.17 Arten von Hämmern

Um das Krümmen der Nägel beim Einschlagen zu vermeiden, modifiziert man die Oberflächen der Nägel. Erfolgreich ist eine Behandlung, die zu einem besonders festen Material unmittelbar an der Oberfläche der Nägel führt. So erfolgt das Ausknicken des Stabs erst bei höheren Kräften als bei unbehandelten Nägeln. Für Stahl sind mehrere Verfahren zur Oberflächenbehandlung bekannt, beispielsweise das Aufkohlen, das Einsatzhärten oder das Nitrieren. All diese Technologien werden eingesetzt, um eine Verbesserung der Werkstoffeigenschaften unmittelbar an der Oberfläche zu bewirken.

Eine andere Beschichtungsstrategie zielt darauf ab, den Reibungswiderstand der Nägel beim Einschlagen in das Material zu vermindern. Dazu werden die Nägel mit Gleitmitteln imprägniert, die auf Silikon oder Polyethylenterephthalat basieren. Die Veränderung der Gleiteigenschaft ist auch dann gegeben, wenn ein dünner Ölfilm oder Fett die Oberfläche benetzt.

Wenn man mit einem Fett- oder Ölauftrag einen Korrosionsschutz vorsehen möchte, muss man natürlich auch an die veränderten Reibungseigenschaften der Nägel denken.

Veränderte Gleiteigenschaften kommen nicht nur beim Einschlagen der Nägel zu Wirkung, sondern auch beim Lösen. Das mag in einigen Fällen nicht unerwünscht sein, bei vielen Anwendungen ist jedoch das Lösen der Verbindung nicht vorgesehen.

Bei der Herstellung der Nägel werden oft unmittelbar unter dem Kopf des Nagels einige Querrillen eingebracht. Beim Einschlagen kommen diese erst zum Eingriff, wenn die für die Verformung verantwortliche Stablänge des Nagels sehr gering ist, sodass ein Ausknicken unwahrscheinlich wird. Wenn der Nagel dann im Material steckt, behindert der Formschluss im Bereich der Querrillen ein allmähliches Herausarbeiten des Nagels.

Eine andere Strategie zur Vermeidung des Herausarbeitens der Nägel beim Gebrauch aufgrund der Wirkung eines Gleitfilms ist die Verwendung von abbaubaren Substanzen als Filmbildner. Diese werden vom Holz aufgenommen und diffundieren ins Innere des Holzstücks, sodass der Gleitfilm zwischen Fügeteil und Verbindungselement mit der Zeit aufgehoben wird. Weitere Gestaltungen zur Realisierung eines Formschlusses an der Flanke der Nägel sind längsseitige Ausbuchtungen oder spiralförmig eingebrachte Rillen, die wie ein extrem steil geschnittenes Gewinde aussehen.

Nagelverbindungen sind dazu geeignet, Druck und Scherbelastungen aufzunehmen. Zugbelastungen in Richtung des Nagels sind nicht akzeptabel.

Sollen zwei Holzstücke zusammengefügt werden, müssen mindestens zwei Nägel verwendet werden, um ein Verdrehen der beiden Teile mit dem Nagel als Achse zu verhindern.

Beim Einschlagen der Nägel sollte man die Stifte nicht genau senkrecht zur Oberfläche des Fügeteils ansetzen, sondern alternierend einen Winkel von ungefähr 75° und etwa 105° für die einzelnen Nagelstellen wählen (Bild 3.18).

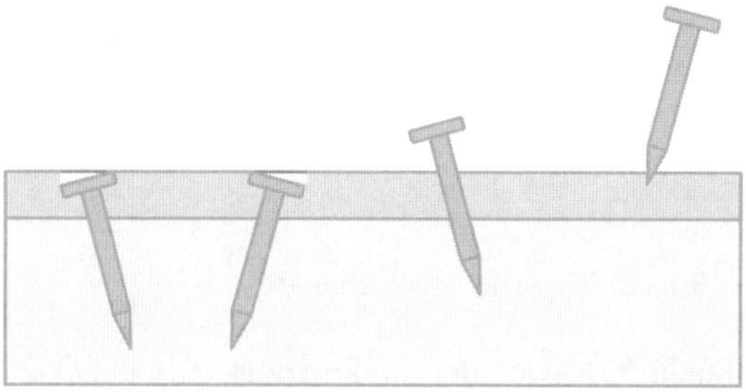

Bild 3.18 Schräg angestellte Nägel verhindern das Herausarbeiten der Stahlstifte bei Belastung

Alternativ zum Einschlagen der Nägel von Hand mit einem Hammer sind pneumatische Nagelvorrichtungen bekannt, die Nägel geschossartig in das Material treiben. Solche Geräte bleiben aufgrund der potenziellen Unfallgefahr durch die verschossenen Stahlstifte Profis vorbehalten.

Sollen zum Beispiel beim Polstern von Möbelstücken Textilien an einem Holzstück befestigt werden, stellt die Verwendung eines Tackers (Bild 3.19) eine interessante Alternative zum Gebrauch von Nägeln dar. Durch eine vorgespannte Feder wird auf die U-förmigen Krampen die zum Versenken der dünnen Stahlstifte notwendige mechanische Energie übertragen.

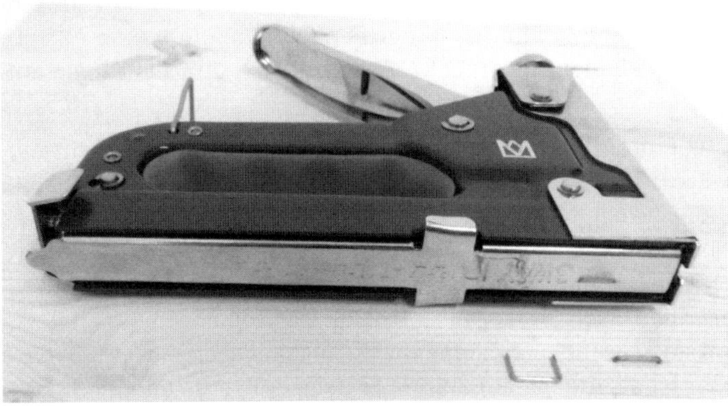

Bild 3.19 Tacker

3.3.5 Schrauben

Schraubverbindungen sind aus der Metalltechnik bestens bekannt. Im Bereich der Holzverarbeitung fanden sie erst nach dem Zweiten Weltkrieg Verbreitung, wohl, weil sie nicht dem althergebrachten Zunftwissen entsprachen, und das notwendige Können für die massenhafte Herstellung von Holzschrauben fehlte.

Im Unterschied zur klassischen Metallschraube ist eine Holzschraube selbstschneidend ausgelegt. Metallschrauben laufen in einem Formschluss und fixieren aufgrund der Reibung am umgebenden Material nur an der lastaufbringenden Kante des Gewindes (Bild 3.20 oben). Holzschrauben dagegen verdrängen und komprimieren beim Einschrauben das Material und bilden einen Kraftschluss aus (Bild 3.20 unten).

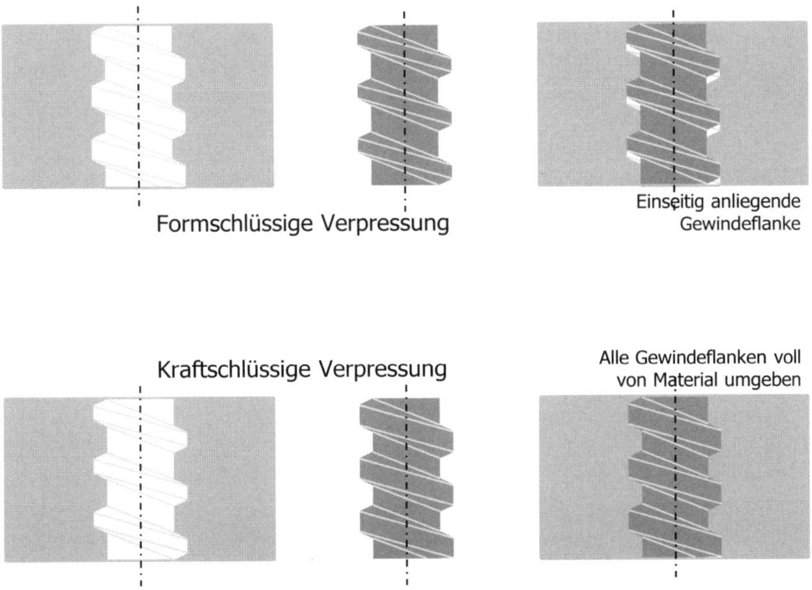

Bild 3.20 Form- und kraftschlüssige Verschraubung

Das Gewinde setzt einen Ankerpunkt im Material des einen Fügepartners. Mit diesem Anker ist es nun möglich, mechanische Kräfte ins Material einzuleiten, um eine Befestigung zu realisieren. Grundsätzlich können Gewinde Kräfte aus allen Raumrichtungen aufnehmen, auch Zugkräfte.

Die kraftschlüssige Verbindung eines Gewindes in Holz hat den Vorteil, dass die Schraubverbindung auch bei einem Belastungswechsel das eingeschraubte Gewinde fixiert. Bei einem Formschluss liegt bei überwiegender Zugkraft nur die obere Flanke an, so wie es die Darstellung in Bild 3.20 oben zeigt. Überwiegen Druckkräfte, wird nur die untere Flanke gegen das Material gepresst. Durch Wechsellasten wird das Spiel zwischen Innen- und Außengewinde stetig vergrößert, sodass die Verankerung nicht über lange Zeit gegeben ist. Formschlüssig verpresste Schrauben sollten daher so fest angezogen werden, dass die Vorspannung immer größer ist als die bei der stärksten Belastung entstehende Druckkraft.

Die Struktur weicher Hölzer weist im Inneren Hohlräume auf (siehe auch Bild 3.15). Diese können beim Einschrauben des Gewindes zusammengepresst werden. Weil sich dann in der Umgebung des Gewindes weniger Hohlräume und mehr tragendes Material befinden, ist eine größere Kraftaufnahme gegenüber nicht komprimiertem Material möglich. Harte Hölzer weisen kaum Hohlräume in ihrer Struktur auf, die beim Einfügen des Gewindestifts zusammengepresst werden könnten. Beim Einschrauben muss so eine starke Pressung des umgebenden Materials mit großem Kraftaufwand überwunden werden. Bei vielen Harthölzern ist eine Vorbohrung mit dem Kerndurchmesser des Gewindes sinnvoll (Bild 3.21).

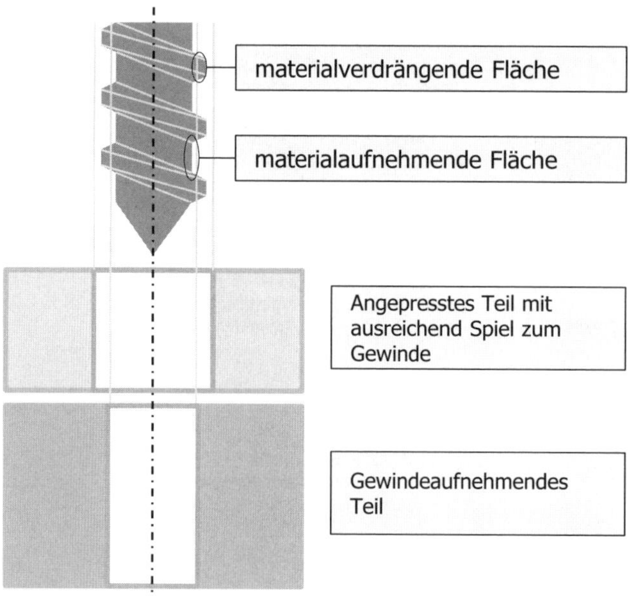

Bild 3.21 Auslegung der Bohrungsdurchmesser für das angepresste und das gewindeaufnehmende Teil

Zum Angriff der Kräfte am Ankerpunkt ist eine spezielle Gestaltung des Schraubenkopfes notwendig. So können beispielsweise die in Bild 3.3 gezeigten Augenschrauben verwendet werden. Durch die Öse kann man einen Faden ziehen und in beliebiger Richtung eine Belastung wirken lassen. An einer Schraube kann auch in Längsrichtung eine Kraft angreifen, ohne dass sie sich herausarbeitet, ganz im Gegensatz zu einem Nagel.

Werden zwei Teile durch eine Fügeverbindung miteinander verbunden, übernimmt der Fügepartner mit Gewinde die Rolle der Verankerung, der andere wird angepresst. Grundsätzlich wird bei der Anwendung einer Schraubverbindung immer nur in einen der Fügepartner ein Gewinde eingebracht, der andere wird mit der Schraube herangezogen (Bild 3.21). Bei weichen Hölzern kann in vielen Fällen auf die Vorbohrung verzichtet werden. Die Bohrung im herangezogenen Teil muss für eine funktionierende Schraubverbindung in jedem Fall eingebracht werden.

Für Schrauben sind unterschiedliche Kopfformen gebräuchlich. Zunächst wurden Holzschrauben mit einfachem Schlitz verwendet. Später kamen Sechskantkopf, Kreuzschlitz sowie Torx und Innenvielzahn hinzu.

Für die variantenreich gestaltete Geometrie zum Anziehen beziehungsweise Lösen der Schraube stehen spezielle Bits zur Verfügung, die in die Montagewerkzeuge eingesetzt werden (Bild 3.22).

Bild 3.22 Bits für Kreuzschlitz und für Innenvielzahnschrauben

Um ein Herausdrehen zu vermeiden, haben Holzschrauben ein speziell ausgeführtes Gewinde. Entweder wird über die Steigung des Gewindes eine leichte wellenförmige Störung gelegt oder der Gewindegang wird an bestimmten Positionen so verdrückt, dass eine Art Widerhaken entsteht, der gegen das Ausschrauben wirkt, ein Einschrauben aber problemlos ermöglicht.

Die Geometrie am Querschnitt der Gewindeflanke und die Art der Hemmung gegen das Ausschrauben bei Beanspruchung unterscheiden die einzelnen Schraubenarten untereinander und grenzt ihre Eignung für bestimmte Materialien ab (Bild 3.23).

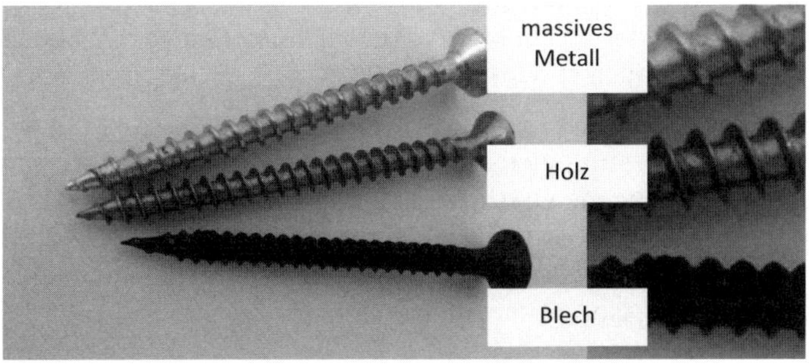

Bild 3.23 Sortiment unterschiedlicher Schrauben

3.3.6 Klemmen

Beim Klemmen wird die Reibung zwischen den Fügepartnern unmittelbar zur Realisierung der Verbindung genutzt. Für technische Erzeugnisse hat das Klemmen den Vorteil, dass die Ausführung der Verbindung ohne komplizierte zusätzliche Teile schnell möglich ist. Nachteilig ist, dass weder die Montage- noch die Haltekräfte genau berechnet werden können.

Eine nur lokal ausgeführte Klemmung an gegenüberliegenden Punkten wirkt ähnlich wie ein Gelenk. Die Fügepartner können so nicht fixiert werden. Deshalb muss eine Klemmverbindung über große Flächen die Presspassung der Fügepartner realisieren. Der Kraftschluss wird entweder bei rechteckigen Bauteilen über gegenüberliegende parallele Flächen (Bild 3.24 links) oder bei zylindrischen Elementen über die umlaufenden Flächen aufgebracht (Bild 3.24 rechts).

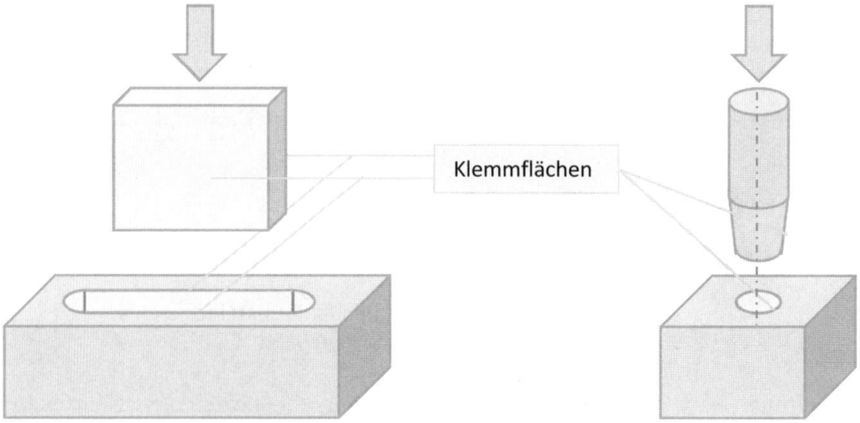

Bild 3.24 Prinzipien der Klemmverbindung

Um eine einfache Montage zu ermöglichen, müssen geeignete Einführschrägen an den Fügepartnern vorhanden sein. Diese können in Form einer Fase - meist im 45°-Winkel - oder als Radius realisiert werden. Um lange Fügewege zu vermeiden, sollten die Berührungsflächen nicht genau parallel geführt werden. In Bild 3.24 oben verhindert die Anschrägung am Rundholz eine parallele Führung der Berührungsflächen längs des gesamten Fügeweges. Oft wird auch die aufnehmende Bohrung mit einer Schräge ausgeführt, sodass die Bauteile leicht zueinander positioniert werden können und anschließend die Pressung über einen kurzen Weg realisiert wird.

In Bild 3.25 links sind gleiche Winkel für Stopfen und Bohrung dargestellt. Über die gesamte Berührungsfläche erfolgt die Pressung gleichmäßig. Dimensioniert man Anfangs- und Enddurchmesser an Stopfen und Bohrung gleich, steht der Stopfen nach dem Einpressen erhaben aus dem aufnehmenden Teil über (Bild 3.25 unten links). Beim Montieren einer großen Anzahl von geometrisch identischen Fügepartnern kann aufgrund der Größe des Überstands die Intensität der Verpressung beurteilt werden.

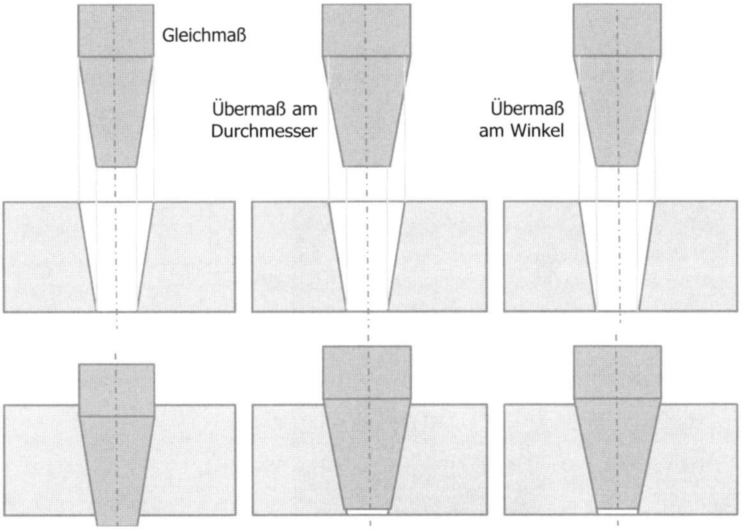

Bild 3.25 Mögliche Winkelverhältnisse bei der Pressung

Bei vielen Anwendungen, so beim Anstechen eines Holzfasses, ist ein auf der Gegenseite herausstehender Stopfen unerheblich. Bei einigen Applikationen wird dies jedoch nicht akzeptiert. Dann kann man mit gleichem Pressungswinkel arbeiten, wählt aber am Stopfen einen größeren Anfangs- und Enddurchmesser (Bild 3.25 Mitte). Eine weitere Möglichkeit besteht darin, beide Anfangsdurchmesser gleich zu belassen und nur den Enddurchmesser des Stopfens zu vergrößern (Bild 3.25 rechts). In beiden Fällen kann man eine Pressung erreichen, ohne dass der eingebrachte Stopfen auf der Gegenseite herausragt (Bild 3.25 unten Mitte und unten rechts). Bei einer geschickten Auslegung und präzisen Fertigung kann durch einen exakt ebenen Abschluss des Stopfens die gewünschte Intensität der Pressung beider Teile genau eingestellt werden.

Eine historische Anwendung einer Klemmung im Bereich des Holzbaus ist bei der Herstellung von Holzfässern durch Böttcher gegeben. Hier werden die einzelnen Dauben mit Pressung zusammengefügt, sodass ein Behältnis entsteht, aus dem keine Flüssigkeit aus- oder eintreten kann. Wenn man sich vorstellt, dass Fässer noch bis ins letzte Jahrhundert hinein die gebräuchliche Verpackung für den Seetransport von Gütern waren, wird offenkundig, wie sehr sich der technische Aufwand bei der Abwicklung des Fernhandels durch die Einführung moderner Transportsysteme vermindert hat und so unsere moderne Globalisierung ermöglicht wird.

Ein anderes klassisches Beispiel, das jeder Heimwerker stets zur Hand hat, ist das Verkeilen eines Hammerkopfes. Dabei wird durch das Einschlagen eines Keils in den Holzstiel des Hammers Material seitlich so stark gepresst, dass eine feste Verbindung der beiden Werkzeugteile sichergestellt ist.

Bei modernen Anwendungen in der häuslichen Umgebung müssen natürlich Schäden an der Einrichtung vermieden werden. Somit scheiden Kleben, Nageln oder Schrauben als Verbindungstechniken aus. Mit einer geschickt angewendeten Klemmverbindung kann eine lösbare Fügestelle realisiert werden, die nach der Entfernung die Einrichtung vollkommen unbeschadet zurücklässt. In Bild 3.26 ist ein solches Beispiel gezeigt, das an einem Geländer einer Stahlharfentreppe einen Fixierpunkt schafft. Dazu werden zwei Holzstücke so verschraubt, dass sie sich an der senkrechten Stahlharfe festklemmen.

Bild 3.26 Klemmverbindung zur spurlosen Fixierung

■ 3.4 Montage der Raketenstartrampe

In Abschnitt 3.2 wurden die Hauptmaße für die Einzelteile der Startrampe festgelegt. Dabei wurden bestimmte Vorzugsmaße berücksichtigt. Die Festlegung der Proportionen erfolgte so, dass auf einfach zu beschaffende Halbzeuge zurückgegriffen werden kann.

Wenn Latten mit quadratischem Querschnitt zur Verfügung stehen, kann sofort auf die korrekte Länge der Startstütze mit einem genau rechtwinkeligen Schnitt gesägt werden.

Weil im Einzelhandel das Sortiment an quadratischen Latten sehr übersichtlich ist, soll die Startstütze aus zwei rechteckigen Latten gefügt werden, die man der Länge nach verschraubt. Zuerst werden beide Latten mit etwa fünf Zentimeter Überstand grob gekürzt. An beiden Enden wird über die Breite des Werkstücks eine Markierung gesetzt, an der später der finale Schnitt auf das beabsichtigte Endmaß geplant ist.

Zunächst erfolgt die Längsverschraubung, um einen quadratischen Querschnitt für die Startstütze zu realisieren. Dazu bringt man in ein Teilstück Bohrungen ein (Bild 3.27).

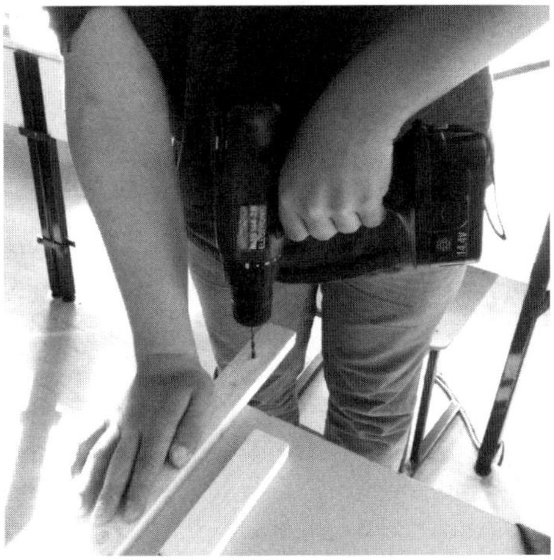

Bild 3.27 Einbringen einer Bohrung für die längsseitige Montage rechteckiger Lattenstücke

Um beim Festziehen der Schrauben eine Längsspaltung der Latten in der Wachsrichtung der Fasern zu vermeiden, wird die Bohrung mittig an der Latte gesetzt. Zum markierten Ende der Startstütze hin muss mindestens der zehnfache Wert des Außendurchmessers des Schraubengewindes als Abstand eingehalten werden. Sehr stabile und damit dicke Schrauben bringen eher Nachteile, weil so die Gefahr des Aufspaltens der Latte besonders groß ist.

Unabhängig vom Schraubendurchmesser sollte die Schraube mindestens um den Wert der Breite der Latte vom beabsichtigten Ende entfernt eingebracht werden (Bild 3.28).

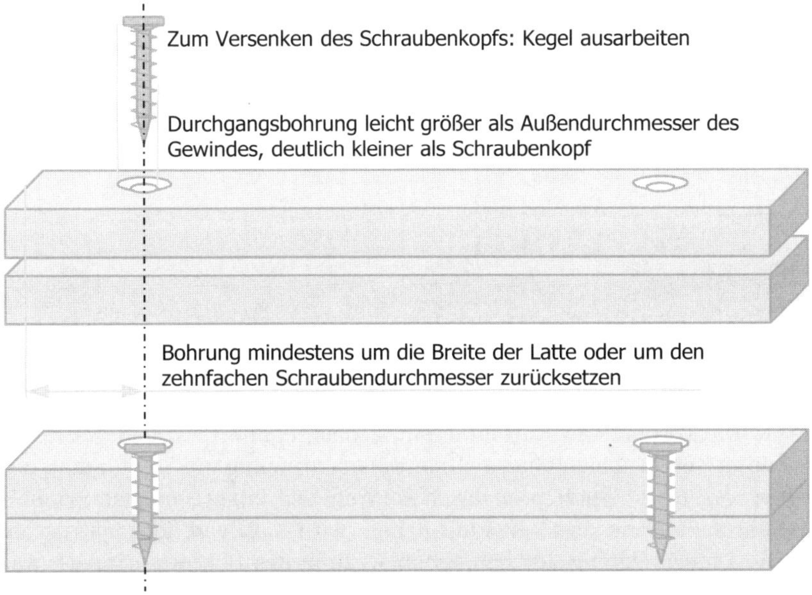

Bild 3.28 Zusammenbau rechteckiger Latten zur Startstütze

Das Bohrwerkzeug wird so gewählt, dass sich ein Loch ergibt, durch das die Schraube ohne Kraftaufwand hindurchgesteckt werden kann. Beim Kauf der Schrauben wird als Durchmesser immer der Außendurchmesser des Gewindes angegeben. In den Dimensionen der Startrampe sind dies meist 3,5 maximal 4 mm. Zum Einbringen der Bohrung kann man gut einen Bohrer für 4 mm Durchmesser verwenden. Zu bevorzugen sind Holzbohrer (Bild 3.29 oben Mitte und unten), weil diese mit dem Dorn vor dem Anlaufen der Maschine genau auf den gewünschten Koordinaten der Bohrung mit leichtem Druck ins Material positioniert werden können. Wenn die Rotation der Maschine beginnt, wird das Loch genau an dieser vorher eingedrückten Stelle platziert. Ein weiterer Vorteil von Holzbohrern ist, dass die eingebrachten Spiralen für einen zügigen Abtransport der entstehenden Späne optimiert sind.

Sollten nur die speziell für Metall geeigneten „Universalbohrer" (Bild 3.29 oben rechts) zur Verfügung stehen, kann mit einem einfachen Nagel nach einem kurzen Schlag die exakte Position der Bohrung in das Material eingedrückt werden. Nach dem Ausziehen des Nagels zentriert sich das Bohrwerkzeug an der Markierung. Während des Schneidvorgangs für das Loch muss das Werkzeug von Zeit zu Zeit herausgezogen werden, um die Spiralen des Bohrers von Holzresten zu befreien.

Steinbohrer (Bild 3.29 oben links) sind für das Zerspanen von Holz völlig ungeeignet.

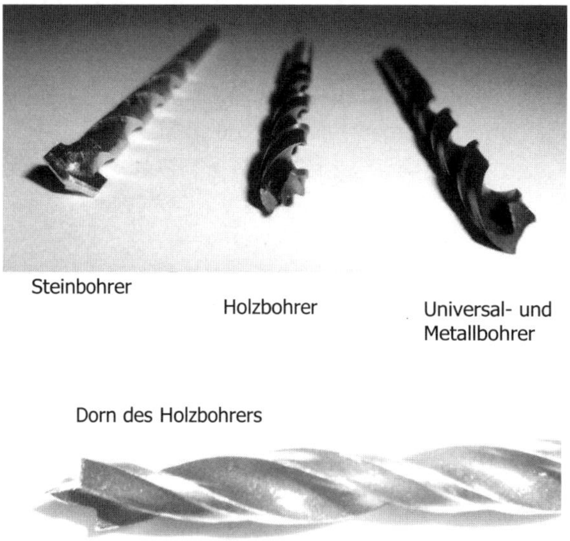

Bild 3.29 Bohrerwerkzeuge für unterschiedliche Materialien

Meist werden nicht nur zum Schrauben, sondern auch zum Bohren Akkuschrauber verwendet. Dabei muss die vorhandene Rutschkupplung nachreguliert werden. Während man beim Schrauben mit einer genau eingestellten Rutschkupplung ein Überdrehen des Gewindes vermeidet, setzt man beim Bohren durch die Wahl des entsprechenden Symbols diese außer Funktion. Sollte man dies versäumt haben, wird man von der elektrischen Maschine durch eine Unterbrechung der Rotationsbewegung des Bohrers erinnert, was von einem lauten, knatternden Geräusch untermalt wird.

Nachdem die Durchgangslöcher eingebracht sind, wird eine kegelförmige Vertiefung zur Aufnahme des Schraubenkopfes mit einem Senker (Bild 3.30) eingebracht.

Bild 3.30 Senker, mit dem eine umlaufende Fase an der Bohrung angesetzt wird

Nach dieser Vorbereitung der heranzuziehenden Latte können beide Teile zusammengefügt werden. Damit beim Gebrauch des Produkts die Fügestelle an der Startstütze unauffällig bleibt, muss die Positionierung der Einzelteile zueinander sehr exakt erfolgen. Dazu wird das gebohrte Stück auf das unbearbeitete in exakter Positionierung aufgelegt. Beim Verschrauben dürfen sich die beiden Teile dann nicht gegeneinander verschieben. Ohne große Erfahrung kann man sich hier mit Leimzwingen helfen, mit deren Unterstützung man eine provisorische Fixierung der Teile während des Montagevorgangs erreicht. Wenn es weniger aufwendig sein soll, kann man den verwendeten Holzbohrer aus der Bohrmaschine ausspannen und in eines der Bohrlöcher einführen. Nach exakter Ausrichtung der Teile zueinander wird der Dorn an der Spitze des Bohrers in das unbearbeitete Stück eingedrückt. So kann man ohne großen Aufwand ein Verschieben der beiden Einzelstücke relativ zueinander vermeiden.

Das Eindrehen der Schrauben erfolgt dann mithilfe des Akkuschraubers. Beim Schraubvorgang wird die Rutschkupplung so eingestellt, dass die Rotationsbewegung beim vollständigen Einsenken der Schauben in der Bohrung anspricht. Sollte die Rotation am Ende des Schraubweges nicht abgebrochen werden, erfolgt ein Ausfördern des Materials aus der Umgebung des Gewindes und es kann an dieser Stelle keine haltbare Schraubverbindung sichergestellt werden.

Als Alternative zu dem hier dargestellten Aufwand zur Verbindung von Leisten mit rechteckigem Querschnitt kann man sich auf die Suche nach einer passenden quadratischen Latte machen.

Unabhängig davon, wie man zu dem quadratischen Rohling für die Startstütze gekommen ist, erfolgt im nächsten Schritt das Absägen auf die exakte Länge. Wegen der anschließenden Montage auf der Standplatte ist eine exakt senkrechte Führung des Schnitts ganz wichtig. Auch erfahrenen Handwerkern gelingt es oft nicht, exakt senkrechte Schnitte aus der freien Hand zu sägen. Hier bietet sich die Verwendung einer Gärungssäge oder einer Sägelade an. Mit der Gärungssäge können beliebige Winkel geschnitten werden, dafür sind aber schon die handbetriebenen Geräte relativ teuer und das Sägen in der Führung gewohnheitsbedürftig. Die preiswerte Alternative stellt die Nutzung der Sägelade dar.

Um ein Verrutschen während des Sägens zu vermeiden, wird das Halbzeug mit einer Leimzwinge an der Sägelade fixiert. Das Sägeblatt wird in den entsprechenden Aussparungen der Sägelade exakt geführt. Die starken Hände der Helfer müssen so nicht mehr am Halbzeug anfassen, sondern können die gesamte Sägelade festhalten (Bild 3.31).

Bild 3.31 Nutzung einer Sägelade

Beim nächsten Arbeitsschritt wird schnell deutlich, warum der Aufwand beim Kürzen der Startstütze gerechtfertigt ist. Wenn hier die Stirnfläche nicht genau im rechten Winkel zur Seitenfläche steht, kann die Startstütze nicht senkrecht auf die Grundplatte montiert werden. Das ganze Erzeugnis würde in sich schief wirken und so nicht den Ansprüchen nach professionellem Aussehen genügen.

Zur Montage der vorgefertigten Startstütze auf der Grundplatte benötigt man den Flächenschwerpunkt der Grundplatte. Diesen ermittelt man entweder aus dem Schnittpunkt der Seitenhalbierenden oder der Diagonalen (Bild 3.32).

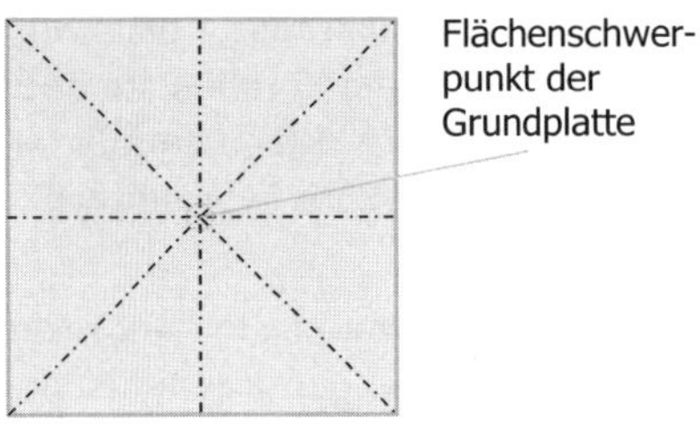

Bild 3.32 Ermittlung des Flächenschwerpunkts der Grundplatte.

Die Montage soll so erfolgen, dass die verlängerte Längsachse der Startstütze genau durch den Flächenschwerpunkt der Grundplatte hindurch verläuft. Dazu wird ausgehend vom Flächenschwerpunkt auf die Grundplatte ein Quadrat mit einer Steinlänge markiert, die dem Querschnitt der Startstütze entspricht. Wenn man die beiden Einzelteile zueinander positioniert, erkennt man zwei sinnvolle Varianten (Bild 3.33).

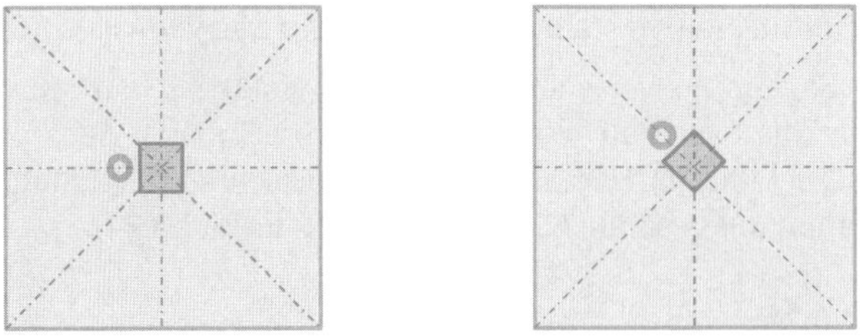

Bild 3.33 Zwei Positionen der Startstütze in Bezug auf die Grundplatte

Naheliegend ist die in Bild 3.33 links dargestellte Variante. Hier verlaufen die Seitenkanten beider Quadrate parallel. Weiterhin ist die in Bild 3.33 rechts dargestellte Möglichkeit der Positionierung sinnvoll, bei der die Seitenkanten des einen Quadrates parallel zu den Diagonalen des anderen verlaufen. Optisch gefälliger erscheint vielleicht die erste Variante links in Bild 3.33. Allerdings ist die Auflagelänge über die Diagonalen der Grundplatte in der rechts gezeigten Möglichkeit länger. Damit ist hier die Funktion „Verhinderung des Kippens“ besser erfüllt.

In der Praxis ist es nicht ungewöhnlich, dass man an einem späteren Schritt des Entwicklungsprozesses sinnvolle Varianten zur Funktionserfüllung erkennt, über die man vorher noch nicht nachgedacht hatte. Im speziellen Beispiel ist die Variante ohne (meist aufwendige und teure) Veränderung an den Einzelteilen leicht umsetzbar. Bei anderen Projekten muss man überlegen, ob man die neu erkannte Variante weiter verfolgt oder ein vielleicht nicht ganz perfektes - aber dafür bezahlbares - Erzeugnis weiterbaut und die erkannten Ideen bei Folgeentwicklungen einfließen lässt. ■

Zur Befestigung der Stützstange werden auf der Grundplatte senkrechte Bohrungen eingebracht. Deren Platzierung zeigt Bild 3.34.

Bild 3.34 Befestigungsbohrungen für die Startstütze in der Grundplatte

Im Beispiel wird die Verwendung von vier Schrauben vorgeschlagen. Das bringt eine stabile Verbindung. Allerdings müssen die Schrauben einen gewissen Abstand zur Außenwand der Stützstange haben. Berücksichtigt man dies nicht, besteht die Gefahr von Materialrissen. Die Tragfähigkeit ist dann nicht mehr gegeben. Bei dünnen Querschnitten der Stützstange ist eine Reduktion auf zwei Schrauben möglich. Auch wenn das Holz der Stützstange sehr trocken ist, kann eine Reduktion auf zwei Schrauben sinnvoll sein, um ein Aufplatzen zu vermeiden. Reduziert man auf lediglich einen Befestigungspunkt, besteht die Gefahr des Verdrehens der Stützstange gegenüber der Grundplatte.

Bei der Ausführung der Verschraubung bietet es sich an, die Startstütze senkrecht einzuspannen und die Grundplatte aufzulegen. So kann man in aller Ruhe justieren, um die exakte Positionierung der beiden Teile zueinander zu erreichen. Beim Schrauben sollten immer zuerst gegenüberliegende Schauben angezogen werden, damit keine ungewollten Verspannungen in der Verbindung entstehen.

Zur Vervollständigung der Startrampe müssen noch die Augenschrauben montiert werden. An der entsprechenden Stelle der Startstütze werden Markierungen ins Holz eingebracht. Dazu kann man einen Nagel, eine Ahle oder einen Körner benutzen. In der Vertiefung wird die Augenschraube angesetzt und zunächst mit der Hand die ersten Windungen eingedreht. Wenn das Gewinde über eine größere Länge im Holz gefasst ist, nehmen die Montagekräfte zu. Dann sollte man einen Hebel durch das Auge der Schraube setzen, um die Rotationsbewegung ohne Kraftanstrengung aufzubringen (Bild 3.35).

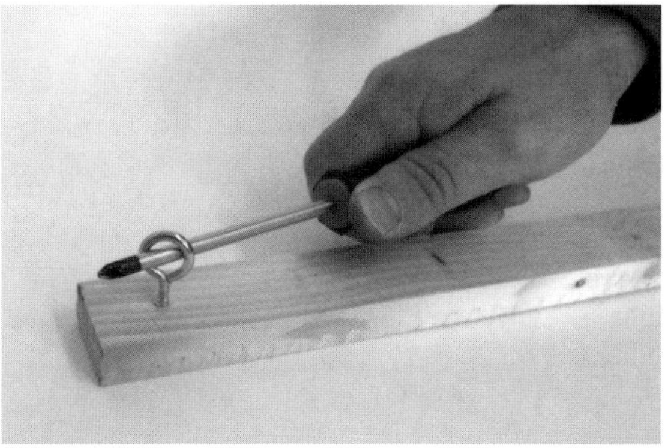

Bild 3.35 Festziehen der Augenschraube

Abschließend erfolgt noch ein grobes Überschleifen des Erzeugnisses. Aufgrund der vor allem technischen Anwendung der Startrampe wird auf die äußere Erscheinung weniger Wert als beispielsweise bei einem Frühstücksbrettchen gelegt. Daher muss es mit dem Aufwand zur Finalisierung der Startrampe nicht übertrieben werden (Bild 3.36).

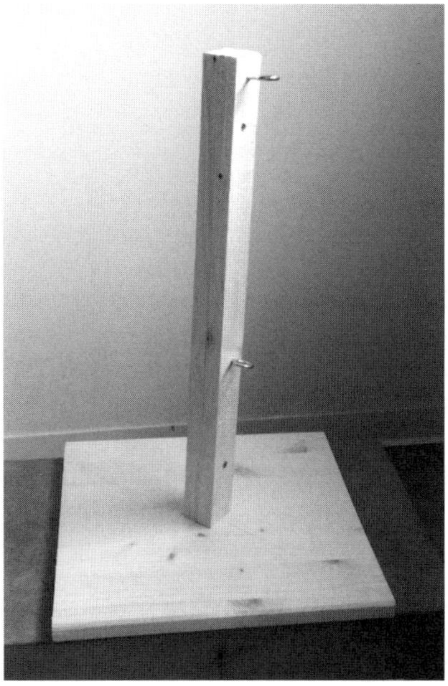

Bild 3.36 Die fertige Raketenstartrampe

3.5 Variationsformen

Mit einer in Bild 3.37 gezeigten Variation des Erzeugnisses wird der Wunsch erfüllt, Raketen in einem bestimmten Winkel abzufeuern. Um diese zu realisieren, muss die starre Verbindung der Startstütze mit der Grundplatte vermieden werden. Auf dem ersten Blick könnte eine Art Achse nahe der Grundplatte die gewünschte Funktion bringen. Dagegen sprechen aber Bedenken, dass sich der Aufbau nach dem Zünden der Rakete neigen und der Feuerwerkskörper horizontal abgefeuert werden könnte. So entschloss man sich, die Achse mithilfe einer Brückenkonstruktion im oberen Bereich der Startstütze zu führen. Weil dann der Schwerpunkt unter der Achse liegt, wird so nach einer unbeabsichtigten Auslenkung die Anordnung wieder in die Vertikale schwingen.

Bild 3.37 Variation der Startrampe für Feuerwerkskörper

4 Serienfertigung im Beispiel – Eine Schlange mit vielen gleichen Segmenten

4.1 Aufbau aus einzelnen Segmenten

Anspruchsvolle Erzeugnisse bestehen nicht nur aus einigen wenigen Einzelteilen, sondern aus einer Vielzahl von zusammengefügten Elementen.

Ein urtümliches, anschauliches Beispiel ist die Perlenkette, bei der es in der Antike den Trägern oder Trägerinnen darauf ankam, ihren materiellen Reichtum durch das offene Zeigen einer Vielzahl wertvoller Perlen zu dokumentieren und das Nachzählen der Besitztümer zu erleichtern.

In der heutigen Zeit sind Erzeugnisse aus vielen Einzelteilen aufgrund einer anderen Motivation verbreitet. Mit der zunehmenden Industrialisierung wurden technische Massenprodukte zu einem unglaublich günstigen Preis herstellbar. So konnten technische Funktionen unmittelbar durch die Montage einer großen Zahl von Einzelteilen erfüllt werden.

Der massenhafte Einsatz von Kunststoffen und die dafür entwickelten und vervollkommneten günstigen Fertigungsverfahren ermöglichten die Herstellung von unglaublich preiswerten Erzeugnissen.

Für ein Baukastensystem machte sich ein erfolgreicher dänischer Spielzeughersteller diese Technologie zunutze und setzte das Prinzip der außerordentlich flexiblen Erzeugnisgestaltung unter Verwendung von aufeinander abgestimmten Elementen konsequent um (Bild 4.1).

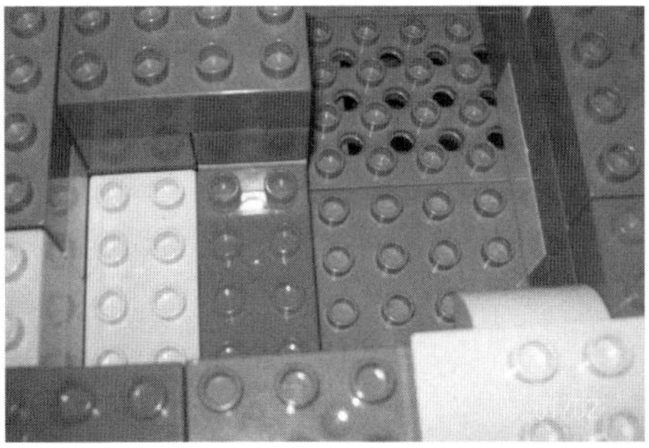

Bild 4.1 Aus einzelnen Elementen gebildete Spielwaren

Weitere Beispiele für Anwendungen vieler Einzelteile sind im Bereich der Förder- und Transporttechnik zu finden. Hier werden Ketten, die eine Transport- oder Übertragungsfunktion übernehmen, aus vielen identischen Gliedern gebildet. Aus dem Alltag ist uns der Reißverschluss mit seinen vielen Zähnen als verwandte Anwendung bekannt.

Beim Nachbau von solchen Systemen mit den einfachen Werkzeugen und Produktionsmitteln von Heimwerkern hat man die Schwierigkeit, dass solche funktionalen Elemente hohe Maßgenauigkeit erfordern und häufig komplizierte Formen aufweisen. Dies ist mit den hier erwünschten einfachen Bearbeitungsmethoden kaum zu bewerkstelligen.

Eine realisierbare Anwendung ist aus dem Spielzeugbereich zugänglich. Der Körper einer Spielzeugschlange besteht aus vielen einzelnen Elementen, die im Original auf einem Bändchen aus Buchleinen geklebt sind.

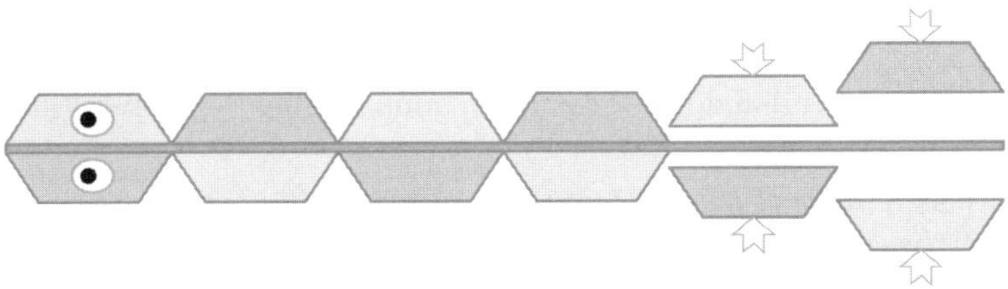

Bild 4.2 Bastelvorlage für eine Spielzeugschlange

Allerdings bringt diese Herstellungsmethode schnell Tränen in die Kinderaugen, wenn das mit großer Mühe und Vorfreude Hergestellte bei der Benutzung versagt. Die in Bild 4.2 gezeigte Applikation reißt bei Benutzung zwischen den einzelnen Elementen, weil das Verbindungselement versagt. Das in der Bastelvorlage verwendete, aus einem flächigen Bogen herausgeschnittene Bändchen ist geeignet, die Elemente statisch zu fixieren, hält aber den Beanspruchungen beim Kinderspiel nicht stand.

Die Aufgabe besteht nun darin, das Erzeugnis so umzugestalten, dass eine Bespielung möglich wird.

Damit das neue Erzeugnis gegenüber der Vorlage verbessert werden kann, muss eine Fehleranalyse erfolgen. Das ist die Voraussetzung, um die Funktionalität auf einem höheren Niveau gewährleisten zu können.

Zunächst fällt auf, dass das als Verbindungselement verwendete Buchleinen einen nicht gerade stabilen Eindruck macht. Es ist dafür gedacht, einzelne Schriftseiten in Hefte oder Bücher einzubinden. So ist für den ursprünglichen Einsatzzweck des Buchleinens nur eine moderate Zugstabilität notwendig. Jeder hat schon einmal probiert, eine Seite aus einem Buch zu entfernen. Dabei reißt bereits bei einer geringen Kraftwirkung das Papier der Länge nach. Wenn man eine größere Anzahl Seiten ausreißt, wird nicht mehr das Papier zerstört, sondern die Bindung - also das Buchleinen. Zur Anwendung als festigkeitsgebende Seele der in Bild 4.2 gezeigten Bastelschlange ist das Buchleinen allerdings hoffnungslos überfordert.

Einerseits liegt dies in der falschen Materialauswahl begründet, andererseits können aufgrund der Gestalt des Erzeugnisses unvorteilhaft große Kräfte entstehen. Das hängt mit der Struktur der Schlangenglieder zusammen. Die Elemente werden lückenlos miteinander verbunden. Wenn die Seiten des Prismas eng aneinander liegen, treten bei bestimmten Belastungsrichtungen Hebelwirkungen auf, die enorme Kräfte freisetzen können (Bild 4.3).

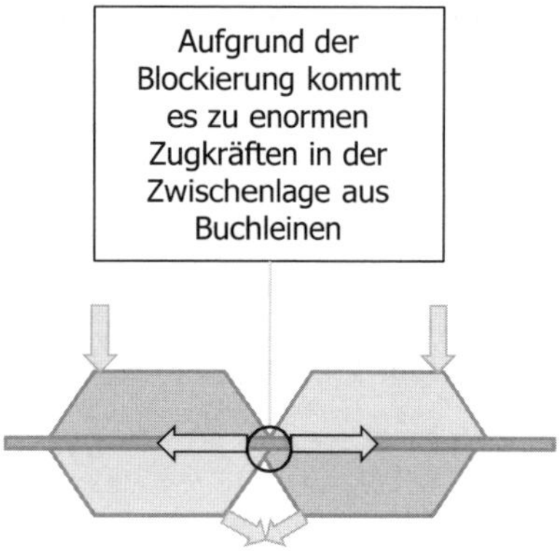

Bild 4.3 Hebelwirkungen bei ungünstiger Belastung

Damit ist die Schwachstelle der vorhandenen Lösung erkannt. Bei der Neuentwicklung muss diese natürlich vermieden werden.

Die Suche nach einem neuen Verbindungselement führt zu einem massiven Leinengurt, wie man ihn im Transportwesen zur Sicherung von Ladung einsetzt und der im Baumarkt oder beim Fahrzeugzubehör- oder -teilehandel erworben werden kann. Vielleicht findet man auch noch einen grob gearbeiteten Gürtel einer längst aussortierten Hose im Kleiderschrank.

Solch ein Leinengurt kann enorme Zugkräfte aufnehmen und ist sehr robust gearbeitet. Mit einer gewissen Flexibilität können auch Spannungen abgebaut werden. So kann sich der Gurt bei einer Belastungssituation, wie sie im Bild 4.3 dargestellt ist, in Längsrichtung dehnen und die ungünstige Hebelsituation entschärfen.

Die Proportionen des Erzeugnisses bestimmen sich nun aus den Maßen der zugänglichen Gurte oder Bänder. Diese sind etwa zwischen 25 und 45 mm breit.

Die Segmente werden aus Holzlatten geschnitten. Auch hier gibt es Vorzugsmaße. Meist werden Latten so angeboten, dass die Breite doppelt so groß ist wie die Höhe. Bei der Dimensionierung der Segmente werden diese Proportionen aufgenommen. Es werden Prismen gearbeitet, deren Grundfläche ein Trapez ist. Der Abstand zwischen benachbarten Körperelementen soll die doppelte Lattenbreite betragen. Für die kurze Parallele des Trapezes wird das Maß der Lattenbreite gewählt. Der Winkel des Trapezes beträgt 45°. In Bild 4.4 werden diese Proportionen gezeigt. Die Sichtfläche der Körperelemente wird durch ein harmonisches Quadrat gebildet. Diese Gleichmäßigkeit wird dadurch unterstützt, dass der Abstand zwischen den einzelnen Quadraten wiederum die Seitenlänge dieser Flächenelemente beträgt.

Weiterhin wird aus Bild 4.4 deutlich, auf welche Art die Segmente effektiv aus der Latte geschnitten werden können.

Der Körper wird aus mehreren paarig um den mittigen Gurt gefügten Segmenten aufgebaut. Um den Eindruck einer Schlange entstehen zu lassen, genügen bereits fünf Segmente, allerdings können problemlos mehr hintereinander positioniert werden.

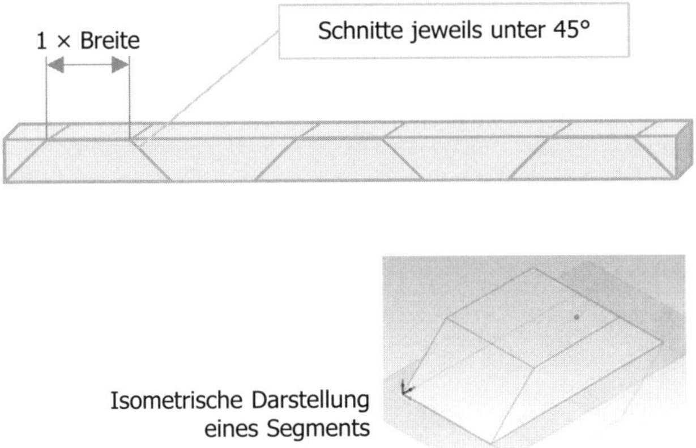

Bild 4.4 Herausschneiden der Segmente aus einer Holzlatte

Der Kopf der Schlange sollte seiner führenden Rolle gerecht werden und dies auch durch die Formensprache zum Ausdruck bringen. Deshalb wird er größer gewählt und besonders gestaltet. Da der Kopf ebenfalls aus der Latte gefertigt werden soll, die für die Herstellung der Körpersegmente vorgesehen ist, bietet sich die Vergrößerung der Segmentlänge an (Bild 4.5).

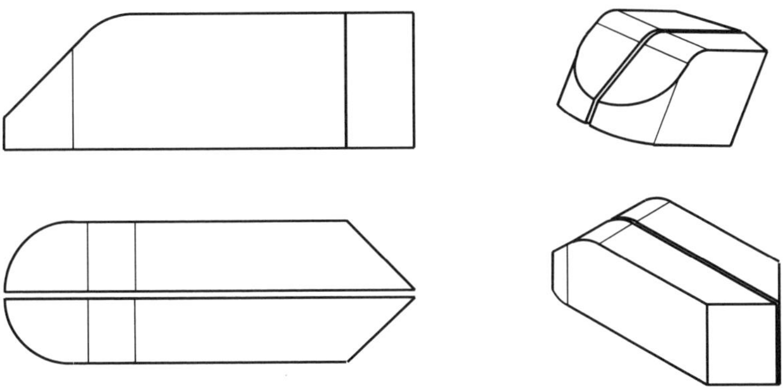

Bild 4.5 Gestaltung des Schlangenkopfes

Für die Gesamtlänge des Kopfrohlings wird die dreifache Lattenbreite als wohlproportioniert vorgesehen.

Die besondere Formgestaltung wird durch eine zusätzliche von oben senkrecht eingebrachte Abschrägung auf drei Viertel der Höhe und das Abrunden einiger Körperkanten erreicht (Bild 4.5). Die Körperkanten in einem Bereich unterhalb der Stirn werden in einen Radius überführt. Ansonsten belässt man es bei den scharfen Übergängen und vermittelt so der Gestalt einen Ausdruck von Strenge und Gefährlichkeit. Natürlich sind hier die individuellen Sichtweisen unterschiedlich. Mit einigen Variationen kann jeder für sich die für ihn optimale Gestaltung kreieren.

Damit eine gute Haltbarkeit des Erzeugnisses gegeben ist, kommt wegen der groben Struktur der Gurte eine Verleimung nicht in Frage. Deshalb soll das Zusammenfügen der einzelnen Elemente zur Schlange durch Schrauben erfolgen. Um diese Fügeverbindung zu realisieren, wird die eine Hälfte der Segmente an zwei Stellen vorgebohrt und die Bohrung mit einem Senker gefast (Bild 4.6).

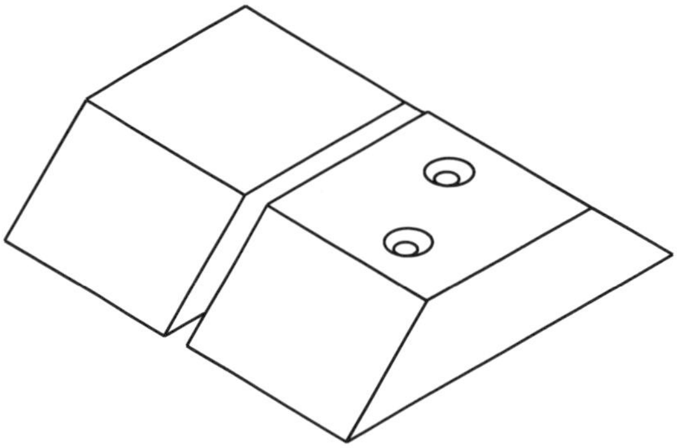

Bild 4.6 Bohrungen zur Verschraubung der einzelnen Elemente

Durch die Bohrungen hindurch werden Holzschrauben eingeführt, deren Länge auf die Dicke der Segmente abgestimmt ist. Die Verschraubung erfolgt mit dem gegenüberliegenden Körpersegment. Zwischen zwei Segmenten wird ein Abstand von mindestens 5 mm belassen, damit keine zu großen Hebelwirkungen auftreten können. Bei den eingesetzten Lattenbreiten kann mit diesem Mindestabstand die aus harmonischen Gründen benannte Proportion für die Abfolge von Körpersegmenten als doppelte Lattenbreite in seiner optischen Wirkung akzeptabel eingehalten werden.

Zum Fügen der gegenüberliegenden Segmente reicht allein eine einzige Position für die Verschraubung nicht aus, weil sich dann die Segmente gegeneinander verdrehen könnten. So müssen mindesten zwei Schrauben und dem entsprechend mindestens zwei Bohrungen vorgesehen werden.

Die Körperglieder werden paarweise zusammen verschraubt und die Elemente im gleichmäßigen Abstand nacheinander an dem Gurt befestigt. Das letzte Paar bilden die beiden Kopfelemente.

Die montierte Schlange entspricht der Darstellung von Bild 4.7.

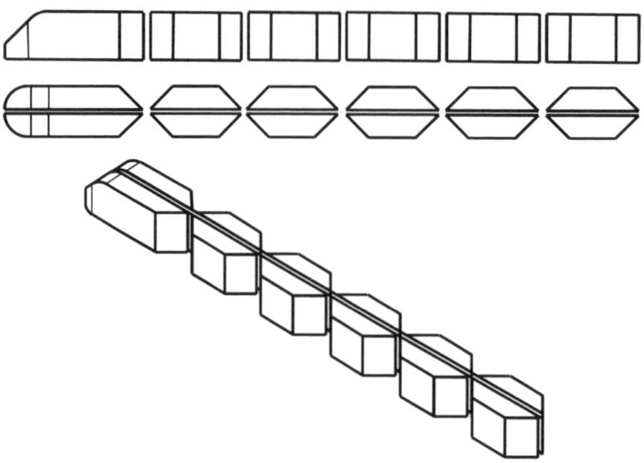

Bild 4.7 Unsere Schlange nach dem Zusammenbau

4.2 „Serienfertigung“ der Segmente

4.2.1 Fertigungsaspekte am Beispiel Schlangenbau

Bisher wurde bei der Gestaltung unserer Erzeugnisse überlegt, wie das Produkt aussehen muss, um die Funktion möglichst gut zu erfüllen. Allerdings müssen die Erzeugnisse zunächst hergestellt werden, bevor sie genutzt werden können. Der Aufwand für die Herstellung drückt sich unmittelbar durch den Preis des Produkts aus. In unserer preisbewussten Gesellschaft besteht vielfach nur eine geringe Bereitschaft, eine erwartete gute Qualität durch hohe Kosten zu honorieren. Bei der derzeit rasant fortschreitenden technischen Entwicklung hat dies auch einen vernünftigen Aspekt, weil die Produkte schnell veralten und irgendwann durch neue Erzeugnisse ersetzt werden sollen, die die beabsichtigte Funktion noch besser erfüllen und noch weniger kosten. Beispielweise ist es wirtschaftlich, Kühlgeräte ab einem bestimmten Alter unabhängig von deren Funktionalität zu ersetzen, wenn aufgrund der verbesserten Isolierung bei neuen Produkten deutlich weniger Energie zum Betrieb aufgewendet werden muss als beim alten Gerät. Hier ist eine Amortisationsrechnung möglich, die Herstellungs- und Betriebsaufwand miteinander vergleicht.

Bei unseren Personenkraftwagen wird nach etwa zehn bis fünfzehn Jahren das Ende der Nutzung erreicht. Aus technischer Sicht ist das Nutzungsende gekommen, wenn die Reparaturkosten für das bestehende Fahrzeug höher sind als die Abschreibungen für ein Neufahrzeug. Allerdings spielen hier vor allem Emotionen bei der Kaufentscheidung eine Rolle. Manche möchten sich mit einem neuen Wagen etwas gönnen, einigen ist ihr Gefährt so sehr ans Herz gewachsen, dass es am liebsten als „Youngtimer“ museal erhalten werden soll.

In der Vergangenheit wurde in Epochen mit geringem Entwicklungstempo weniger auf den Preis geachtet. In diesen Zeiten setzte man das Augenmerk vor allem auf Perfektion und Langlebigkeit. So widmete sich der Hersteller in der klassischen handwerklichen Produktion sehr intensiv seinem Erzeugnis, produzierte ein Teil nach dem anderen unabhängig voneinander und schaffte es so, seinem Kunden ein individuell einzigartiges Stück anzubieten.

Die einzelnen Produkte oder deren Elemente wurden in der klassischen handwerklichen Produktion nacheinander, nicht nebeneinander gefertigt. In der vorindustriellen Gesellschaft wurde also eine Muskete, eine Kutsche, ein Kochtopf oder ein Kleidungsstück von den Rohprodukten bis zum fertigen Erzeugnis von einem Handwerker mit viel Können, Erfahrung und Liebe zum Detail hergestellt.

Über die Zwischenstufe der Manufaktur wurde dieses Prinzip mit der Industrialisierung ersetzt. Hier werden nur noch wenige Arbeitsschritte von einer spezialisierten Person ausgeführt. So stellten mehrere Arbeiter in aufeinanderfolgenden Arbeitsschritten ein immer gleiches Erzeugnis effektiv und preiswert her.

Übertragen auf unser Beispiel, kann man bei der Fertigung der einzelnen Körperelemente die unterschiedlichen Arten der Fertigungsorganisation selbst nacherleben. Man merkt sehr schnell, dass es uneffektiv ist, jedes Element einzeln aus der Latte herauszuschneiden und anschließend zu schleifen und zu bohren. Viel schneller kommt man voran, wenn jeweils zwei Elemente mit gleich gerichteten Schnitten abgetrennt werden und in einem anschließenden Arbeitsgang die Rohlinge mittig teilt (Bild 4.8).

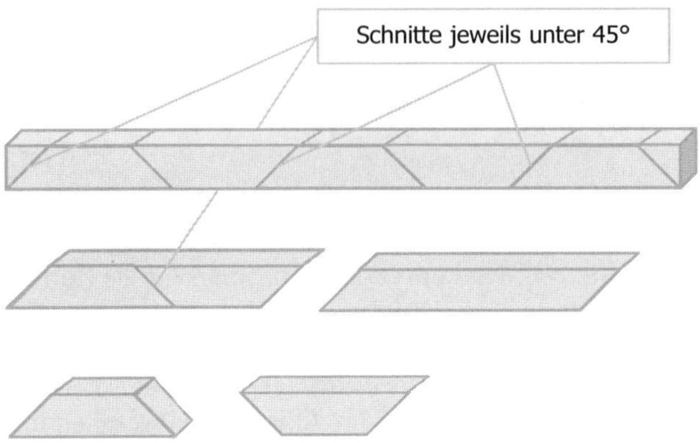

Bild 4.8 Vorgehen bei der Fertigung der einzelnen Segmente aus einer Holzlatte

Wenn man sich die Arbeit technisch weiter erleichtern möchte, könnte man in der Sägelade einen Anschlag vorsehen, bis zu dem man die Latte voran schieben kann. So hat man, ohne jedes Mal Messmittel einsetzen zu müssen, sehr schnell die korrekte Länge für den nächsten Schnitt. Mit einer Schnellspannvorrichtung könnte man die Latte in kurzer Zeit nach dem Schnitt lösen, bis zum Anschlag vorschieben, erneut fixieren und den nächsten Schnitt ausführen.

Noch effektiver ist es, wenn man die bearbeiteten Teile nicht auf einen anonymen Stapel legt oder in eine nimmersatte Kiste wirft, sondern gleich einem weiteren Werker übergibt, der den nächsten Arbeitsschritt ausführt. Genau so wird der Spruch „Hand in Hand arbeiten“ praktisch erlebbar.

4.2.2 Allgemeines zur Fertigung

Die Beschreibung eines Fertigungsverfahrens erfolgt, indem der komplexe Ablauf in einzelne Fertigungsschritte untergliedert wird. Die Fertigungsschritte sind also mehr oder weniger in sich geschlossene Arbeitspakte zur Herstellung eines Erzeugnisses. Charakteristisch für die Ausführung eines Fertigungsschritts sind drei Handlungsebenen bei der Bearbeitung eines Werkstücks:

- Aufnehmen,
- Ausführen und
- Ablegen.

Weil nur die Handlungsebene „Ausführen“ schöpferisch ist, bemüht man sich, zur Sicherung einer preisbewussten Organisation der Fertigung das Aufnehmen vor und das Ablegen nach der Ausführung des Fertigungsschritts mit möglichst wenig Aufwand zu erledigen. Dies ist möglich, wenn die Aufnahme nah am Arbeitsplatz erfolgen kann. So sollte man mehrere unbearbeitete Teile zugleich aus dem Lager holen und nach der Ausführung des Fertigungsschritts nicht jedes Teil einzeln zum Lager oder zum nächsten Arbeitsplatz bringen, sondern gesammelt. Durch das Ausführen von mehreren Fertigungsschritten hintereinander kann man den Aufwand für Aufnehmen und Ablegen gering halten, wenn man die Produkte unmittelbar von Arbeitsplatz zu Arbeitsplatz weiterreicht.

Bereits an dem einfachen Beispiel der Schlange erkennt man, was eine effektive Serienfertigung ausmacht:

- die Verwendung von spezialisierten Werkzeugen,
- angepasste Vorrichtungen und
- eine effektive Arbeitsorganisation.

Allerdings merkt man auch sehr schnell, dass die Serienproduktion nicht nur einen rein technischen Aspekt hat. Die subjektive Empfindung in Bezug auf die Arbeitsqualität ist sehr gering, wenn wie in unserem Beispiel immer nur in stetiger Wiederholung der gleiche Schnitt gesetzt wird.

Neben der handwerklichen und der Serienfertigung gibt es weitere Produktionsarten, die nicht nur charakteristisch für die Fertigung der Erzeugnisse sind, sondern auch Einfluss auf die Gestaltung und die Entwicklung der Produkte nehmen. Aus diesem Grund werden die Fertigungsweisen in den folgenden Abschnitten näher untersucht. Hier wird unterschieden zwischen:

- handwerklicher Produktion,
- industrieller Fabrikation,
- industrieller Serienfertigung und
- postindustrieller Produktion.

Diese Fertigungsweisen sind zwar zu unterschiedlichen Zeiten erstmals eingeführt worden, werden aber für bestimmte Zwecke heute noch angewendet. Sie unterlagen aber über die Jahre einer Veränderung und Modernisierung.

4.2.3 Handwerkliche Produktion

Die handwerkliche Produktion ist die älteste technische Produktionsweise, die bereits für die Herstellung der allerersten Produkte angewendet wurde.

Charakteristisch für die handwerkliche Produktion ist die vollständige Fertigung eines kompletten Produkts aus einem Rohstoff oder Halbzeug durch aufeinanderfolgende Produktionsschritte. So wurden schon in der Steinzeit die Klingen der Steinzeitbeile aus Feuerstein geschlagen, aus einem Stück Holz ein Stiel gearbeitet und in einem anschließenden Arbeitsschritt beide Teile zu einem Beil verbunden.

Ihre Blüte erlebte die handwerkliche Produktion im Mittelalter und der frühen Neuzeit. In diesen Epochen wurden fast alle Erzeugnisse in einer handwerklich orientierten Produktion erzeugt. In Europa spielten neben den rein technischen Randbedingungen auch politische Rahmenbedingungen eine Rolle. Mit der Organisation der Handwerker in Zünften wurde um diese Produktionsweise ein recht starrer Rahmen gesetzt, der fast wie ein Korsett die Produktion in festgelegten Spezialisierungen einengte. So gab es klare Trennungen, welche Arbeiten beispielsweise ein Huf- und welche ein Kupferschmied verrichten durfte. Aber nicht nur die Arbeiten, auch die Erzeugnisse und deren Gestaltung waren unveränderlich. So blieben viele technische Erzeugnisse vor der Renaissance über Jahrhunderte hinweg fast unverändert. Gleiches gilt für die verwendeten Werkstoffe. Bild 4.9 stellt diesen Zusammenhang schematisch dar.

Bild 4.9 Mittelalterliche handwerkliche Produktion

Die Produkte unterliegen einem regionalen Einfluss und blieben über lange Zeit unverändert. Beispielsweise an den Bauwerken und der daran angewendeten Zimmermannkunst kann man sich diese Art der Produktionsweise an heute noch Erhaltenem verdeutlichen. Die Organisation des Handwerks in Zünften und ihren Nachfolgern bewahrt uns einerseits Traditionen, stand auf der anderen Seite aber lange Zeit zumindest teilweise einer Weiterentwicklung entgegen. Bei den vor allem im 19. Jahrhundert einsetzenden Wellen der Neubesiedlung von (ehemaligen) Kolonien in Nordamerika spielten strukturelle Beschränkungen durch die Zünfte keine Rolle. Die Pioniere erzeugten die meisten Gebrauchsgüter vor Ort. Das Verschmelzen von regionalen Besonderheiten der unterschiedlichen Herkunftsländer der Siedler und die Notwendigkeit, viele spezialisierte Tätigkeiten auf den weit verstreuten Farmen selbst und ohne lange Ausbildung ausführen zu müssen, ließen vollkommen neue Techniken und Technologien auch im Handwerk entstehen. Diese kamen zurück nach Europa, wurden zum Teil auch hier übernommen und brachten auch der alten Welt eine technologische Weiterentwicklung.

Unabhängig von ihrer lange zurückliegenden Entstehung und der lange Zeit vorherrschenden Beschränkung durch das Zunftwesen wird die handwerkliche Produktionsweise heute noch angewendet. Allerdings haben sich die Motivation und die dementsprechenden Einflussfaktoren auf die Produkte heute im Vergleich zu dem in Bild 4.9 dargestellten Schema verändert. Heute verwendet man die handwerkliche Produktion vor allem, wenn man einzigartige Erzeugnisse herstellen möchte oder muss (Bild 4.10).

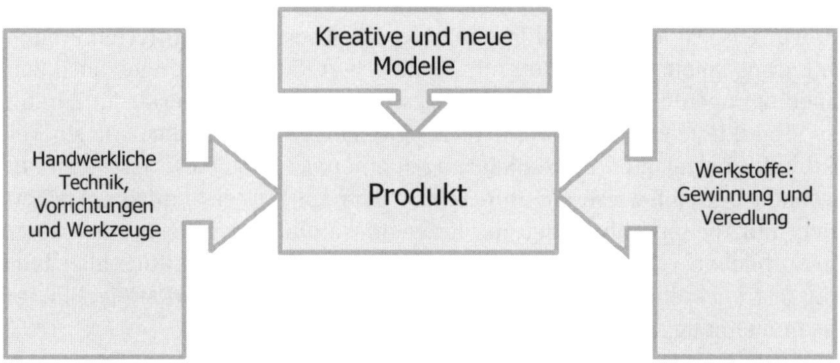

Bild 4.10 Moderne handwerkliche Produktion

Ein Hauptanwendungsgebiet der modernen handwerklichen Produktion ist das Bauwesen. In diesem Wirtschaftszweig werden mit dieser Arbeitsweise enorme Werte umgesetzt. Auch wenn es in der jüngeren Vergangenheit mit der Schaffung von preiswertem Wohnraum in den Satellitenstädten Versuche gab, die industrielle Fertigung auch im Bauwesen großvolumig umzusetzen, werden heute noch die meisten Bauwerke ganz individuell handwerklich gefertigt.

Die eingesetzten Werkzeuge und Vorrichtungen werden in diesem Bereich laufend angepasst und weiterentwickelt, um eine effektivere Fertigung zu ermöglichen. Neue Werkstoffe ergänzen heute die klassischen Baustoffe und ermöglichen völlig neue Technologien und Bauweisen. Beispielsweise können nur durch die Verwendung von Stahlbeton hohe Wolkenkratzer errichtet werden. Aber auch klassische Baustoffe werden stets weiterentwickelt und ergänzt. So werden heute neben Holz und dem klassischen Feld- und Backstein auch Blähton, Kalksandstein und Gasbeton verwendet. Große Lasten werden durch Stahlträger aufgenommen und die Fassaden ermöglichen durch die großflächige Anwendung von Glas lichtdurchflutete Räume. Dämmstoffe wurden soweit entwickelt, dass Passivhäuser möglich sind, die auch ohne Heizung behagliche Temperaturen im Inneren der Gebäude ermöglichen. Allein schon die Verwendung neuer Materialien bedingt die Nutzung von weiterentwickelten Werkzeugen und Vorrichtungen. Krane und Gerüste erleichtern die Arbeit, Bagger und Rüttelplatten mechanisieren die Erdarbeiten, mit Steinfräsen und Bohrmaschinen können vorgefertigte Halbzeuge an die örtlichen Gegebenheiten angepasst werden.

Allerdings gibt es auch im Bereich des Bauwesens sinnvolle Ergänzungen zur handwerklichen Produktion, wie die erfolgreichen Anwendungen im Bereich der vorgefertigten Fertighäuser zeigen.

Auch wenn man es mit dem ersten Gedanken nicht vermutet, auch in der modernen Industrie werden handwerkliche Methoden eingesetzt. Bevor ein Erzeugnis in Serie geht, werden Muster gebaut, um die Funktion ausgiebig zu testen. Auch zu diesem Zweck wurden neue Technologien entwickelt. So können mit den Verfahren aus der Gruppe des „Rapid Prototypings“ im wahrsten Sinne des Wortes über Nacht aus imaginär vorhandenen Gestaltungen reale Teile werden. In den letzten Jahren wurde diese Möglichkeit durch das Angebot von erschwinglichen 3D-Druckern (Abschnitt 7.5) auch für Konsumenten erschlossen. Allerdings ist die Fähigkeit, dreidimensionale Modelle zu erschaffen, noch kein Gut des Allgemeinwissens der Bevölkerung. Vielleicht kann dieses Buch einen kleinen Beitrag dazu leisten, technische Vorstellungen und Ingenieurswissen populär einer breiteren Schicht zu vermitteln.

Am Beispiel der Bekleidungswirtschaft wird die Besonderheit der handwerklichen Fertigungsmethode in unserer modernen Zeit anschaulich. Unsere normale Alltagsbekleidung lassen wir in größeren Stückzahlen in einigen spezialisierten Regionen der Welt herstellen. Menschen mit besonderen Körpermaßen kaufen ihre Kleidung „von der Stange“ und lassen die Stücke handwerklich nacharbeiten, damit die Passfähigkeit gegeben ist. Für ganz besondere Anlässe lassen wir uns auch individuelle Kleidungsstücke komplett handwerklich fertigen oder nehmen bei entsprechenden Fähigkeiten die Sache selbst in die Hand. Manche entwerfen ihre Schnitte selbst, andere verwenden eine bewährte Vorlage immer wieder oder variieren diese von Stück zu Stück. Allerdings greifen wir auch in diesem Fall auf massenhaft vorgefertigte Halbzeuge - sprich Stoffbahnen - zurück. Das Zusammennähen der Zuschnitte erfolgt selbstverständlich mit einer Nähmaschine. Nur für unzugängliche Stellen wird man zu den klassischen Werkzeugen „Nadel und Faden“ greifen.

Neben der klassischen Herstellung von Erzeugnissen wird die handwerkliche Produktion angewendet, um Kunstwerke zu erschaffen. Hier kommt es vor allem auf den kreativen Aspekt im Umfeld dieser Produktionsweise an.

Unter diesem Blickwinkel wird auch heute noch das in Bild 4.9 gezeigte Schema angewendet, beispielsweise, wenn man im Rahmen einer Restaurierung historisch bedeutende Gegenstände aufarbeitet, teilweise ergänzt oder nachbaut.

4.2.4 Industrielle Fabrikation

Bei der industriellen Produktion (Bild 4.11) werden die einzelnen Arbeitsaufgaben zur Herstellung eines Produkts organisatorisch aufgeteilt. Das Produkt wird durch mehrere Spezialisten angefertigt. So untergliedert sich die klassische Fabrik in unterschiedlich spezialisierte Abteilungen. Im Wareneingangslager sind die benötigten Halbzeuge und Materialien eingelagert und werden von dort aus der Produktion zur Verfügung gestellt. Auch die einzelnen Produktionsabteilungen sind auf bestimmte Tätigkeiten spezialisiert. Eine Abteilung nimmt beispielsweise das Stanzen von Blechen vor, eine andere ist auf das Drehen, Bohren oder Fräsen von Teilen spezialisiert. Nachfolgende Betriebsstrukturen übernehmen das Galvanisieren oder das Lackieren der hergestellten Produkte, bis schließlich der Versand die Lieferung zum Kunden logistisch organisiert.

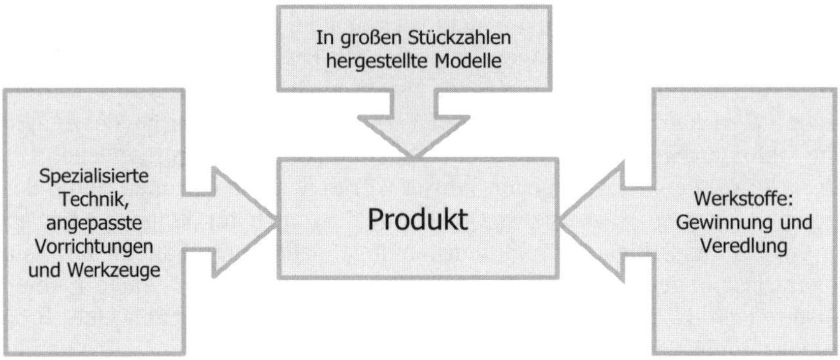

Bild 4.11 Schema zur industriellen Produktion

Bei der Anwendung der industriellen Fabrikation werden die Erzeugnisse in größeren Stückzahlen hergestellt.

In die Gestaltung der Produkte wird gehörig Arbeit investiert. Sie werden speziell auf den Anwendungszweck hin ausgelegt. Mit der Diversifizierung und dem Aufblühen der Industriekultur am Ende des 19. Jahrhunderts kommen neben der rein zweckdienlichen Gestaltung auch der Aspekt der Wiedererkennung der Produkte und das Etablieren der eigenen Marke hinzu.

Eingesetzt werden vorhandene Technologien. Diese werden im Laufe der Zeit immer mehr verbessert, aber nur in Ausnahmefällen gezielt für ein bestimmtes Produkt weiterentwickelt. Neu entwickelte Technologien wurden zügig auf ihre Eignung getestet, welche Erzeugnisse mit ihnen effektiv hergestellt werden können.

Verarbeitet wurden die bekannten Rohstoffe und Halbzeuge. Auch Werkstoffe wurden nicht speziell entwickelt, aber Fortschritte in der Materialentwicklung zügig zur Herstellung von neuen Produkten angewendet. Um große Stückzahlen produzieren zu können, begann man, einige Halbzeuge zu normen. So konnten nicht nur reproduzierbare Produkte hergestellt werden, auch mussten die Produktionsprozesse nicht ständig auf unterschiedliche Eigenschaften der Halbzeuge angepasst werden.

Der Begriff „industrielle Fabrikation“ legt nahe, dass diese Produktionsweise ein Kind der Neuzeit ist. Aber bereits in der Antike wurden immer wieder industrielle Methoden angewendet. So gab es bei der Errichtung der Pyramiden im alten Ägypten bereits eine ausgeprägte organisatorische Spezialisierung. In den Steinbrüchen wurden die Quader gebrochen, Steinmetze bearbeiteten die Oberflächen und spezielle Trupps von Arbeitern schärften die abgenutzten Kupfermeißel immer wieder nach. Schließlich erfolgte der Abtransport der Quader zur eigentlichen Baustelle und dort das Zusammensetzen des Monuments. Man geht davon aus, dass mehrere zehntausend Arbeiter über einen langen Zeitraum mit diesem Bau beschäftigt waren.

Ungeachtet der unerwartet frühen erstmaligen Anwendung der industriellen Produktionsweise und der punktuellen Anwendung im Zeitenlauf bei der Verwirklichung von Großprojekten, konnte sie sich erst in der Neuzeit nach dem Aufkommen von Manufakturen durchsetzen. Allerdings war die Motivation zum Übergang auf diese Produktionsweise oft mit kriegerischen Auseinandersetzungen zunächst auf den Meeren, später in der napoleonischen Zeit auch mit der Auf- und Ausrüstung des Heeres verbunden. Der Bedarf an militärischer Ausrüstung war zu dieser Zeit enorm. Allein für den Einfall der napoleonischen Armeen in Russland im Jahr 1812 benötigten etwa eine halbe Million Soldaten Waffen und Ausrüstung. Man stellte schnell fest, dass handwerklich hergestellte Musketen nicht durch Ersatzteile aus anderen selbst baugleichen Waffen ergänzt werden konnten, weil die Maße der Einzelteile nur für die individuelle Waffe aufeinander abgestimmt waren und aus diesem Grund nicht für andere Musketen verwendet werden konnten. So war neben den geringeren Herstellungskosten auch die Passfähigkeit untereinander eine Motivation vom Übergang aus der handwerklichen Produktion hin zur Fertigung in einer Manufaktur.

Mit der Einführung der industriellen Fabrikation setzte einerseits ein Verdrängungswettbewerb gegenüber den handwerklichen Produzenten ein, andererseits wurden Produkte wegen günstiger Herstellungskosten für breite Kreise der Bevölkerung erschwinglich. Beispielsweise schnitt man früher traditionell die Knöpfe zum Verschließen der Gewänder aus Geweihen erlegter Wildtiere. An süddeutschen Trachten hat sich diese Tradition erhalten. Der Bedarf konnte jedoch aufgrund der wachsenden Bevölkerungszahl einerseits, andererseits aufgrund immer mehr zurückgedrängter Wildbestände kaum noch gedeckt werden. Hinzu kam, dass immer mehr Menschen sich nicht allein auf ein einziges Sonntagsgewand beschränken wollten. So wurden die Knöpfe zunächst aus einem, in Deutschland unter dem altem Handelsnamen Galalith bekanntem, Kunststoff in Fabriken hergestellt. Mit den Preisen der Kunststoffknöpfe konnten die handwerklich arbeitenden Knopfschneider nicht mithalten und wurden aufgrund des Wettbewerbs aus dem Markt in die Nische der Trachtenmode verdrängt.

Die Einführung eines industriell organisierten Fabrikbetriebs hatte aber nicht nur technische Auswirkungen, sondern auch starke Effekte auf die gesellschaftlichen Verhältnisse. Während handwerklich organisierte Betriebe im Wesentlichen von lokal ansässigen Familien geführt wurden, war die Fabrikproduktion vor allem in regionalen Zentren konzentriert. In dem aus vielen Kleinstaaten gebildeten Deutschland wuchsen neben den Ballungszentren vor allem die regionalen Kleinstädte, in anderen Ländern konzentrierte sich das Bevölkerungswachstum auf einige wenige Gebiete, vor allem um Hafen- und Hauptstädte herum. Gefragt waren nun in erster Linie nicht mehr die zünftig ausgebildeten Handwerkergesellen, sondern versierte Spezialisten, die die Aufgaben der Facharbeiter erfüllen konnten. Somit bekamen auch Teile der Landbevölkerung die Möglichkeit, in den Fabriken dem Broterwerb nachkommen zu können. Nach einer Anlernphase konnten die meisten die Arbeitsaufgaben zufriedenstellend erfüllen und sich und ihrer Familie das Einkommen sichern. Im Gegensatz zum bäuerlichen oder handwerklichen Betrieb waren die Kinder der Beschäftigten nicht mehr auf den Beruf der Eltern festgelegt und konnten eine Schule besuchen. Allerdings sind auch Fälle von Kinderarbeit in den Fabriken des 19. Jahrhunderts belegt.

Aufgrund der Organisation in bestimmte Fertigungsabteilungen kann die industrielle Fabrikproduktion recht flexibel auf andere mehr oder weniger ähnliche Produkte umstellen. Schnell kann auf sich verschiebende Marktverhältnisse oder eine veränderte politische Situation reagiert werden. So konnten nach dem Kriegsende 1815 die Manufakturen im Kern weiter bestehen und sich entwickeln, um zwei, drei Jahrzehnte später für die Herstellung von Eisenbahnschienen und -fahrzeugen zu sorgen.

Mit dem Beginn der industriellen Entwicklung geht eine starke Einflussnahme auf die Umwelt durch den Menschen einher.

Die energetische Sicherstellung der handwerklichen Produktion konnte noch größtenteils durch die Nutzung von Holz abgesichert werden. Mit der enormen Steigerung der Produktion durch die industrielle Fabrikation musste mit der Kohle eine neue energetische Basis erschlossen werden. Allerdings ist seitdem die Kohlendioxidbilanz aus dem Gleichgewicht geraten.

Auch heute wird auf die industrielle Fabrikation zurückgegriffen, wenn ähnliche Produkte in überschaubaren Stückzahlen gefertigt werden. Die Fabriken stellen meist viele Erzeugnisse her. Ein Beispiel für diese Produktionsweise ist bei der Herstellung von Schienenfahrzeugen oder bei Bussen gegeben, deren Grundaufbau ähnlich ist, meist aber nach speziellen Kundenwünschen individuell angepasst wird. Die Realisierung der Sonderwünsche erfolgt im Rahmen von bestehenden Betriebsabläufen. Die einzelnen Abteilungen liefern die unterschiedlichen Einzelteile einschließlich der Sonderanfertigungen an den Montageplatz, an dem der Zusammenbau erfolgt.

4.2.5 Industrielle Serienfertigung

Bei dem Begriff der industriellen Fließbandfertigung sollte man an die Autowerke von Henry Ford denken, die nach der Einführung dieser Produktionsmethode das T-Modell in Amerika zu einem verhältnismäßig günstigen Preis verkaufen konnten und so die Massenmobilisierung ermöglichten. Damit war nun auch für die Bewohner von abgelegenen

Gebieten die Versorgung mit preiswerten Industriewaren möglich. Ebenfalls konnten nun die dort erzeugten Rohstoffe und Waren über weite Strecken zu den Märkten gebracht werden.

Aufgrund des großen überregionalen Absatzes wurden an den Produktionsstandorten die Arbeitskräfte knapp, sodass mit großen Werbekampagnen und einer außergewöhnlich guten Bezahlung neue Mitarbeiter aus anderen Gebieten rekrutiert werden mussten.

Auch wenn die Auswirkungen der industriellen Fließbandfertigung stets am Beispiel der Automobilproduktion erläutert werden, liegen die Wurzeln dieser Methode in anderen Industriezweigen. So wurde der Autopionier Henry Ford von den Zerlegestrecken in den Chicagoer Schlachthöfen inspiriert. Auch aus Europa sind Fotografien bekannt, auf denen eine fließbandähnliche Produktion bei der Herstellung von Wirtschaftskutschen erkennbar ist.

Charakteristisch für die industrielle Serienfertigung ist, dass im Wesentlichen ein einziges Produkt auf Fertigungsanlagen hergestellt wird, die in der technologischen Abfolge angeordnet sind (Bild 4.12). Dazu werden die Produkte vereinfacht, die Fertigung erfolgt in Anlehnung an Normen und unter Verwendung von standardisierten Teilen.

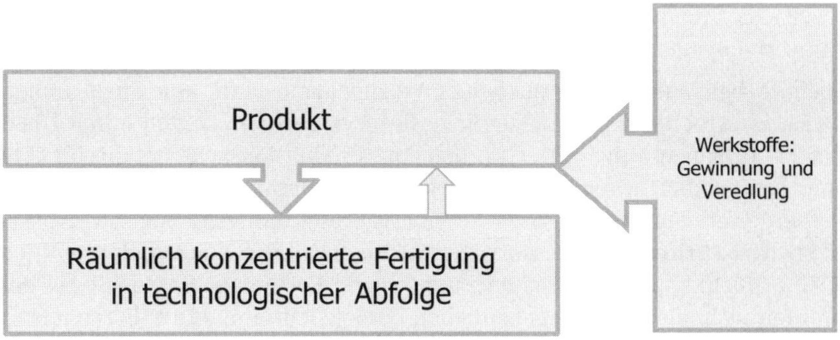

Bild 4.12 Schema zur industriellen Fließbandfertigung

Ein Fließband muss nicht unbedingt körperlich vorhanden sein. Die Grundidee besteht darin, dass die von einem Produktionsplatz hergestellten Teile sofort dem Folgearbeitsplatz zur Verfügung gestellt werden. Dazu bestehen folgende Möglichkeiten:

- Die Arbeiten werden am bewegten Teil ausgeführt werden – dem würde die Arbeit am Fließband entsprechen, es sind aber auch viele andere Transportsysteme möglich. Charakteristisch ist hier ein permanent bewegtes Transportsystem, die Werker laufen oder fahren in ihrem Abschnitt mit. Aufgrund der permanenten Bewegung sind Präzisionsarbeiten problematisch.
- Die Teile werden zwar mit einem Transportsystem von Arbeitsplatz zu Arbeitsplatz bewegt, zum Ausführen der Arbeiten stoppt das Transportsystem jedoch, sodass im Stillstand an einem unbewegten Arbeitsplatz die Produktionshandlungen erfolgen. Während der Bewegung der Teile müssen dann die Arbeiten in der Regel ruhen, wobei Leerlaufzeiten entstehen. Alternativ könnten zwei Transportsysteme parallel betrieben werden, sodass ein System in Bewegung ist und an den Teilen des Anderen die Arbeiten ausgeführt werden können.

- Die hergestellten Teile werden ohne Zwischenlagerung von Arbeitsplatz zu Arbeitsplatz weitergereicht. Dazu müssen die Produkte von ihrer Größe her geeignet sein. Weil keine Zwischenlagerung vorgesehen ist, entfällt das geordnete Ablegen der Teile. Die aufeinanderfolgenden Produktionsschritte müssen so aufeinander abgestimmt sein, dass sie in etwa eine gleiche Taktzeit erfordern.
- Weiterhin können die hergestellten Teile zwischen den einzelnen Arbeitsschritten kurz zwischengelagert werden, so dass ein Puffer für kurze Arbeitsunterbrechungen an einem Arbeitsplatz vorhanden ist und unterschiedliche Fertigungsgeschwindigkeiten ausgeglichen werden können.
- Schließlich kann die Produktion so organsiert sein, dass nur wenige Werker an wechselnden Arbeitsplätzen schaffen und dort immer einen gewissen Vorrat herstellen, bevor sie zum nächsten Arbeitsplatz wechseln. So können auch mit nur wenigen Arbeitskräften effektiv viele gleiche Teile hergestellt werden. Allerdings müssen ausreichend Produktionsflächen zur Verfügung stehen.

Auch für eine technologische (Abfolge)Kette gilt, dass sie nur so stark sein kann, wie ihr schwächstes Glied ist. Wenn es nur an einem Arbeitsplatz Probleme gibt, besteht die große Gefahr, dass der gesamte Produktionsprozess zum Erliegen kommt. Das muss durch entsprechend erprobte, robuste und prozessstabile Arbeitsschritte verhindert werden. Besonders qualifizierte Fachkräfte müssen in der Lage sein, entstehende Probleme unverzüglich zu erkennen und vorbeugende Maßnahmen einzuleiten.

Die Harmonie beim Arbeitsaufwand der einzelnen Arbeitspakete ist für eine Fließbandfertigung enorm wichtig. Arbeitspakete, die zeitliche Reserven zeigen, sollten durch Übernahme zusätzlicher Aufgaben aufgewertet werden. Die Produktionsschritte, die für ihre Ausführung lange Zeit beanspruchen, können dupliziert ausgeführt werden oder man versucht, durch bessere Werkzeuge oder (Teil-) Automatisierung die technologische Ausgeglichenheit der Prozessschritte zu verbessern. Bei der industriellen Fließbandproduktion gibt es bereits eine Rückkopplung zwischen Produkt und Fertigung. Das heißt bei der Konstruktion werden technologische Gegebenheiten berücksichtigt und das Erzeugnis so gestaltet, dass es möglichst einfach hergestellt werden kann. Die Arbeitskräfte führen stets wiederkehrende Arbeiten aus. Sie werden kurz angelernt und müssen dann den Anforderungen entsprechen. Weil sie einfach auszutauschen sind, wird oft ein starker Druck von Seiten der Arbeitgeber aufgebaut. Zeitgleich war vor allem in der Mitte des 20. Jahrhunderts eine enorme Zuspitzung gesellschaftlicher Konflikte in Europa zu verzeichnen. So endete mit der Einführung der industriellen Fließbandproduktion in Amerika die Pionierzeit, in Europa wurden mit der Nutzung dieser Produktionsmethode die materiellen Grundlagen für den Zweiten Weltkrieg geschaffen. Von den Nationalsozialisten wurde die industrielle Serienproduktion während des Kriegs perfide perfektioniert. Zur Produktion von Waffen, Fahrzeugen, Flugzeugen, Munition und Ausrüstung wurden vom faschistischen Regime Kapazitäten geschaffen, die auf unmenschlicher Ausbeutung von Sträflingen und Fremdarbeitern basierten.

Charakteristisch für die moderne Fließbandproduktion heute ist, dass man einen Stamm von qualifizierten Fach- und Führungskräften benötigt, die die Produktion organisieren und schnell auf Störungen reagieren können. Die zahlenmäßig größere Gruppe des Personals wird durch angelernte Kräfte gebildet, die unmittelbar am Band Arbeiten ausführen. In Mitteleuropa vermindert sich der Anteil an industrieller Fließbandproduktion seit Jahren. Einige traditionelle Standorte werden weiter betrieben, andere geschlossen und die

Produktion ins vermeintlich billigere Ausland verlagert. Einerseits hat dies einen zum Teil schmerzlichen Strukturwandel zur Folge, andererseits werden durch die Wanderung der Produktionsstandorte Regionen mit Arbeitskräfteüberhang entlastet und mit dem Aufbau des notwendigen Fachpersonals entwickelt.

Für einige Tätigkeiten am Fließband möchte man nicht oder kann man nur schwer menschliche Arbeitskräfte einsetzen. So entstanden Vorrichtungen, die zunächst die Werker unterstützten und später zu Robotern weiterentwickelt wurden, die die Tätigkeiten vollkommen selbstständig ausführten. So verwendet man an den Fließbändern der Autohersteller Manipulatoren, um schwere Gegenstände während der Montage zu positionieren. Aus diesen Vorrichtungen entwickelte man später Schwenkarmroboter.

Aus Gründen des Gesundheitsschutzes, aber auch um einen vollständigen und gleichmäßigen Farbauftrag garantieren zu können, wurden Lackierroboter entwickelt.

Zunächst erfolgt der Einsatz von Robotern nur an einzelnen Abschnitten des Produktionsablaufs. Mit der weiteren Automatisierung der Produktion durch den Einsatz von mehr oder weniger intelligenten Maschinen ist der Übergang hin zur postindustriellen Produktion gegeben.

4.2.6 Auf das Erzeugnis fokussierte postindustrielle Produktion

Bei einigen Menschen ist die Vorstellung der postindustriellen Produktion durch utopische Bilder bestimmt. In menschenleeren Hallen werden dort Roboter durch Roboter gefertigt und stetig weiterentwickelt.

Um die hier abgehandelte Thematik klar zu umreißen, ist eine Begriffsbeschreibung für die **postindustrielle Produktion** unerlässlich. Charakteristisch für diese Fertigungsweise ist ein sehr hoher Automatisierungsgrad. Die Prozesse werden nicht mehr durch Arbeiter ausgeführt, sondern vielmehr vom Personal überwacht. Der wesentliche Anteil der Arbeiten wird durch automatisierte Produktionsprozesse ausgeführt, die unmittelbare Herstellung eines Erzeugnisses durch Werker ist die Ausnahme. Ein wesentlicher Anteil der Wertschöpfung erfolgt vor dem eigentlichen Produktionsstart bei der Herstellung von Anlagen, Vorrichtungen und Werkzeugen. Diese Produktionsmittel sind stark produktbezogen und können nur in Ausnahmefällen ohne aufwendige Umbauten zur Herstellung anderer Produkte weitergenutzt werden.

Die verwendeten Materialien sind vielfältig und oft auf die Prozesse optimiert oder gar speziell modifiziert oder entwickelt (Bild 4.13).

Beispielsweise ermöglicht die Verwendung von thermoplastischen Kunststoffen die Anwendung des vollautomatischen Spritzgießverfahrens, bei dem aus Granulat vollautomatisch dreidimensional gestaltbare Formteile hergestellt werden. Die menschliche Arbeit beschränkte sich zunächst auf die Materialversorgung und den Abtransport der Teile, später wurden auch diese Arbeiten automatisiert. Durch eine Modifizierung kann der verwendete Kunststoff für besondere Anforderungen spezifiziert werden; beispielsweise können mit leichtfließenden Formmassen siebartige Strukturen mit sehr langen Fließwegen hergestellt werden.

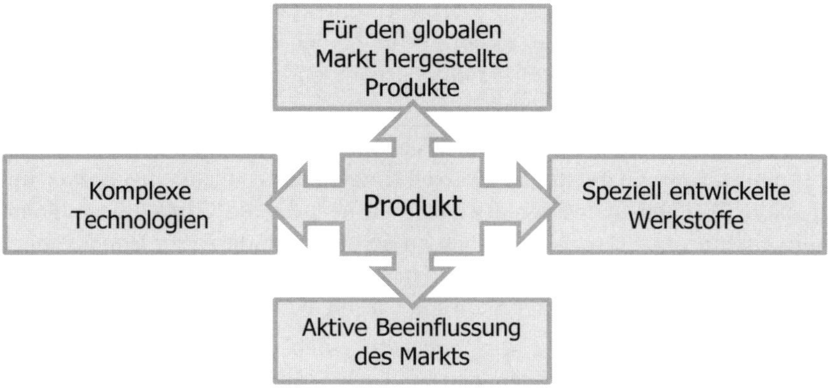

Bild 4.13 Schema zur auf das Erzeugnis fokussierten Produktion

Auch für klassische Materialien wurden spezielle Werkstoffmodifikationen vorgenommen. So können mit nichtrostenden Stählen Erzeugnisse im Hygienebereich hergestellt werden. Andere Stahlsorten wurden auf gute Spanbarkeit hin optimiert, um kurze Bearbeitungszeiten der Werkstücke sicherzustellen. Auch der Einsatz von speziell entwickelten Schnellarbeitsstählen für die Bearbeitungswerkzeuge ermöglicht eine effektivere Produktion. Die problemlose Abfuhr der Späne ist die Voraussetzung für eine Automatisierung der Prozesse. Somit besteht eine gegenseitige Wechselwirkung von Produkt-, Material- und Prozessentwicklung.

Die Anwendung einer postindustriellen Produktion im hier geäußerten Verständnis ist längst keine Zukunftsmusik mehr. Schon mit der Entwicklung der chemischen Industrie im und nach dem Ersten Weltkrieg wurden postindustrielle Produktionsmethoden angewendet. Diese Prozesse laufen weitestgehend automatisiert ab. Der Anlage wird das Inputmaterial zugeführt und diese liefert ohne unmittelbares menschliches Zutun das gewünschte Produkt. Die verfahrenstechnische Auslegung und die Anfertigung der Anlagen erfordern vor dem eigentlichen Produktionsbeginn einen großen Aufwand an Ingenieursarbeit. Beim Ablauf des eigentlichen Herstellungsprozesses beschränken sich die Arbeiter dann auf die Kontrolle und das Nachsteuern der Prozesslage und führen Reparatur- und Wartungsarbeiten an den Anlagen durch.

Auch in den klassischen Industriezweigen, wie dem Fahrzeugbau, hat sich die postindustrielle Produktionsweise durchgesetzt. Die hohen Anteile an automatisierter Produktion werden durch zunehmenden Einsatz von Montageautomaten und Robotern realisiert. Die Motivation für deren Einsatz ist einerseits ökonomisch begründet, weil so Lohnkosten eingespart werden können. Andererseits bringt die zunehmende Automatisierung Vorteile bei der Qualität der Produkte, weil nur bei Maschinen und Apparaten eine vollkommene Fehlerkontrolle möglich ist. Allerdings sind hier menschenleere Werkhallen nach wie vor Utopie. In den Produktionstakt sind bestimmte Arbeitsaufgaben integriert, die nur von Menschen übernommen werden können. Einige Tätigkeiten sind unter gegebenen Randbedingungen beispielweise aus Platzgründen nicht von Robotern ausführbar oder lassen sich nur sehr schwer automatisieren. So ist das automatisierte Greifen und Handhaben von Gummiteilen aufgrund der Flexibilität des Werkstoffs problematisch. Die Automatisierung anderer Tätigkeiten ist ökonomisch uninteressant, weil sich die notwendigen Aufwendungen im Vorfeld der Produktion nicht amortisieren würden. Schlussendlich bestehen auch soziale Verpflichtungen gegenüber den oft langjährig Beschäftigten einer Produktionseinrichtung, deren Arbeitsplätze nicht vernichtet werden sollen und ein gesundes konservatives Denken, sodass man der sorglosen Einführung von unausgereifter Technik skeptisch gegenüber steht. Diese Kriterien lassen bei wirtschaftlich indifferenten Prozessabschnitten die Entscheidungsträger meist zugunsten der althergebrachten Methoden tendieren.

Viele neue Produkte, die so erst in unserer modernen Welt entstanden sind, werden erst attraktiv und markttauglich, wenn sie mit postindustriellen Produktionsmethoden hergestellt werden. So können Computerchips nur zu akzeptierten Preisen angeboten werden, weil deren massenhafte Produktion auf ausgereizten und automatisierten Fertigungsstraßen mit geringen Produktionskosten möglich ist. Die hohen Qualitätsstandards der hergestellten Produkte erlauben die sichere Integration der Vielzahl von Funktionen.

4.2.7 Anwendungen der Produktionsweisen

Unabhängig von ihrer Einführung oder ihrem ersten Gebrauch werden heute alle genannten Produktionsweisen angewendet. Die in den vorangegangenen Abschnitten genannten Beispiele aus der Vergangenheit und der Gegenwart belegen diese Aussage. Welche für die Erzeugung eines konkreten Produkts die am besten geeignetste ist, entscheidet letztlich der Markt. Auch wenn die Betriebswirtschaft sich in der Vergangenheit an einem großvolumigen Absatz orientierte, werden am Markt explizit und mit derzeit steigender Tendenz auch Nischenprodukte nachgefragt, deren Herstellung organisiert werden muss. Hier bieten sich nach wie vor handwerklich orientierte Produktionsweisen an.

Beispielsweise besteht ein massenhafter Bedarf für Schuhe, der in unterschiedlichen Produktionsweisen abgedeckt wird. Die Besonderheit hier besteht darin, dass der Verbraucher und mehr noch die Verbraucherin eine große Vielfalt wünscht und aus einer großen Auswahl die eigne Kaufentscheidung treffen möchte. Somit sind enorme Fertigungslose, die eine produktfokussierte Fertigung rechtfertigen, auf zweckdienliche Massenware wie Arbeitsschuhe oder Sommerlatschen beschränkt. Die marktbeständigen Modelle erlauben wegen der gewünschten Vielfalt nur eine begrenzte Stückzahl, die aufgrund der Globalisierung durchaus in die Hundertausende gehen können, ohne das sich Träger des gleichen Modells häufig über den Weg laufen. Für dieses Marktsegment ist die industrielle Serienproduktion die am besten geeignetste Produktionsweise, mit der die Erzeugnisse zu den gängigen Ladenpreisen hergestellt werden können.

Schließlich besteht auch der Wunsch nach extravaganten und ganz besonderen Modellen, vielleicht für einen Showstar, einen VIP oder für einen ganz besonderen Anlass im Leben. Die hergestellten Stückzahlen belaufen sich auf einige Hundert und werden sicher mit einer industriellen Fabrikation produziert. Auch extreme Über- und Untergrößen erlauben nur übersichtliche Stückzahlen und einzelne Modelle. Gut geführte Fachgeschäfte haben solche Exemplare im Angebot, die am oberen Ende der Preisskala angesiedelt sind. Der praktische Nutzwert dieses Preissegments liegt auf dem gleichen Level wie bei der Massenware, man wird in den Vertretern der beiden Segmente gleich gut laufen können. Der den höheren Produktionsaufwand rechtfertigende Mehrwert ergibt sich hier aus der Exklusivität.

Schließlich besteht ein Bedarf an ganz individuell angepasstem, orthopädischem Schuhwerk, der in handwerklicher Produktion abgedeckt wird. Die Kosten für ein solches Paar sind aufgrund des hohen Herstellungsaufwands enorm.

Nach diesen Überlegungen wird nun verständlich, warum ein mit Technik vollgepacktes Auto nicht mehr kosten muss als eine einfache Pferdekutsche.

4.3 Herstellungsprozess

4.3.1 Herstellung der Einzelteile

Den größten Aufwand bei der Herstellung der Schlange verursacht die Anfertigung der Segmente für den Körper und der beiden Teile für den Kopf. Die Körpersegmente werden in einer größeren Stückzahl benötigt als der Kopf. Beide Elemente werden aus Holzlatten geschnitten.

Weiterhin werden benötigt:

- das textile Mittelstück, für das sich ein abgelegter Gürtel oder ein Band eignet,
- ein Stück roten Stoffs aus dem die Zunge hergestellt wird und
- Rundkopfschrauben, deren Köpfe die Augen darstellen sollen.

Bei der Anfertigung der Körpersegmente werden zunächst Rohlinge aus einer Latte geschnitten. Damit die Gehrungswinkel von 45° reproduzierbar eingebracht werden können, muss ein Hilfsmittel verwendet werden. Dazu eignet sich eine Gehrungssäge oder man verwendet eine Sägelade mit entsprechender Winkelführung beim Schneidvorgang. Für einen exakten und geraden Schnitt muss eine hinreichende Fixierung sichergestellt sein. Bei den Gehrungssägen ist dazu eine Vorrichtung bereits integriert. Bei der Nutzung einer Sägelade kann man mit Leimzwingen arbeiten. Dazu wird die Leiste gegen die Flanke der Lade gepresst. Weiterhin ist eine Fixierung der gesamten Lade an der Auflagefläche des Arbeitstisches möglich (Bild 4.14).

Bild 4.14 Fixierung bei der Verwendung einer Sägelade

Es besteht die Möglichkeit, beim Nachführen nach einer halben Drehung um die Längsachse bereits maßgenaue Teile zu erhalten. Dazu muss jedes Mal die Fixierung vollständig gelöst werden, um die Leiste für die Drehung zu entnehmen. Alternativ kann man ein Stück mit der doppelten Länge als Rohling für zwei Segmente abtrennen und auf die Drehung der Leiste verzichten. Im Nachgang werden dann diese Rohlinge mit einem schrägen Schnitt wie in Bild 4.8 halbiert.

Für die Schlange benötigt man eine nicht unerhebliche Anzahl von Körpersegmenten. Hierbei lohnen sich Überlegungen für eine effektive Fertigung. Um den Aufwand für die Ermittlung der exakten Maße gering zu halten, könnte man die Sägelade mit einem mechanischen Anschlag versehen. Beim Nachführen der Latte für den nächsten Schritt wird diese bis zum Anschlag verschoben. Bei der Berührung des Anschlags erfolgt die Fixierung an der Lade, sodass ein fehlerhafter Schnitt durch Verrutschen ausgeschlossen ist. Allerdings kann es sein, dass die Sägelade nach dieser Modifizierung nicht mehr für andere Prozesse einsetzbar ist. Man muss also Aufwand und Nutzen miteinander vergleichen. Entscheidet man sich für die Anfertigung eines Rohlings mit doppelter Länge, muss auch beim zweiten Schnitt die Fixierung des Holzstücks an der Lade möglich sein. Weil dann ein anderes Maß eingehalten werden muss, ist ein zweiter Anschlag oder die Nutzung einer zweiten Sägelade notwendig. Natürlich kann man auch mit einer elektrischen Kapp- und Gehrungssäge arbeiten, die eine wesentlich bessere Laufruhe hat als eine Handsäge. Dafür ist aber erst einmal eine Investition für die Anschaffung notwendig, der Nutzer muss sich vor den Arbeiten mit dem Gerät vertraut machen und – nicht zu unterschätzen – die Maschine benötigt nach der Nutzung Platz für die Lagerung bis zum nächsten Gebrauch.

Verzichtet man auf einen Anschlag, muss vor jedem Schnitt genau gemessen werden. Auch hier kann man sich helfen, indem man sich auf die Referenz eines Musterteils bezieht.

Im nächsten Arbeitsschritt werden die Kanten gebrochen, damit das Segment beim Berühren durch den Nutzer ein angenehmes Gefühl hinterlässt. Dazu verwendet man eine Feile oder eine Bahn Schleifpapier. Je nach Belieben können die Teile eingespannt werden oder – wie in Bild 4.15 gezeigt – frei in der Hand gehalten werden.

Bild 4.15 Brechen der Kanten

Im professionellen Bereich verwendet man für solche Arbeiten rotierende Trommeln, in die Schleifkörper gemeinsam mit den Rohlingen hineingegeben werden. Mit der Rotationsbewegung werden vorstehende Kanten abgeschliffen und raue Oberflächen geglättet.

Besonders aufwendig erfolgt das Schleifen bei den beiden Kopfhälften. Da bei der Konstruktion alle schrägen Flächen mit 45° vorgesehen sind, kann man gut mit der Sägelade oder der Gehrungssäge arbeiten. Auch die Radien können durch peripheres Sägen vorgearbeitet werden. Zum Abarbeiten des verbleibenden überschüssigen Materials verwendet man zunächst ein sehr grobes Schleifpapier. Wenn die Kontur ausgearbeitet wurde, erfolgt die Glättung der Oberfläche mit einem feinkörnigen Schleifpapier.

Die Fähigkeit des Schleifpapiers zum Abarbeiten von Material wird durch die Körnigkeit ausgedrückt. Dieser Wert drückt aus, wie viele Schleifpartikel pro mm^2 auf das Papier aufgebracht wurden. Grobes Schleifpapier hat Werte von 40, 60, 80, auch noch 120, feines beginnt ab Werten von 240. Unbearbeitetes Holz wird grundsätzlich trocken geschliffen, nur lackierte Flächen können nass geschliffen werden.

Während bei den Körpersegmenten mit dem Schleifen vor allem die Oberflächenrauigkeiten beseitigt werden sollen, geht es bei der Bearbeitung des Kopfes vor allem um einen echten Materialabtrag, damit die gewünschte abgerundete Geometrie entsteht. Zum Materialabtrag verwendet man sehr grobes Schleifpapier. Die anschließende Glättung der Oberflächen erfolgt dann mit feinem Schleifpapier, das eine Körnigkeit mit möglichst hohen Zahlenwerten aufweist.

Nach dem Schleifen werden die Bohrungen zur Führung der Schrauben gesetzt (Bild 4.16). Dazu wird der betreffende Rohling auf eine Unterlage gestellt oder eingespannt, die Stiche entsprechend Bild 4.6 angerissen und die Bohrung eingebracht.

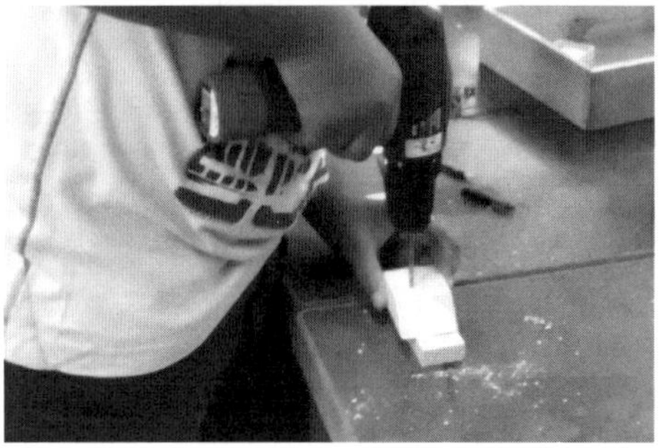

Bild 4.16 Bohren der Rohlinge

Damit die Köpfe der zur Montage verwendeten Senkschrauben bündig abschließen, werden die Durchgangsbohrungen anschließend mit einem Senker angefast.

4.3.2 Zur Farbgestaltung

Wegen der unterschiedlichen Materialien der Schlange ist der Farbauftrag nach dem Zusammenbau schwierig. Weil das textile Band funktionsbedingt sehr flexibel ist, muss eine Lackierung, wie sie für die steifen Segmente vorgesehen werden kann, vermieden werden. Der Lack würde bei diesen Deformationen reißen und abblättern. Wenn es erwünscht ist, kann die Farbgestaltung des Bandes gut mit Textilfarben erfolgen, die sich an der Faser anlagern und das Band nicht nur oberflächig, sondern durch und durch einfärben.

Für Körperelemente und die beiden Kopfhälften ist eine Lackierung ebenso möglich wie ein Beizen oder die Behandlung mit einer Lasur. Im Heimwerkerbereich denkt man beim

Farbauftrag zunächst an das Aufbringen von Farbe mit einem Pinsel. Das ist bei der hier angewendeten Geometrie der Elemente nicht vorteilhaft, weil die zu streichenden Flächen verhältnismäßig klein sind und so die Arbeiten unverhältnismäßig lange andauern würden. Alternative Behandlungsmöglichkeiten sind das Tauchen oder das Spritzen.

Beim Tauchen muss recht viel Farbe vorgehalten werden. Der anschließend erforderliche Trocknungsvorgang stellt eine technologische Herausforderung dar, weil die Elemente nicht einfach auf einer lackierten Fläche abgelegt werden können. Denkbar wäre vielleicht die Verwendung eines Fadens, der durch die Führungsbohrung gefädelt wird und so einen Trocknungsvorgang im hängenden Zustand ermöglicht. Allerdings sind das Einfädeln und das anschließende Entfernen des Fadens arbeitsintensiv.

Bleibt als Alternative das Spritzen der Elemente. Bei diesem Behandlungsverfahren können die Einzelteile auf ihrer größten Fläche abgelegt werden, weil dieser Bereich nach der Montage nicht mehr sichtbar ist. Es ist zweckmäßig, die Teile auf einer ausgemusterten abwaschbaren Tischdecke oder einer stärkeren Folie einigermaßen geordnet abzulegen.

Das Spritzen kann aus handelsüblichen Sprayflaschen erfolgen, die oft von anderen Projekten übrig geblieben sind. Die lebendigen Vorbilder unseres Modells schillern je nach Betrachtungswinkel in unterschiedlichen Farben. Um eine möglichst natürliche Erscheinung der Schlange zu erreichen, erfolgen mehrere unvollständige Lackaufträge unterschiedlicher Farben. Zweckmäßigerweise beginnt man mit der dunkelsten Farbe und endet mit der hellsten, sodass die unteren Schichten hindurchschimmern und nach wie vor wahrgenommen werden. Durch schnelle Bewegungen während des Spritzens erreicht man eine tropfenartige Struktur der Lackpunkte beim Farbauftrag. Weil viele Aufträge nacheinander erfolgen, liegen Tropfen unterschiedlicher Farbe eng nebeneinander und erwecken so den Eindruck einer farblichen Vielfältigkeit. Wenn das Spritzen nass in nass erfolgt, wird durch das teilweise Verlaufen der Farben dieser Eindruck noch verstärkt. Mit dem abschließenden Auftragen eines durchsichtigen Decklacks nach dem Trocknen der farbgebenden Schichten fixiert man das farbliche Erscheinungsbild. So vermittelt man der Lackierung Tiefenwirkung und versieht das Element mit einem oberflächigen Schutz. Nach dem Trocknen des Decklacks sind die Elemente bereit zur Montage.

4.3.3 Montage

Damit die Schlange fertiggestellt werden kann, müssen die Körperelemente am zentralen Band befestigt werden. Dies erfolgt durch Schrauben. Dazu werden paarweise vorgebohrte Teile und Teile ohne Löcher miteinander so verschraubt, dass das Band zwischen den beiden Elementen fixiert wird. Zunächst wird das massive Element, wie in Bild 4.17 gezeigt, auf das kleine Rechteck gelegt und mit dem Mittelband abgedeckt, das obere Körperelement aufgesetzt und die Teile miteinander verschraubt. Bild 4.18 zeigt das fertige Produkt unserer Arbeit.

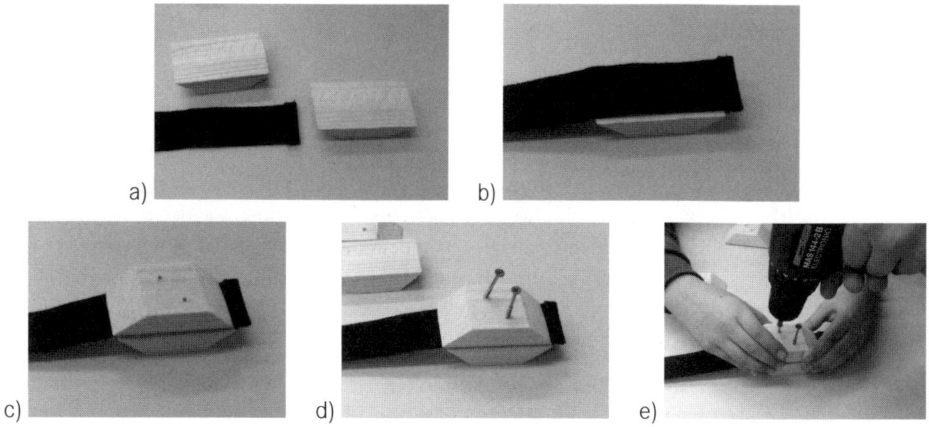

Bild 4.17 Montage der Einzelteile

Bild 4.18 Fertiggestellte Schlange

4.3.4 Zusammenfassung von Produktionsweisen am Beispiel

Aufgrund der geringen Stückzahl und der bisher erarbeiteten Erfahrungen ist es naheliegend, die „Produktion" der Schlange in einer handwerklichen Fertigung zu organisieren.

In diesem Fall würden die Körperelemente eines nach dem anderen angefertigt werden. Im Anschluss daran stellt man die beiden Teile des Kopfes einzeln her. Wenn alle Einzelteile verfügbar sind, beginnt man mit der Montage.

Ungenauigkeiten bei der Herstellung der Einzelteile könnte man mit der entsprechenden handwerklichen Fähigkeit durch geeignete Paarungen oder durch Nacharbeiten ausgleichen. Mit einfachen handwerklichen Mitteln, aber relativ hohem Zeitaufwand, entsteht so ein ganz individuelles Produkt, das aber aufgrund des Zeitaufwands recht aufwendig in der Herstellung und damit teuer ist.

In einer industriellen Fabrikation würden die Körperelemente der Schlange in einer betrieblichen Einheit gefertigt, der Kopf in einer anderen und die Montage des Produkts dann in einer dritten Abteilung erfolgen. Am ersten Produktionsplatz würden Rohlinge entsprechend Bild 4.8 Mitte gesägt und am nachfolgenden die Prismen mit trapezförmiger Grundfläche, wie sie in Bild 4.8 unten dargestellt sind. Am nächsten Arbeitsplatz werden Bohrungen und Absenkungen eingebracht. Schließlich werden die Rohlinge noch geschliffen, bevor sie lackiert werden können.

Die Fertigung könnte schneller erfolgen als bei einer rein handwerklichen Fertigung, weil stets gleiche Vorrichtungen verwendet werden und so der Zeitaufwand für das Heraussuchen oder den Umbau der Arbeitsmittel entfällt. Problematisch an der industriellen Produktionsweise ist, dass bei mehreren Personen, die aufeinanderfolgende Arbeitsschritte ausführen, Stillstands- und Wartezeiten vorkommen können. Das kann nur dann vermieden werden, wenn die Arbeitspakete der einzelnen Stationen gut abgestimmt sind. Hier wäre es möglich, für lange andauernde Arbeitsschritte mehrere Personen gleichzeitig vorzusehen. Dies wäre beispielsweise beim Schleifen der Rohlinge sinnvoll.

Für den einsamen Heimwerker kann diese Art Fertigung simuliert werden, indem er zunächst alle benötigten Körperelemente für eine oder mehrere Spielzeugschlangen anfertigt, sich anschließend den Kopfteilen widmet und, wenn alle Teile vorhanden sind, die Montage ausführt.

Unter den gegebenen Umständen erscheint die Produktion mit kurzer Zwischenlagerung der Produkte geeignet zu sein. So kann eine Fließbandproduktion mit wenigen Personen oder auch nur einer Person simuliert werden, die die einzelnen Arbeiten nacheinander ausführen. Die einzelnen Produktionsschritte können effektiv abgearbeitet werden und die notwendige Fingerfertigkeit wird sich mit der Zeit entwickeln. Allerdings lernt man dabei auch das Gefühl der geistigen Leere bei der Ausführung von sich stets wiederholenden einfachen Handgriffen am eigenen Leib kennen.

Die Erklärung einer speziell auf das Erzeugnis fokussierten Produktion ist natürlich bei einem technisch so einfachen Produkt wie unserer Schlange schwierig. Selbst wenn große Stückzahlen hergestellt werden sollten, ist bei der geringen Komplexität sicher eine industrielle Serienproduktion in Ländern mit geringem Lohnniveau anzunehmen.

Also stellt sich die Frage nach der Unterscheidungsmöglichkeit zwischen beiden Produktionsweisen. Was wäre für dieses Beispiel zu tun, damit man von einer auf das Erzeugnis fokussierten Produktion sprechen könnte. Zunächst sollte man versuchen, die technologische Abfolge zu optimieren. Auffällig ist, dass beim Einbringen der Bohrungen und beim anschließenden Absenken einer Fase jedes Mal ein spanabhebendes Werkzeug in das Werkstück eingeführt wird. Damit dies in einem Arbeitsgang erfolgen kann, wäre die Entwicklung eines Sonderwerkzeuges anzuregen, das einen Hybrid zwischen Bohrer und Senker darstellt.

Weiterhin ist der Werkstoff zu hinterfragen. Das Holz wurde aufgrund seines Bekanntheitsgrades und der guten Bearbeitungsfähigkeit bei der Verwendung von handwerklichen Produktionsmitteln zu einem sehr frühen Zeitpunkt des Entwicklungsprozesses ausgewählt. Nachteilig am Holz ist aber die massive Bauweise. So bringt eine kompakt ausgeführte Schlange doch ein nicht zu unterschätzendes Gewicht zusammen. Sollten unausgeglichene Benutzer diesen Gegenstand als Schlagwaffe zweckentfremden, besteht höchste Gefahr. Als Alternative könnte man mit einer Blechbauweise innen hohle Teile herstellen, welche aber den großen Nachteil haben, dass diese bei Überbelastung nach innen beulen. Außerdem treten an Bauteilen aus Blech nach Deformation scharfe Kanten auf, die ein Verletzungspotenzial haben.

Als Alternative zum Holz bleibt das Material Kunststoff. Im Spritzgussprozess könnte man die aus Thermoplast geformten Schalenstrukturen innen mit Rippen verstärken, um der Neigung zum Beulen entgegen zu wirken. Entwickelt man den Gedanken weiter, wäre ein weicher Integralschaum verwendbar, der sich angenehm anfasst und nach einer Berührung die ausschließlich elastischen Verformungen mit angenehmen viskosen Nachstelleffekten zurückstellt. Für Kunststoffe sind effektive Fügeverfahren bekannt, die anstelle der Verschraubung eine schnelle Montage der Einzelelemente sichern würden.

Unabhängig vom verwendeten Material muss die Konstruktion des Erzeugnisses an den verwendeten Werkstoff angepasst und entsprechend verändert werden.

Neben den rein technischen Aspekten wird bei der auf das Erzeugnis fokussierten Produktionsweise eine aktive Marktkommunikation geführt. Einerseits muss das Erzeugnis genau auf die Bedürfnisse des Marktes hin entwickelt und designt werden, andererseits besteht die Möglichkeit, den Markt mit entsprechend geeigneten Werbestrategien gezielt zu beeinflussen.

5 Möbelbau in Kastenbauweise

5.1 Konstruktiver Aufbau

5.1.1 Überblick

Es ist naheliegend, bei der Suche nach Anwendungen für Holzarbeiten an die Anfertigung von Möbelstücken zu denken. Die Grundidee ist, dass die flächigen Holzplatten zu Kästen (Bild 5.1) gefügt werden, die man zu einem stabilen Möbelstück stapeln kann.

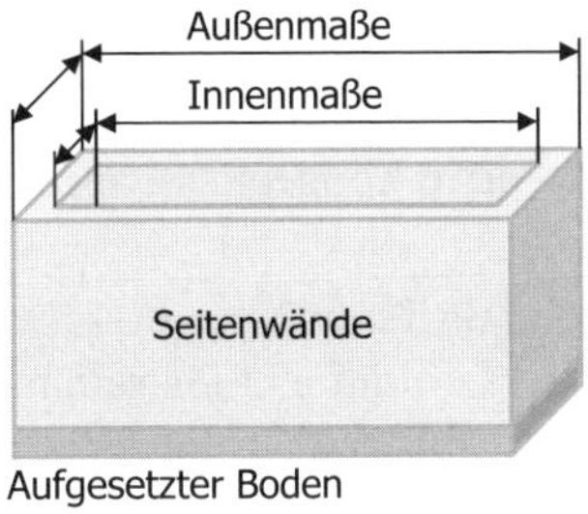

Bild 5.1 Kasten

Mit Beinen und mit Türen versehen, ergeben sich durch die individuelle Anordnung der Kästen interessante Kombinationsmöglichkeiten. Mit etwas Geschick kann man ein Cajón bauen. Dabei handelt es sich um ein Rhythmusinstrument, das im Sitzen gespielt wird oder andernfalls als Sitzmöbel dienen kann. Wählt man die Kästen größer, können Zwischenböden eingezogen werden und ein massives Regal entsteht, das auch an der Wand montiert werden kann.

Als flächiges Grundmaterial bieten sich Leimholzplatten und Sperrholz an. Diese Halbzeuge sind preiswert und problemlos verfügbar. Leimholzplatten gibt es in einer Stärke von 18 mm in jedem gut sortierten Baumarkt. Sehr verbreitet ist aus Fichte oder Kiefer gewonnenes Holz, es wird aber auch Buche und Birke angeboten. Die gebräuchlichen Abmessungen sind in Tabelle 5.1 angegeben:

Tabelle 5.1 Gebräuchliche Abmessungen für Leimholz

Länge/Breite	20 cm	25 cm	30 cm	40 cm
80 cm	×	×	×	×
120 cm	×	×	×	×
200 cm	×	×	×	×
240 cm	×	×	×	×

Neben Platten in Möbelqualität gibt es noch Leimholzplatten aus Fichte in einer minderen Qualität, bei denen mitunter Astzeichnungen und Fehlstellen vorkommen. Die Stabilität der Ware leidet aber unter diesen optischen Mängeln kaum. Wenn das beabsichtigte Möbelstück nicht unbedingt repräsentativ in der „Guten Stube“ stehen soll, kann man hier mit etwas Geduld beim Auswählen der Bretter eine Menge Geld sparen.

Sperrholz steht als Plattenware in unterschiedlichen Dicken und Holzsorten zur Verfügung. Die meisten Anbieter sägen aus den großflächigen Platten die vom Kunden benötigten individuelle Zuschnitte. Daher gibt es beim Einsatz von Sperrholz keine Vorzugsmaße.

5.1.2 Entwerfen von Kastenelementen für Stapelmöbel

Einfach aus Brettern einen Schrank zusammenzubauen, erscheint in der modernen Gesellschaft überholt zu sein. Ein ganzer Industriezweig bemüht sich, uns das Zuhause einzurichten. Das zu ignorieren und sich an Selbstbaumöbeln zu versuchen, erscheint wie ein Kampf David gegen Goliath. Erfolgreich können hier nur kreative Konzepte angewendet werden.

Eine Idee der Bauhausbewegung war, kleine einfach zu fertigende Einheiten geschickt miteinander zu kombinieren. Dieser Gedanke wird hier aufgegriffen und aus übereinander positionierten Einzelkästen komplexe Möbelstücke geschaffen (Bild 5.2).

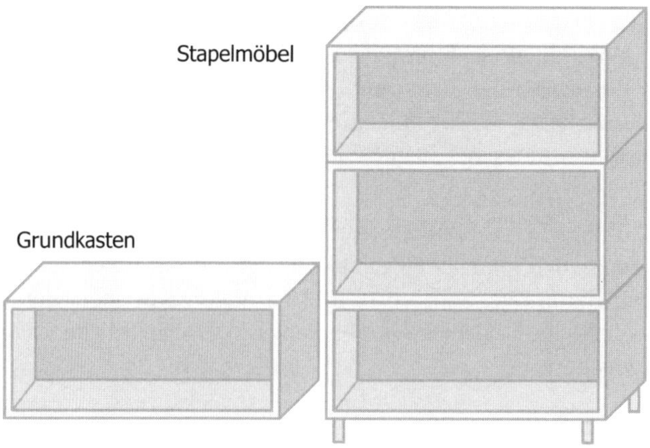

Bild 5.2 Idee der Stapelmöbel

Es ist problemlos möglich, sich die Holzplatten im Baumarkt auf die gewünschten Abmessungen zuschneiden zu lassen. Soll das Möbelstück in eine enge vorgegebene Raumnische gestellt werden, wird man selbstverständlich speziell zugeschnittene Einzelteile verwenden. Hat man keine räumlichen Beschränkungen, sollte man sich beim Entwurf der Möbelstücke an den Vorzugsabmessungen entsprechend Tabelle 5.1 orientieren.

Auch wenn viele Baumärkte den Zuschnitt von Leimholz als kostenlose Serviceleistung anbieten, sind die Sägearbeiten zeitintensiv. Dabei sollte man ruhig egoistisch vorgehen, denn als Kunde wartet man nicht nur während der Sägearbeiten für das eigene Projekt, sondern muss vorher oftmals die entsprechend qualifizierten Mitarbeiter der Holzabteilung ausfindig machen.

Das Entwerfen, Übermitteln und das Ausführen der Zuschnitte sind immer mit einem Fehlerrisiko behaftet. Man wäre nicht der Erste, der beim Zusammenbau feststellt, dass irgendetwas nicht passt. Die falsche Ausrichtung der Maserung des Holzes ist ein weiterer potenzieller Fehler, der immer wieder gern gemacht wird.

Bei der Herstellung der Elemente bestimmt die beabsichtigte Tiefe des Kastens die Breite der Bretter. Aus Gründen der Stabilität werden die Holzstücke natürlich in Faserrichtung ausgerichtet (Bild 5.3).

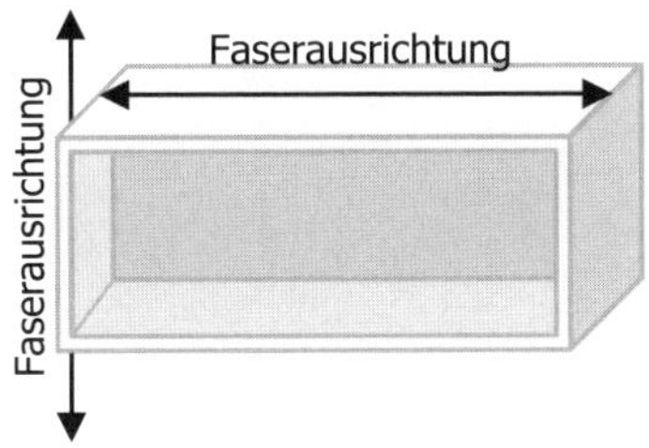

Bild 5.3 Faserausrichtung der Bretter zur Kastenmontage

Nicht so eindeutig wie die Faserausrichtung der Leimholzplatten für einen Kasten ist die Frage nach der Überlappung der Bretter zu beantworten. Dafür, dass die langen Seitenteile über die Kurzen ragen (Bild 5.4 oben), spricht die Abführung von Kräften. Bei vielen Anwendungen können die senkrechten Wände nicht in gerader Linie unterstützt werden, weil die meisten der handelsüblichen Fußsysteme deutlich breiter angelegt sind, als die Dicke des Leimholzes.

Werden Kästen übereinander zu einem Schrank aufgestapelt, ist die in Bild 5.4 unten gezeigte Anordnung vorteilhaft. Die senkrecht aufeinander stehenden Faserbündel des oberen und des unteren Kastens verhindern ein Verrutschen der Anordnung.

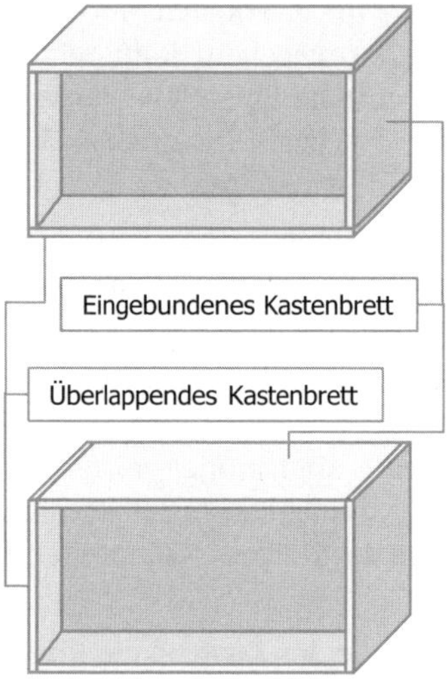

Bild 5.4 Möglichkeiten der Überlappung für die Kastenstruktur

Die in Bild 5.3 und Bild 5.4 gezeigte Kastenstruktur aus vier verschraubten Brettern ist durchaus in der Lage, Druckkräfte aufzunehmen. Problematisch sind dagegen auftretende Scherkräfte (Bild 5.5)!

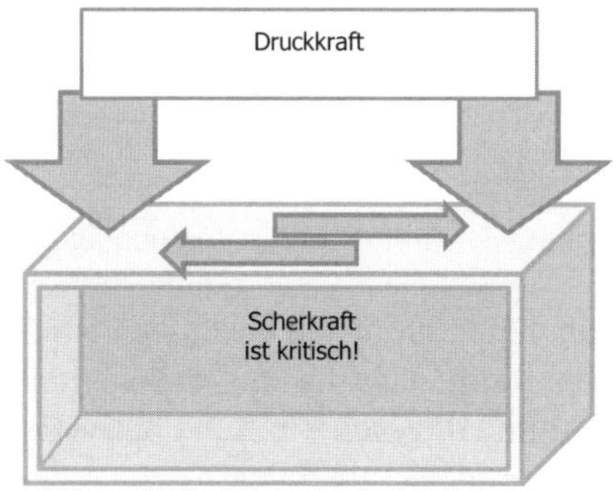

Bild 5.5 Wirkung von Kräften bei einer Kastenstruktur

Um die Scherkraft aufzunehmen, ist für Kastenstrukturen eine Versteifung notwendig. Bei dem hier angestrebten Einsatzzweck wird diese Aufgabe durch die Montage einer Rückwand erfüllt, die den Kasten gegen auftretende Schubkräfte stabilisiert. Diese sind vom Wert her recht gering und können normalerweise von einem 4 mm starken Sperrholz problemlos aufgenommen werden, welches aus Pappel, Kiefer oder Buche verfügbar ist.

Sperrholz aus Pappel kann man für einen günstigen Preis bekommen, ist aber sehr weich. Man kann bereits allein mit dem Fingernagel bleibende Abdrücke einbringen. Buche und Kiefer sind hochpreisiger als Pappel, dafür aber widerstandsfähiger. Die Kiefer passt vom Dekor her gut zu Leimholzplatten aus Fichte, ist aber recht großflächig und auffällig in der Maserung. Das härtere Sperrholz aus Buche hat eine weniger auffällige Maserung, dafür ist der Farbton meist heller als bei Leimholzplatten. Neben Sperrholz werden auch Applikationen aus anderen Materialien, beispielsweise Pressspanplatten, für die Rückwand verwendet, die aber weniger stabil und zum Teil spröde sind.

Für die Anbringung der Rückwand im Kasten gibt es grundsätzlich drei Möglichkeiten (Bild 5.6). Am einfachsten ist die aufgesetzte Rückwand (Bild 5.6 oben) zu realisieren.

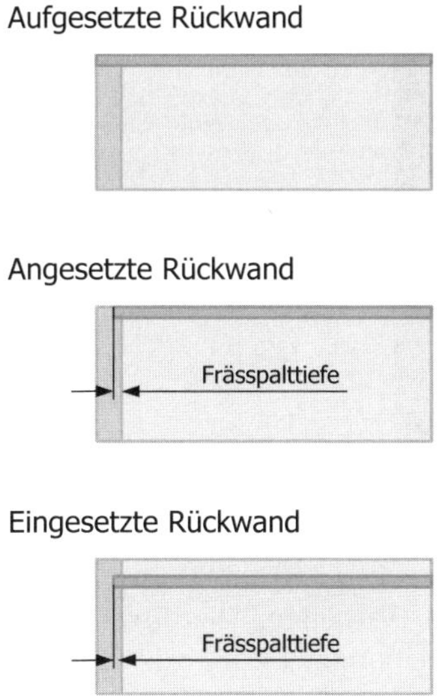

Bild 5.6 Möglichkeiten der Rückwandmontage

> Die Maße der aufgesetzten Rückwand ergeben sich aus der Länge des überlappenden Seitenbretts und der Länge des eingebundenen Seitenbretts plus der doppelten Wandstärke der überlappenden Seitenbretter. ■

Der Vorteil der aufgesetzten Rückwand besteht vor allem in ihrer einfachen Montage. Eventuelle Ungenauigkeiten bei den Maßen können bei einem aufgesetzten Boden problemlos ausgeglichen werden. Im Gegensatz zu den anderen beiden Varianten ist keine Bearbeitung der vier Seitenbretter erforderlich. Problematisch ist, dass beim Zusammenbau der Kästen auf die exakte Positionierung der Teile zueinander geachtet werden muss. Standprobleme gibt es, wenn eine überstehende Rückwand über den Grundkasten hinaussteht. Die Fixierung der Rückwand erfolgt durch Verschrauben in den Seitenbrettern (siehe Bild 5.8 oben).

Für eine angesetzte Rückwand muss eine Stufe in alle vier Seitenbretter gefräst werden (Bild 5.7). Am besten eignet sich hierzu eine Oberfräse mit entsprechender Halterung. Grundsätzlich kann man auch den zum Lieferumfang gehörenden Anschlag der Oberfräse nutzen. Empfehlenswert ist, mit einer auf der bearbeiteten Leimholzplatte fixierten Leiste einen Anschlag für die Maschine sicherzustellen, sodass kein unerwünschter Materialabtrag im Nutzholz erfolgen kann. Wird die Stufe über die gesamte Länge der überlappenden Bretter gezogen, bleibt nach dem Zusammenbau eine Markierung sichtbar. Hier muss jeder für sich selbst entscheiden, ob man dies so akzeptieren kann.

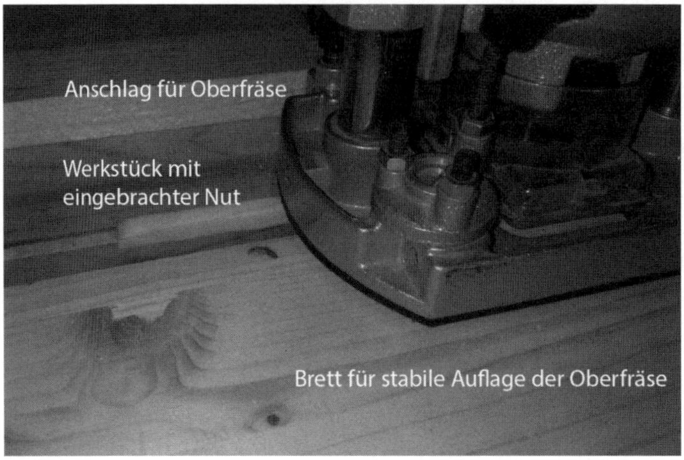

Bild 5.7 Einbringen einer Stufe mit der Oberfräse

Alternativ zur Oberfräse kann man auch mit einem Profilhobel arbeiten. Allerdings bedarf es für den perfekten Umgang mit diesem Werkzeug einiger Übung.

> Die Maße für die angesetzte Rückwand ergeben sich aus der Länge der eingebundenen Bretter plus der Stufenbreite und aus der um die doppelte Bretterdicke verminderten Länge der überlappenden Bretter plus Stufenbreite. ■

Werden die Schrauben bei der Fixierung der Rückwand an den Seitenbrettern wie gewohnt senkrecht eingebracht, besteht die Gefahr, dass die eindringenden Schrauben die Seitenbretter seitlich wegplatzen lassen. Aus diesem Grund werden die Schrauben schräg geführt (Bild 5.8 Mitte).

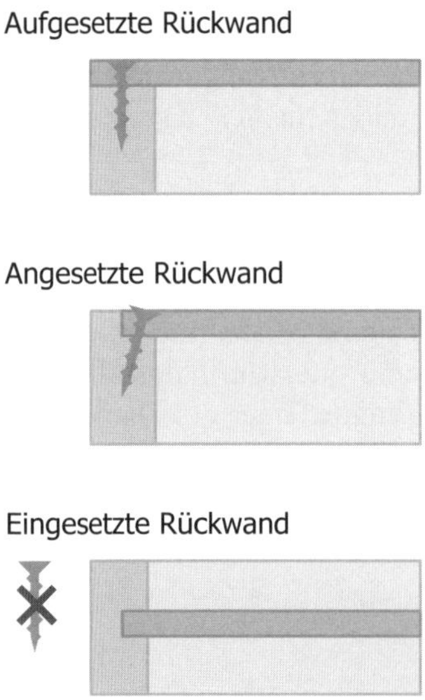

Bild 5.8 Einbringung der Rückwand bei den unterschiedlichen Montagevarianten

Insgesamt erfordert die angesetzte Rückwand einen zusätzlichen Arbeitsschritt zur Einbringung der Stufe und eine zusätzliche Maschine zum Fräsen. Beim Einbringen der Schrauben besteht ein gewisses Risiko bei einem falsch gewählten Einschraubwinkel. Es kann ein Ausplatzen am Seitenbrett vorkommen oder ein Durchstoßen der Schrauben.

Bei einer eingesetzten Rückwand müssen die Nuten mit einer Oberfräse eingebracht werden. Im Gegensatz zum Ausarbeiten der Stufe, bei der die Späne seitlich wegfliegen, muss beim Einbringen der Nut die Fräsbewegung mit kontinuierlich zunehmender Frästiefe wiederholt werden (Bild 5.9). Dazu sind eine exakte Führung und die entsprechende Erfahrung notwendig.

Bild 5.9 Oberfräse beim Einbringen einer Nut

Bei einer eingesetzten Rückwand ist die in Bild 5.3 benannte Voraussetzung zu beachten, dass die Faserausrichtung der Seitenbretter immer in Umfangsrichtung des Kastens verlaufen soll, da sonst das Material vor der Nut abplatzt. Bestenfalls passiert dies beim Fräsen, sodass der Fehler korrigiert werden kann. Meist platzt es aber erst dann, wenn das Holz ausgetrocknet ist und so das Gesamterzeugnis versagt.

Die Maße für die eingesetzte Rückwand ergeben sich aus der Länge der eingebundenen Bretter plus der Tiefe der Nut und aus der um die doppelte Bretterdicke verminderten Länge der überlappenden Bretter plus Tiefe der Nut. ■

Bei der Montage der eingesetzten Rückwand kann auf ein Verschrauben verzichtet werden (Bild 5.8 unten). Beim Zusammenfügen der Seitenbretter zu einem Kasten wird die Sperrholzplatte eingelegt und mit der umlaufenden Nut in ihrer Lage fixiert. Allerdings darf der Aufwand zur genauen Positionierung der Rückwand nicht unterschätzt werden. Da sich die dünne Platte wölbt, sind vor allem beim Einführen in die Nut des vierten Seitenbretts viel Fingerspitzengefühl und Geduld gefragt.

Holz ist ein natürlicher Werkstoff, der Feuchtigkeit aufnimmt und auch wieder abgeben kann. Mit einer Veränderung des Feuchtegehalts des Holzes geht eine Veränderung der Maße einher. Wenn die Platte mehr Raum benötigt als die umlaufende Nut zulässt, beult sie sich aus, wenn sie kleiner wird, kann die Stabilisierung des Kastens gegen Scherung nicht mehr gegeben sein.

Die eingesetzte Rückwand ist eine elegante Lösung zur Herstellung eines von allen Seiten ansehnlichen Kastens. Nachteilig sind der notwendige Aufwand und die erforderliche Exaktheit zur Einbringung der umlaufenden Nut.

Für die Fertigung eines Stapelmöbels, bei dem der Boden senkrecht gelagert ist, kann ein eingesetzter Boden nicht die notwendige Stabilität gegen Scherung (Bild 5.5) über die Lebensdauer aufbringen. Für Schubkästen, bei denen der Boden horizontal liegt, ist ein eingesetzter Boden mit entsprechender Dicke dagegen gut geeignet.

5.1.3 Entwerfen eines Cajóns

Ein Cajón ist ein Rhythmusinstrument, das zuerst von Plantagensklaven genutzt wurde. Ursprünglich verwendeten sie in Ermangelung professioneller Instrumente alte Möbelstücke und entdeckten schnell, dass Schubladen in einer bestimmten Form gut für die rhythmische Begleitung geeignet sind. Die Weiterentwicklung zum Cajón erfolgte mit einer über einem Resonanzkasten befestigten dünnen Holzplatte, die quasi als Trommelfell fungiert. Im Resonanzkasten gibt es ein Akustikloch, das sich auf der dem „Fell" gegenüberliegenden Seite befindet.

Profimusiker geben für den Kauf eines solchen Instruments richtig viel Geld aus. Bei vielen ist die Ausgabe aufgrund der Qualität der erworbenen Waren auch gerechtfertigt. Für einen guten Klang ist ein Holz vorteilhaft, das sehr lange abgelagert wurde und entsprechend teuer ist.

Bei uns besteht nicht der Anspruch darin, ein Instrument zu schaffen, das den Ansprüchen professioneller Musiker entspricht. Hier soll es um ein einfaches Sitzmöbel gehen, das nebenbei gut und gern als rhythmischer Prügelknabe genutzt wird. Vielleicht ist es für den einen oder anderen Nutzer als Einstieg in die Welt der selbst gemachten Musik geeignet. Diesem Personenkreis steht dann selbstverständlich der Umstieg auf professionell hergestellte Instrumente offen. Für andere wird es ein Sitzmöbel mit Nebenfunktion für den Besuch im Jugendzimmer oder vielleicht in der Studentenbude sein.

Den grundsätzlichen Aufbau eines Cajóns zeigt Bild 5.10.

Die Seitenbretter bilden den Kasten. Die horizontale Sitzfläche und der Boden werden als überlappende Kastenbretter ausgeführt, die beiden senkrecht stehenden Seitenbretter sind eingebunden (wie in Bild 5.4 oben gezeigt). So erreicht man eine ebene Sitzfläche ohne Übergang. Das Brett mit dem Schallloch wird eingesetzt. Im Gegensatz zur dünnen Rückwand eines einfachen Kastens, die in eine Stufe eingelegt werden muss, können in die hier verwendeten Leimholzplatten Schrauben geführt und so die Fixierung ohne das aufwendige Einbringen einer Stufe gesichert werden. Das „Fell" wird aufgesetzt. Dabei ist jedoch die Besonderheit zu beachten, dass die Fixierung nur am Bodenbrett vollständig und an den beiden Seitenbrettern nur bis zwei Drittel oder drei Viertel der Höhe erfolgen darf, damit die freie Schwingung des „Fells" gegeben ist. Weiterhin soll sich zwischen Sitzbrett und Fell ein schmaler Spalt befinden, um einen Nachklang zu ermöglichen.

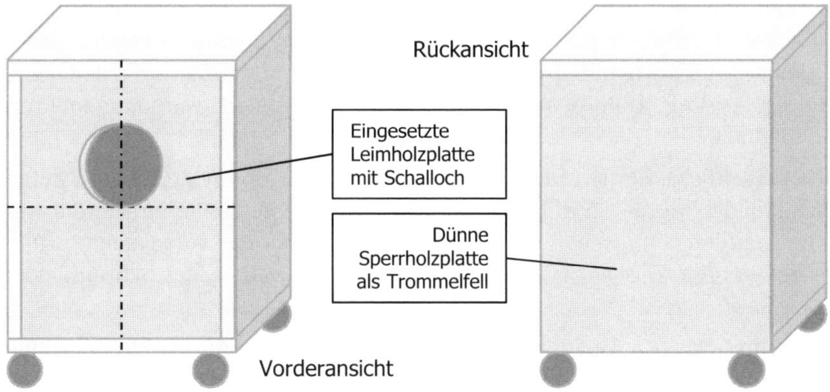

Bild 5.10 Abbildung eines Cajóns

Damit das Instrument auch als Sitzmöbel geeignet ist, werden voll drehbare Rollen untergesetzt, die eine problemlose Verschiebung ermöglichen.

5.1.4 Entwerfen eines Kastenregals

Im Gegensatz zu den in Abschnitt 5.1.2 vorgestellten Stapelmöbeln (Bild 5.2), bei denen einzelne Kästen unabhängig voneinander hergestellt und anschließend beliebig übereinander gestellt werden können, besteht das nachfolgend vorgestellte Kastenregal aus einem äußeren Rahmen mit fest eingebrachten Zwischenböden. Bild 5.11 gibt einen optischen Eindruck einer solchen Umsetzung.

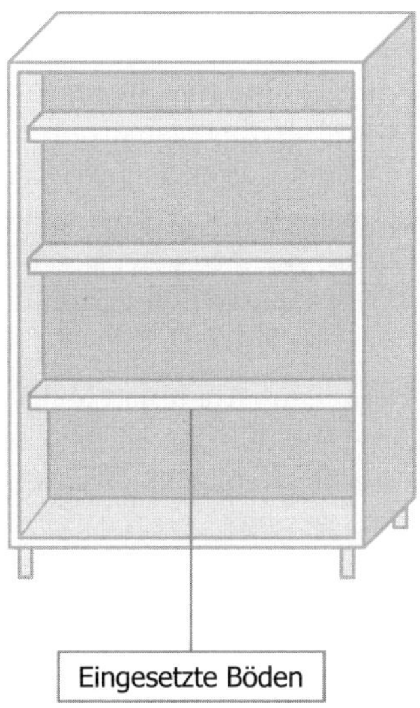

Bild 5.11 Kastenregal zur Aufstellung

Der äußere Rahmen wird so ausgeführt, dass die langen Seitenteile die überlappenden Kastenbretter darstellen und die querliegenden Teile die eingebundenen. So haben Boden und Decke die gleiche Länge wie die Einlegeböden. Das schützt vor Fehlern bei der Auslegung und bei der Umsetzung. Außerdem ist es ein logistischer Vorteil, wenn man mehrere Teile gleicher Maße hat.

Handelsübliche Möbelstücke werden in großen Stückzahlen für anonyme Kunden hergestellt. Die Zwischenböden werden dort eingelegt. Dazu ist eine ganze Reihe von Bohrungen in den Seitenwänden vorgesehen, in die zur Bodenaufnahme vorgesehene Stützelemente eingefügt werden. Das hat zwar den Vorteil der Flexibilität, der Schrankboden liegt dann aber lose auf.

Mit den für den Heimwerker zur Verfügung stehenden Methoden ist die exakte Positionierung der Bohrungen für Montageelemente nicht möglich. Daher müssen andere Befestigungsmöglichkeiten gefunden werden.

Zweckmäßig und am einfachsten zu realisieren ist die Verschraubung der Einlegeböden an den Seitenwänden in Analogie zu den Kastenbrettern (Bild 5.12 oben). Die Fixierung der Einlegeböden bringt eine bessere Stabilität für das gesamte Kastenregal. Aufgrund der mechanischen Gegebenheiten ist durch eine Verschraubung der Leimholzplatten untereinander die Durchbiegung geringer als bei lose aufliegenden Böden. Da es sich hier um eine individuelle Anfertigung handelt, die wir genau nach unseren Bedürfnissen entwerfen, dürfte der Nachteil, dass Veränderungen der Position der Einlegeböden nachträglich nur schwer möglich sind, kaum ins Gewicht fallen.

Als Alternative zu den handelsüblichen Modellen mit vorgegebenen Bohrungen zur Positionierung können in der Höhe einstellbare Einlegeböden durch die Verwendung von bestimmten Winkelelementen aus Metall auch mit Heimwerkerausrüstung fixiert werden. Man verwendet dazu handelsübliche Winkelelemente mit Langloch, sodass eine Anpassung an die konkreten Montagebedingungen vorgenommen werden kann (Bild 5.12 Mitte).

Schwierig in der Herstellung ist die Realisierung eines echten herausnehmbaren Bodens mit den technischen Mitteln eines Heimwerkers. Da die exakte Positionierung vor der Montage aussichtslos erscheint, wird eine Möglichkeit gewählt, die eine Nachjustierung zulässt. Dazu werden vier zylindrische Scheiben mit jeweils zwei Durchgangsbohrungen für Schrauben versehen. Vor dem Einlegen des Bodens wird nur eine Schraube vorfixiert. Nachdem der Boden eingelegt wurde, wird die Scheibe so lange um die vorfixierte Schraube gedreht, bis die Berührung des Bodens und so die volle Abstützung gegeben sind. Danach erfolgen die endgültige Fixierung der ersten und das Einbringen der zweiten Schraube (Bild 5.12 unten).

Der Gebrauch des Kastenregals kann stehend oder hängend erfolgen. Wenn das Möbelstück abgestellt werden soll, montiert man darunter Füße. Diese Ausführung ist im Bild 5.11 gezeigt. Bei einer hängenden Ausführung gibt es mehrere Möglichkeiten. Weil die Verletzungsgefahr durch herabfallende Gegenstände oder gar das gesamte Regal nicht zu unterschätzen ist, muss die Auswahl der Befestigungsmethode besonders sorgfältig erfolgen. Zunächst ist die Wand zu prüfen, an der die Montage erfolgen soll. Für jede Art Mauerwerk gibt es spezielle Dübel. Bei Ständerbauwerken muss die Lastaufnahme gegeben sein. Hier sollten die Kräfte möglichst direkt in die tragenden Elemente eingebracht werden.

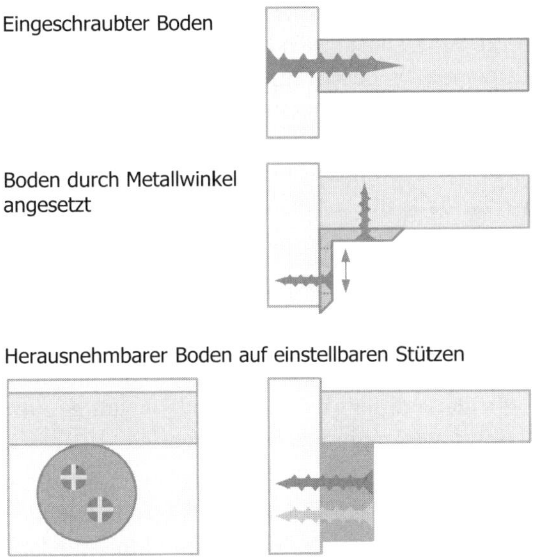

Bild 5.12 Möglichkeiten für Heimwerker zur Fixierung von Regalböden

Empfehlenswert ist die Montage einer waagerechten Holzleiste an der Wand, an die später das Regal angeschraubt wird. So kann die Fixierung zur Wand in aller Genauigkeit und ohne Last in Ruhe erfolgen. Bei der Montage kann das Regal vor der Fixierung auf der Leiste abgesetzt werden, sodass es lastfrei mit geringem Kraftaufwand in Position gehalten werden kann. Bei dieser Montageart muss die Rückwand entsprechend in der Länge reduziert werden, damit das obere Kastenbrett auf der Leiste abgesetzt und mit Schrauben fixiert werden kann. Alternativ ist die Montage mit Metallwinkeln möglich.

5.2 Grundsätzliches zur Bemaßung

5.2.1 Messaufwand

„Die Geometrie eines Formteils wird vollständig durch die Bemaßung bestimmt.“ Dieser Satz war bis vor 25 Jahren unumstößlich. Mittlerweile gibt es mindestens die Alternative der CAD-Systeme (Computer Aided Design), mit denen Modelle der Geometrie virtuell erzeugt werden.

Die Übertragung von virtuellen Modellen auf die unterschiedlichen Fertigungsmaschinen ist gegeben, sodass die Informationen auch körperliche Gestalt annehmen können. Schließlich ist die Überprüfung der Dimensionen und der Gestalt eines dreidimensionalen Formteils mit moderner Messtechnik und Bildverarbeitung problemlos möglich.

Unabhängig von dieser Entwicklung kommt aber der Bemaßung eines Bauteils eine ganz wichtige Eigenschaft zu: Anhand von eingetragenen Maßen können unterschiedliche Auffassungen von Kunde und Lieferant oder auch zwischen Abteilungen eines Betriebes weitgehend objektiv entschieden werden.

Mit den heute zur Verfügung stehenden modernen Fertigungsverfahren werden Formteile mit bestens reproduzierbarer Geometrie hergestellt, sodass sich bei laufender Produktion eigentlich auf die Überwachung eines Referenzmaßes beschränkt werden kann und sich somit theoretisch die Vermessung mehrerer Maße erübrigen würde. Die Praxis sieht aufgrund von Kundenanforderungen oder aus übertriebener Angst heraus aber anders aus. Zu jedem Schichtbeginn werden von allen in der Produktion befindlichen Erzeugnissen Stichproben genommen und eine große Anzahl Maße überprüft.

Auch bei der Bemusterung könnte man sich aufgrund der definierten Geometrie beruhigt auf die Bestimmung weniger funktionsentscheidender Längen beschränken. Auch hier sieht die Praxis beispielsweise in der Automobilindustrie ganz anders aus. In der Vergangenheit wurden die Formteile am Reißbrett entworfen, und aus einfachen geometrischen Grundelementen zusammengesetzt. Die definierten Kanten waren einfach nachmessbar. Dagegen werden heute die vielfältigen Möglichkeiten der virtuellen Modelle voll genutzt und Formteile mit recht komplexen, oft auch frei geformten Flächen entworfen.

Während die Überprüfung der Geometrie von Zirkel-und-Lineal-Konstruktionen mit einer noch recht übersichtlichen Anzahl von Maßen erfolgte, erfordern die komplexen virtuellen Designlösungen die Überprüfung einer Vielzahl von Maßen oder Messpunkten zur vollständigen Geometriebestimmung. Der hohe Aufwand zur Vermessung selbst von Teilen mit untergeordneten Funktionen verursacht Kosten, die dem Gegenwert eines gut oder bestens ausgestatteten PKWs entsprechen.

Entgegen den Erwartungen ist so mit der Einführung virtueller Modelle der Aufwand zur Vermessung der Teile nicht gesunken, sondern in der Praxis gestiegen. Die Ursache für diese Entwicklung ist häufig eine Übervorsicht beim Kunden, gepaart mit einem gewissen Expansionswunsch und dem Streben nach mehr Ansehen der eigenen Abteilung bei den Qualitätsverantwortlichen der einzelnen Firmen.

Die Kenntnisse darüber, welche Maße für die Funktion eines Bauteils entscheidend sind und welche davon wiederum überwacht werden sollten, sind absolut ausbaufähig. Wenn hier ein höheres Level erreichbar wäre, könnte einiger Aufwand bei der Produktion ohne Einschnitte der Qualität vermieden werden und die Produkte zu einem günstigeren Preis am Markt platziert werden.

5.2.2 Regeln für das Technische Zeichnen

Vor dem Durchbruch der CAD-Systeme fühlten sich Ingenieure bei einem Verstoß gegen eine Grundregel zur Darstellung von Bauteilen in Technischen Zeichnungen fast schon persönlich angegriffen. Als die ersten virtuellen Modelle aufkamen, konnten die Programme beziehungsweise die verfügbaren Drucker zunächst nur Linien mit einheitlicher Strichstärke ausgeben.

Einerseits führte dieser Fakt nicht gerade zu Begeisterungsausbrüchen und sofortiger Anerkennung der neuen Konstruktionsmittel bei den gestandenen Technikern und Zeichnern, andererseits brachten die unübersehbaren Vorteile der CAD-Systeme eine Aufweichung der verbreiteten strengen Sichtweise zu absolut exakten Regeln Technischer Zeichnungen mit sich. So wurden Zeichnungen, bei denen eine Schraffur nicht ganz korrekt eingetragen war oder eine umlaufende Körperkante fehlte, nicht mehr prinzipiell zur Nachbesserung zurückgewiesen.

Auf zeichnerische Darstellung von technischen Teilen kann heute nach wie vor nicht verzichtet werden, auch wenn CAD-Systeme als Primitivprogramme, in abgespeckten Versionen oder gegen Vorlage eines Ausbildungsnachweises als Vollversion ohne oder für wenig Geld allgemein zugänglich sind.

Als Kommunikationsgrundlage beim Entwurf, der Variantendiskussion oder bei möglichen Änderungen kann man seine Ideen mit einer Handskizze schnell kommunizieren. Die Darstellung eines Körpers in unterschiedlichen Ansichten wurde bereits in Abschnitt 2.2 abgehandelt.

Bei der Darstellung von Körpern werden sichtbare Kanten mit einem dicken Strich gezeichnet. Die Darstellung der Hilfslinien erfolgt mit halber Dicke, die Strichstärke der Mittellinien wird dünner als die der Körperkanten, aber dicker als die der Hilfslinien gewählt (Bild 5.13). Bild 5.14 zeigt das CAD-Modell zum Vergleich.

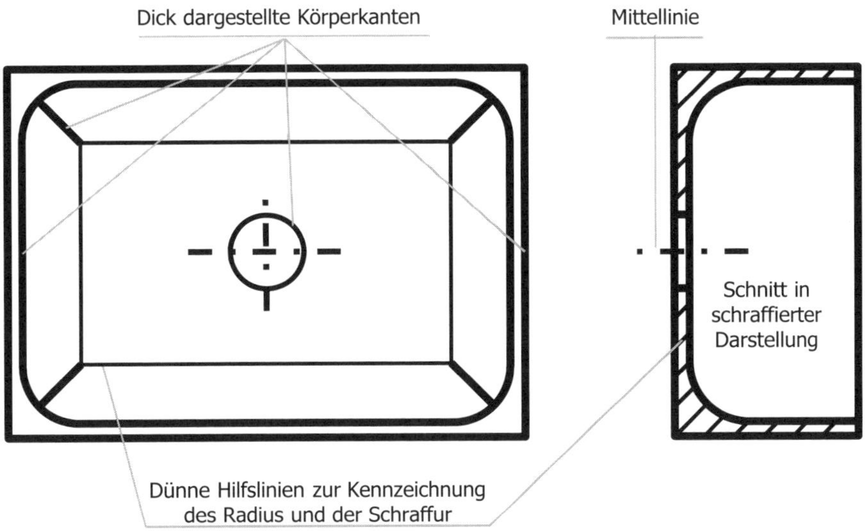

Bild 5.13 Unterschiedliche Strichstärken bei einer Zeichnung

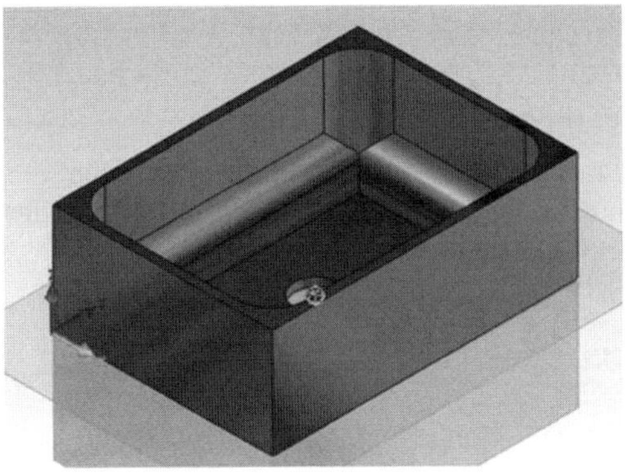

Bild 5.14 CAD-Modell des in Bild 5.13 dargestellten Körpers

Hilfslinien werden verwendet, um Körperkanten zu ersetzen, wenn ein allmählicher Übergang durch einen Radius besteht, um Schraffuren auszuführen oder um das Objekt zu bemaßen.

Schnitte werden ausgeführt, um Details des Gegenstands zu zeigen, welche aus der Abbildung so nicht von außen erkennbar wären. Eine Variation des in Bild 5.13 dargestellten Kastens, die nur durch die Schnittdarstellung erklärbar ist, zeigt Bild 5.15. Hier ist im Boden des Kastens kein kleiner Durchbruch eingebracht, sondern ein Zapfen angesetzt (Bild 5.16).

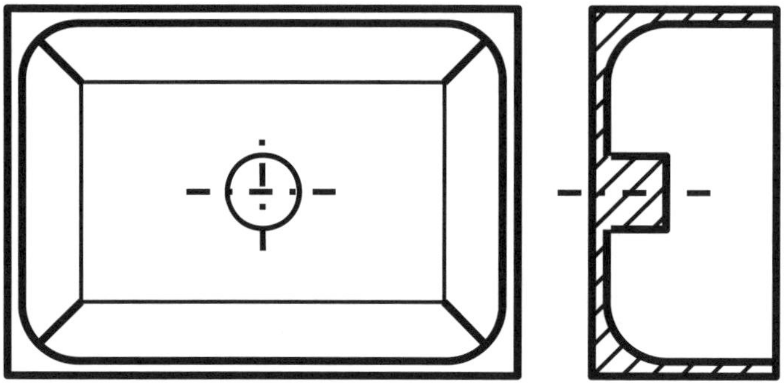

Bild 5.15 Schnittdarstellung zur Erklärung eines Konstruktionsdetails

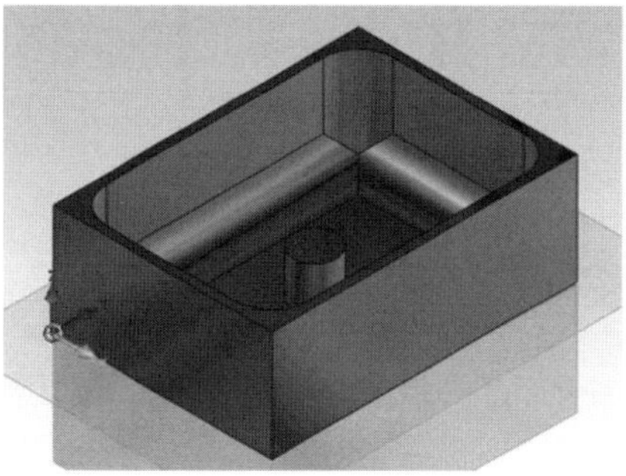

Bild 5.16 CAD-Modell des in Bild 5.15 dargestellten Körpers

Schnittdarstellungen können als Vollschnitt erfolgen. Hier wird für das gesamte Teil die Innenseite dargestellt (Bild 5.17 links). Bei Halbschnitten wird die eine Hälfte des Teils von außen, die andere Hälfte von innen gezeigt (Bild 5.17 Mitte).

Halbschnitte werden gern zur Darstellung von rotationssymmetrischen Drehteilen verwendet, die innen eine abgestufte Bohrung haben. In der Regel stellt die Mittellinie des Teils den Übergang zwischen äußerer und der Schnittdarstellung dar.

Schließlich gibt es noch die Darstellung des lokalen Aufbruchs, bei dem nur eine kleine Teilfläche aus der äußeren Darstellung entfernt wird (Bild 5.17 rechts).

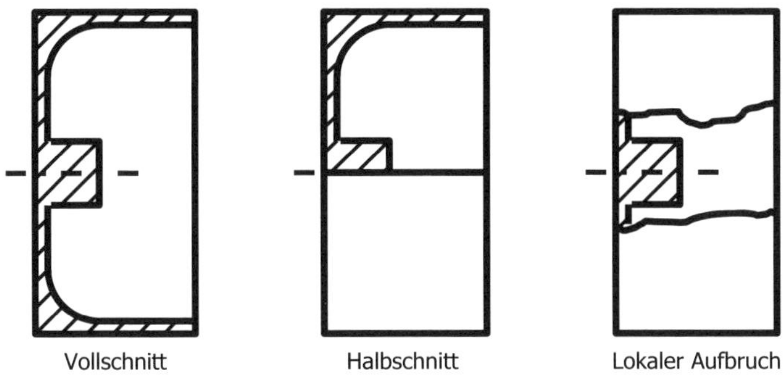

Bild 5.17 Arten von Schnittdarstellungen

5.2.3 Bemaßung zur Festlegung der Geometrie

Mit den Schnittdarstellungen wird die Gestalt eines Modells gezeigt. Weiterhin muss die Größe des Formteils definiert werden. Dazu versieht man die Darstellung mit Formteilmaßen. Die zeichnungstechnische Umsetzung erfolgt, indem die zu bemaßenden Körperkanten mit (Maß)Hilfslinien verlängert werden. Zwischen den beiden Maßhilfslinien wird eine Maßlinie gesetzt. Auf dieser erfolgt die Eintragung des Zahlenwerts für das Maß. Meist beschränkt man sich auf den Zahleneintrag ohne Einheit, dann sind stets Millimeter gemeint. Ende und Anfang der Maßlinie werden durch vollausgezeichnete Pfeile gekennzeichnet (Bild 5.18).

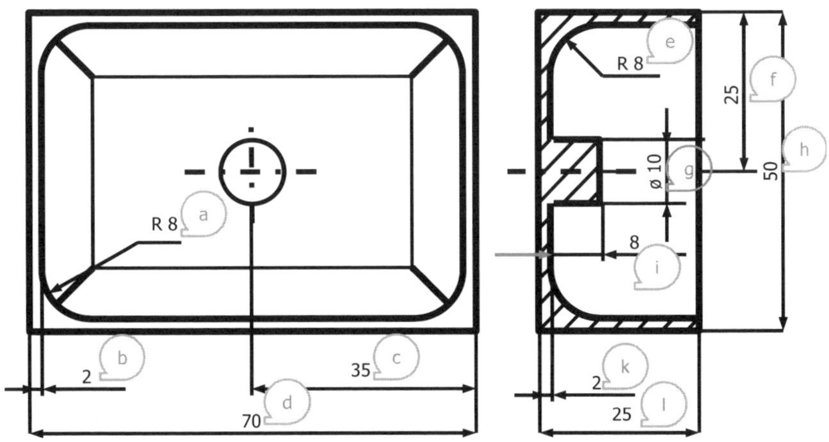

Bild 5.18 Bemaßung eines Formteils

Die Bemaßung kann zwischen zwei äußeren Körperkanten erfolgen (Maße d, g, h und l in Bild 5.18). Anstelle einer Körperkante kann ebenso auf eine Mittellinie hin vermaßt werden, die den Stich für eine Bohrung oder einen Zapfen vorgibt (Maße c und f in Bild 5.18). In Ausnahmefällen kann auf eine der Maßhilfslinien verzichtet werden und die Maßlinie direkt an eine Körperkante geführt werden (Maß i in Bild 5.18). Ist der Platz auf der Maßlinie nicht ausreichend, um die Maßzahl anzugeben, wird diese Hilfslinie über die Maßhilfslinien hinaus verlängert. Die Pfeile werden dann von außen angebracht. Die Maßzahl wird mittig auf die Maßlinie eingetragen (Maß g in Bild 5.18). Alternativ kann auch die Maßzahl seitlich auf einer verlängerten Maßlinie platziert werden (Maße b und k in Bild 5.18).

Bei einer kreisrunden Geometrie wird vor die Maßzahl das Zeichen für den Durchmesser gesetzt (Maß g in Bild 5.18). Die Kennzeichnung von Radien erfolgt, indem eine Maßlinie durch den Kreismittelpunkt an den Bogen herangeführt wird. Dies erfolgt vorzugsweise unter einem Winkel von 45° (Maß e in Bild 5.18), in Ausnahmefällen kann auch ein anderer Winkelbetrag verwendet werden (Maß a in Bild 5.18). Werden Radien umlaufend geführt oder später von ein und demselben Werkzeug gefertigt, kann ausnahmsweise eine Doppelbemaßung erfolgen (Maß e in Bild 5.20). Weiterhin besteht die Möglichkeit, den Radius nicht vom Kreisinneren aus zu bemaßen, sondern von außen (Bild 5.19, Maß R4).

Mit einer Darstellung und Bemaßung entsprechend Bild 5.18 sind Gestalt und Geometrie des Formteils definiert. In der Vergangenheit, etwa zu den Blütezeiten der industriellen Massenfertigung, hatte damit der Konstrukteur seine Aufgabe erledigt und die Fertigung musste zusehen, wie sie ein funktionstüchtiges Erzeugnis herstellen konnte.

Aufgrund der Komplexität unserer heute verwendeten technischen Teile lässt sich aus der Bemaßung keine Aussage zur Funktion des Teils ableiten.

Beim Konstruieren erfolgt der Aufbau der Bemaßung entsprechend der Funktion. Außerdem werden Fertigungsaspekte berücksichtigt.

Bezogen auf das Beispiel in Bild 5.18 wird davon ausgegangen, dass auf dem mittigen Zapfen ein Einbauteil aufgenommen wird, das hinreichend Platz im Kasten finden muss. Fertigungsaspekte werden insofern berücksichtigt, dass man die Ausarbeitung des Kastens mit einem zylindrischen Fräser vornimmt, der einen Außendurchmesser von 16 mm hat und welcher am Übergang von Deck und Seitenfläche mit einem Radius von 4 mm verrundet wurde (Bild 5.19).

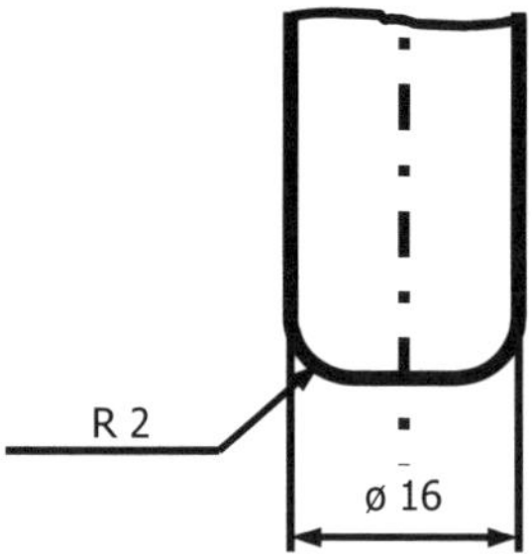

Bild 5.19 Fräsergeometrie zum Ausarbeiten für das in Bild 5.18 dargestellte Teils

Bei der Herstellung legt man einen massiven Block auf den Maschinentisch und fräst zunächst in einer runden Bahn den mittleren Zapfen frei. Danach zerspant man das Material nach außen hin, bis man den Innenraum des Kastens mit einer rechteckigen Spur des Fräskopfes exakt ausarbeitet. Damit bei der Programmierung der Fahrbewegungen Maße nicht erst über mehrere Rechenschritte ermittelt werden müssen, sondern direkt aus der Zeichnung abgelesen werden können, wurde die in Bild 5.18 gezeigte Bemaßung überarbeitet (Bild 5.20).

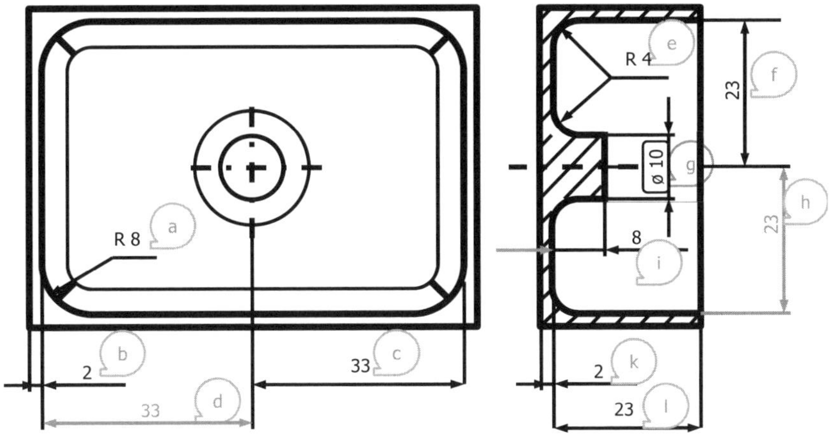

Bild 5.20 Fertigungs- und funktionsgerecht überarbeitete Bemaßung

Die Bemaßung wurde in Bild 5.20 ausgehend vom Mittelpunkt des Zapfens im Inneren des Kastens aufgebaut (Maße c und f in Bild 5.20). Da der Zapfen als Montagestelle verwendet wird, ist so sichergestellt, dass der zur Verfügung stehende Einbauraum definiert ist. Der Durchmesser des Zapfens (Maß g in Bild 5.20) ist funktionsentscheidend für die beabsichtigte Montage und wird so mit einer Umrandung als Funktionsmaß gekennzeichnet.

Aufgrund der ersichtlichen Symmetrie könnte auch auf die Maße d und h in Bild 5.20 verzichtet werden. Hier sind aufgrund des beabsichtigten Fertigungsprozesses keine nennenswerten Abweichungen zu erwarten. Mit Maß l ist in Bild 5.20 die Tiefe des Einbauraums vorgegeben und so der technologische Parameter für die Frästiefe festgelegt.

Der Radius im Grund des Kastens (Maß e in Bild 5.20) wurde reduziert, um mit dem in Bild 5.19 dargestellten Werkzeug auf einfachen Spuren die Teilegeometrie ausarbeiten zu können. Dagegen darf der mit Maß a in Bild 5.20 definierte Radius keinesfalls kleiner als 8 mm gewählt werden, um ohne Werkzeugwechsel auszukommen und allein mit dem in Bild 5.19 dargestellten Fräswerkzeug agieren zu können.

Auf die Festlegung einer äußeren Abmessung des Kastens wurde verzichtet, stattdessen sind für die Wanddicke die Maße b und k in Bild 5.20 angegeben. Wenn die äußeren Platzverhältnisse keinen Einschränkungen unterliegen, erscheint die Festlegung der Wanddicke sinnvoller zu sein, um eine Mindeststabilität sicherzustellen.

Der Vergleich von Bild 5.18 mit Bild 5.20 zeigt, dass ein und dieselbe Geometrie auf unterschiedliche Weisen definiert werden kann. Ein erfahrener Konstrukteur wählt die Maße so, dass primär die Funktionalität des Bauteils direkt und unmittelbar beschrieben wird und sekundär Fertigungsaspekte berücksichtigt werden. ■

Mit einer geschickt gewählten Bemaßung kann der Messaufwand zur Beurteilung der Qualität eines Bauteils deutlich vermindert werden. Beispielsweise muss, um die funktionswichtige Tiefe des Einbauraums zu ermitteln, mit der in Bild 5.18 gezeigten Variante die gesamte Höhe (Maß l in Bild 5.18) des Kastens gemessen werden. Anschließend muss man zur Bestimmung der Wanddicke (Maß k in Bild 5.18) spezielle Messgeräte verwenden oder den Kasten zerschneiden. Die Tiefe des Einbauraums bekommt man erst durch Subtraktion der Maße k und l aus Bild 5.18.

Viel weniger aufwendig ist die in Bild 5.20 vorgestellte Lösung. Hier muss zur Überprüfung der Funktion genau ein entscheidendes Maß (l in Bild 5.20) gemessen werden.

Geht man davon aus, dass die Herstellungsbedingungen der Teile identisch sind und überprüfte Fräsprogramme auf Datenträgern hinterlegt zur Verfügung stehen, sollte sich speziell auf die Überwachung des Funktionsmaßes g in Bild 5.20 beschränkt werden. Während des laufenden Prozesses zur Serienfertigung ist dies vollkommen ausreichend, um fortschreitende Maßabweichungen zu erkennen. Bei Serienanlauf wäre eine zusätzliche Überprüfung der inneren Abmessungen des Kastens (Maße c, f und l Bild 5.20) sinnvoll. Die anderen in Bild 5.20 bezeichneten Maße sind im Rahmen des Erstmusterprüfberichts zu erfassen und zu dokumentieren.

5.3 Entwürfe für konkrete Kastenmöbel

5.3.1 Vorgehensweise

Unsere Kästen zum Möbelbau sind dreidimensionale Gebilde, deren Größe durch Höhe, Breite und Tiefe bestimmt wird (Bild 5.21).

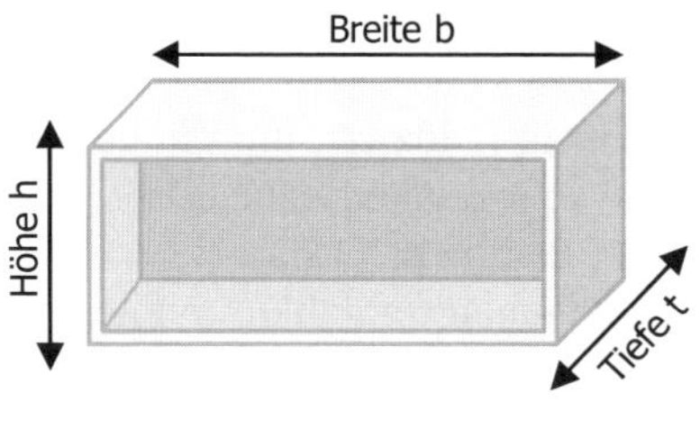

Bild 5.21 Höhe, Breite und Tiefe eines Kastens

Die Höhe ist immer in Richtung der Schwerkraft ausgerichtet. Die Tiefe geht immer von der Öffnung des Kastens aus, beim Cajón ersatzweise vom „Fell“.

Bild 5.1 zeigt, was unter Innen- und Außenmaßen zu verstehen ist.

Bei der Auslegung der Einzelteile zum Bau eines Kastenmöbels gibt es grundsätzlich zwei Methoden, die sich auf alle anderen Konstruktionsaufgaben übertragen lassen.

Bei der einen Methode erfolgt die Konstruktion **„von außen nach innen“**. Man wendet sie an, wenn ein bestimmter Einbauraum oder definierte Anknüpfungspunkte an benachbarte Baugruppen vorgegeben sind.

Die andere Methode baut die Konstruktion von **„innen nach außen“** auf. Sie wird genutzt, wenn die Funktion des Erzeugnisses im Vordergrund steht und die Platzverhältnisse dem angepasst werden können.

Werden diese Überlegungen auf das Kastenmöbel übertragen, erfolgt eine Konstruktion von außen nach innen, wenn die Außenmaße durch die Platzverhältnisse beim Einbau vorgegeben sind.

Eine Konstruktion von innen nach außen wird bei vorgegebenen Innenmaßen genutzt, beispielsweise bei Kästen zu Verpackungszwecken oder wenn definierte Gegenstände wie Aktenordner im Möbel gelagert werden sollen. Eine weitere Verwendungsmöglichkeit der Konstruktionsmethode ist die Nutzung von Vorzugsmaßen und die Minimierung des Verschnitts für die verwendeten Leimholzplatten.

5.3.2 Auslegung der Stapelmöbel

Bei den Stapelmöbeln gehen wir davon aus, dass in der Breite und in der Tiefe keine äußeren Einschränkungen bezüglich der Abmessungen vorhanden sind. In der Höhe kann man sich um eine optische Kante in Höhe des Türrahmens bemühen.

Obwohl optisch wenig auffällig, bestimmt die Tiefe eines Möbelstücks entscheidend die Menge der aufnehmbaren Gegenstände. Allerdings schwindet mit zunehmender Tiefe die Übersichtlichkeit, weil sich das gesuchte Objekt meist in der hinteren Ecke versteckt.

Für die Festlegung der Tiefe des geplanten Möbelstücks sind die in Tabelle 5.1 dargestellten Vorzugsmaße zu berücksichtigen. Dabei ist eine Tiefe von 20 cm oder 25 cm nur für Bücherregale zu empfehlen. Um ein Kippen zu vermeiden, müssen solche schmalen Regale zur ausreichenden Standsicherheit neben der Kraftableitung über die Füße immer an der Wand fixiert werden.

Zum Ablegen von Gegenständen ist eine Tiefe von 30 cm oder 40 cm zu bevorzugen. Da die Materialpreise für das Leimholz im Vergleich zur Wohnungsmiete immer noch gering sind, tendiert die Entscheidung vielleicht eher zu 40 cm tiefen Kästen.

Die Breite der Kästen bestimmt natürlich den Platzbedarf des Regals an der Wandfläche. Aus den Vorzugsmaßen nach Tabelle 5.1 kommt für die Breite des Stapelregals nur eine 80 cm lange Leimholzplatte in Frage. Die Kombinationsmöglichkeiten sind bei dieser Breite gut gegeben. Aus Gründen der Stabilität sollte die Breite aber nicht weiter vergrößert werden, da sich sonst die Böden unter der Belastung mit der Zeit durchbiegen.

Auch optisch würden breitere Elemente störend wirken, weil man im Wohnumfeld diesen Anblick kaum gewohnt ist und bei breiten Kästen eher ein Kellerregal assoziiert. Nutzt man ungeachtet dessen 120 cm breite Leimholzplatten als Böden, kommt es zu einer unansehnlichen Durchbiegung bei dem in Bild 5.2 gezeigten Aufbau. Eine solche Dimension wäre nur mit einer eingesetzten Rückwand aus Leimholz analog zu dem Brett mit dem Klangloch bei unserem Cajón (Bild 5.10) realisierbar.

Auch bei Regalen für Bücher sollte die Nutzung einer massiven und eingesetzten Rückwand überlegt werden, weil diese im Gegensatz zum aufgeschraubten Sperrholz auch Druckkräfte ableiten kann (Bild 5.5) und so die Durchbiegung reduziert.

Bei der Auslegung der Möbelstücke ist es durchaus möglich, sich alle Kästen mit gleicher Höhe zu wünschen (Bild 5.22 rechter Stapel).

Soll das Regal nicht an einer freien Wand stehen, sondern neben einer Tür, ist es optisch angenehm, wenn die Höhe der Türzarge für die Gesamthöhe des Stapelregals aufgenommen wird.

Dann hätte man eine äußere Bedingung, die für die Höhe der Kästen zu einer Konstruktion von außen nach innen zwingt. Alternativ kann man sich nur für einen der aufgestapelten Kästen dieser Restriktion unterwerfen, wenn man im Stapel lediglich einen Kasten mit Sondermaßen anfertigt und mit diesem den Ausgleich für die gewünschte Höhe erreicht (Bild 5.22 linker Stapel).

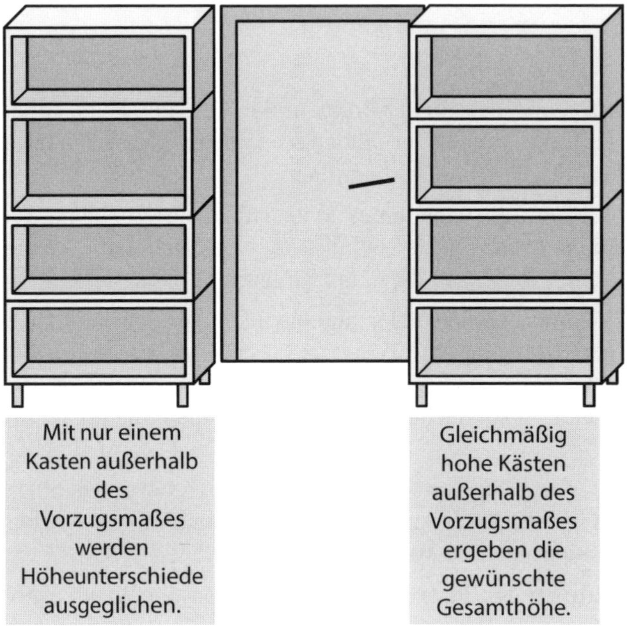

Bild 5.22 Möglichkeiten zur Umsetzung einer Höhenvorgabe bei Stapelmöbeln

Der Vorteil dieser Variante ist, dass man nach der Anfertigung der Kästen mit Vorzugsmaß den Stapel unvollendet aufbauen und das genaue Maß für den Ausgleichskasten am konkreten Objekt bestimmen kann. Mit etwas Glück fallen die Unterschiede zwischen den normalen und dem Ausgleichskasten mit dem Augenmaß kaum auf. Dabei spielt auch die perspektivische Verzerrung eine Rolle. Größere Höhen fallen weniger auf, wenn die Kästen ganz unten eingestapelt werden. Kästen mit geringeren Höhen sind im oberen Stapel weniger auffällig.

Andererseits können deutliche Unterschiede bei den Höhen der Kästen auch als Gestaltungselement eingesetzt werden (Bild 5.23). Wenn mehrere Kästen nebeneinander zu einer Wohnwand aufgestapelt werden, kann durch eine Unterbrechung der Waagerechten die Strenge der vollkommen symmetrischen Anordnung genommen werden.

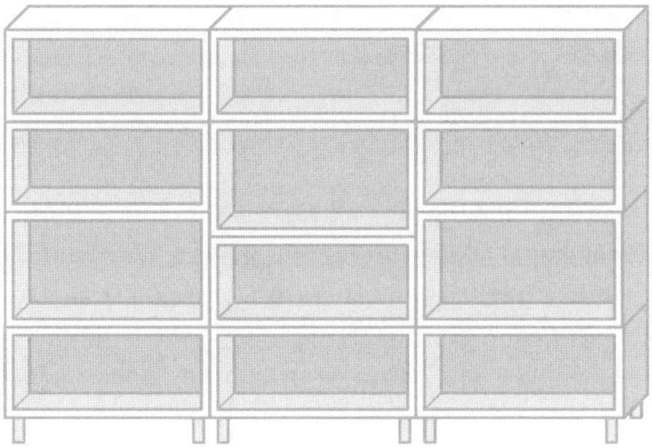

Bild 5.23 Anordnung der Ausgleichskästen

Bei der konkreten Auslegung eines Regalsystems aus Stapelkästen spielen immer Anfangs- und Randbedingungen eine Rolle, die nur selten übertragbar sind. Die hier angestellten Überlegungen gelten sicher nicht genau so für die Verhältnisse beim Leser. Daher sei vor einem blinden Nachbau der hier vorgestellten Lösung gewarnt. Damit viel Freude am eigenen Werk aufkommen kann, muss man das Gelernte auf seine individuellen Bedingungen vor Ort übertragen.

Zunächst soll ein Normkasten entworfen werden, der möglichst viele Vorzugsmaße nach Tabelle 5.1 nutzt.

Vorgegeben wird eine Tiefe von 40 cm. Die Tiefe der meisten kommerziellen Möbel bewegt sich zwischen 32 und 38 cm. In unserem Beispiel wird sich auf das Aufnahmevermögen der Möbel für Gegenstände fokussiert und somit die größte Breite (Tabelle 5.1) ausgewählt. Verwendet werden soll eine aufgesetzte Rückwand aus 4 mm dickem Sperrholz. Die Tiefe des Gesamtkastens ergibt so 40,4 cm.

Die beiden waagerechten Bretter des Kastens haben eine Länge von 80 cm. Um ein Verrutschen der Kästen untereinander zu vermeiden, werden sie als eingesetzte Böden verwendet, was bedeutet, dass die Länge der Böden das Innenmaß des Kastens darstellt. Aufgrund der Dicke der Leimholzplatte von 1,8 cm ergibt sich das Außenmaß und die Gesamtbreite des Kastens mit 83,6 cm.

Ohne äußere Bedingungen sollte die Höhe der Kästen in etwa der Tiefe entsprechen. So kann man die im hinteren Bereich des Kastens abgelegten Gegenstände noch erreichen. Da es für die Abmessung von etwa 40 cm kein Vorzugsmaß gibt, wird eine Höhe von 39,8 cm festgelegt. So kann man die beiden Seitenbretter verlustfrei aus einer Leimholzplatte von 80 × 40 cm sägen lassen, wenn man eine Sägeblattbreite von 4 mm berücksichtigt.

Tabelle 5.2 gibt eine Übersicht zu den Abmaßen der Kästen, die nach Vorzugsmaßen entworfen wurden.

Tabelle 5.2 Maße der Kästen mit Vorzugsmaßen

	Höhe	Breite	Tiefe
Außenmaß	39,8 cm	83,6 cm	40,4 cm
Innenmaß	36,2 cm	80 cm	40 cm

Der Türrahmen hat insgesamt eine Höhe von 205 cm. Im Beispiel wurde aus optischen Gründen vorgegeben, dass auch der Kistenstapel insgesamt diese Höhe erreichen soll.

Die Füße, auf denen der Kastenstapel ruhen soll, benötigen im Beispiel eine Höhe von 12 cm. Vier nach Vorzugsmaß gefertigte Kästen weisen so zusammen eine Höhe von 4 × 39,8 cm auf, also 159,2 cm. Bis zum Ende der Türzarge in 205 cm Höhe bleiben 33,8 cm als Außenmaß für die Höhe des Ausgleichskastens. Das würde einem Innenmaß von 30,2 cm entsprechen. Bei einer Tiefe von 40 cm ist das Entnehmen von einzelnen Gegenständen aus diesem Möbelstück vielleicht nicht ganz einfach. Für Nutzer, die ihre Habseligkeiten in Ordnungskästen verwahrt in die Möbel stellen werden, ist dies sicher kein ernstes Problem. Für alle übrigen Interessenten wollen wir aber gern eine Lösung anbieten.

Wenn für den Ausgleichskasten die notwendige Höhe zu gering ist, um eingestellte Gegenstände bei der Tiefe der anderen Stapelkästen mühelos zu erreichen, sollte man über eine Reduzierung seiner Tiefe nachdenken. Im Beispiel funktioniert dies sogar recht gut mit einem Vorzugsmaß von 30 cm. Dann können die Ausgleichskästen als letzte aufgestapelt werden und bilden so einen gediegenen Abschluss des Möbelstücks (Bild 5.24).

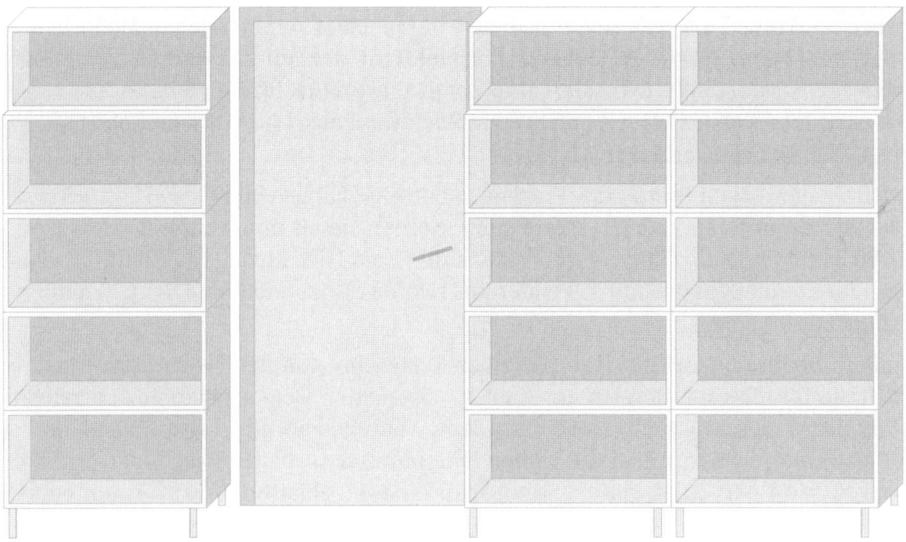

Bild 5.24 An die Höhe der Zimmertür angepasste Stapelkastenmöbel

5.3.3 Auslegung des Cajóns

Vorab wurde bereits angemerkt, dass bei der Dimensionierung des Cajóns keine akustischen Ansätze verfolgt werden können. Hier geht es um eine Kombination aus dem Spaß am Gestalten, der Nutzung als Notsitz und letztlich der rhythmisch unterstützten Stressbewältigung eines keineswegs musikalisch überdurchschnittlich ambitionierten Nutzers.

Bei der Auslegung des Cajóns wird zunächst der Ansatz für die Konstruktionsmethode von „innen nach außen" angewendet. Verwendet werden sollen ausschließlich Leimholzplatten mit einer Vorzugsbreite von 30 cm. Damit ist die Tiefe des Kastens bestimmt. Rechnet man die Wanddicke von 4 mm der als Fell dienenden Sperrholzplatte hinzu, ergibt sich für die Tiefe ein Außenmaß von 30,4 cm. Bei der Ermittlung des Innenmaßes muss die Wanddicke von 1,8 cm der eingesetzten Leimholzplatte mit dem Schallloch berücksichtigt werden, sodass sich ein Wert von 28,2 cm ergibt.

Die Breite ergibt sich im Innenmaß, wenn man das Vorzugsmaß von 30 cm auch auf den eingesetzten Resonanzboden mit dem ausgearbeiteten Schallloch (Bild 5.10) bezieht. Beim Außenmaß erhält man bei Berücksichtigung der Wanddicke beider Seitenbretter von jeweils 1,8 cm einen Wert von 33,6 cm.

Die grobe Festlegung der Höhe erfolgt nach biometrischen Gesichtspunkten. Für ein entspanntes Sitzen und vor allem ein müheloses Aufstehen sollte die Sitzfläche immer höher sein, als das Kniegelenk der Person. Im Gegensatz zu einem Bürostuhl, in welchem man lange Zeit sitzt, wird unser Möbelstück mehr oder weniger als Notsitz gebraucht, das man nur kurzzeitig nutzt und Hinsetzen und Aufstehen die vordergründige Funktion ist. So sollte die Sitzfläche etwa fünf bis zehn Zentimeter höher angelegt sein als bei einem gebräuchlichen Bürostuhl.

Eine zu tief angelegte Sitzfläche hat vor allem dann Nachteile, wenn beim Hinsetzen die Rollen unter dem Cajón so gut funktionieren, dass sich der Kasten vielleicht schneller bewegt als das Erreichen der Sitzfläche gelingt. Weil das Sitzen selbst nicht durch eine Rückenlehne unterstützt wird, muss der Oberkörper ausbalanciert werden. Die hoch angeordnete Sitzfläche unterstützt dies mit einem höher liegenden Körperschwerpunkt. Auch beim Aufstehen erfordert eine höher liegende Sitzfläche weniger Mühe als eine tief angesetzte.

Deshalb erscheint für das Cajon eine Höhe der Sitzfläche von etwa 55 cm gut geeignet, während man bei einem Bürostuhl die Höhe mit 45 bis 50 cm für optimal hält.

Neben der Sitzhöhe muss bei der Festlegung der Höhe berücksichtigt werden, dass die schwingende Sperrholzplatte, die als Trommelfell fungiert, zur guten Klangausbildung möglichst ein ganzzahliges Seitenverhältnis zeigen sollte. Hier bietet sich die Proportion drei zu vier an. Die frei schwingende Breite unseres Trommelfells entspricht dem Innenmaß für die Breite des Kastens und beträgt 30 cm. Damit ergibt sich für das Fell eine Höhe von 40 cm (von der inneren Kante des Kastens gemessen). Um eine ungestörte Entfaltung der Schwingung zu ermöglichen, wird zwischen Sperrholzplatte und oberem Boden ein Spalt von 5 mm vorgesehen, sodass sich für die Höhe ein Innenmaß des Kastens von 40,5 cm ergibt. Zuzüglich jeweils 1,8 cm für die Wanddicken des oberen und des unteren Bodens kommt man insgesamt für die Höhe des Kastens auf ein Außenmaß von 44,1 cm (Tabelle 5.3).

Bei der Sitzhöhe muss neben dem Außenmaß des Kastens auch die Höhe der untergeschraubten Rollen berücksichtigt werden, die je nach Ausführung unterschiedlich sein können und so eine Unbekannte darstellen. Wenn wir hier 10 cm annehmen, würde die Sitzhöhe unseres Cajons bei 54 cm liegen. Das entspricht den oben angestellten Überlegungen für eine ergonomische Gestaltung. Sollte aufgrund weniger hoch aufbauender Rollen oder wegen einer besonders ausgeprägten Körpergröße die endgültige Sitzhöhe für den Nutzer zu gering ausfallen, kann mit einem (oder gar zwei) zusätzlich aufgeschraubtem Bodenbrett die Sitzhöhe nachträglich mit einfachen Mitteln vergrößert werden.

Tabelle 5.3 Maße unseres Cajóns ohne untergeschraubte Rollen

	Höhe	Breite	Tiefe
Außenmaß	44,1 cm	33,6 cm	30,4 cm
Innenmaß	40,5 cm	30 cm	28,2 cm

Damit sich der Klang gut ausbilden kann, darf das Trommelfell nicht über die gesamte Höhe an den Seitenbrettern fixiert werden, sondern nur bis drei Viertel der Seitenhöhe.

5.3.4 Auslegung des Kastenregals

In einem Regal verwahrt man gern Akten, die sich im Laufe der Zeit ansammeln. Der Handel bietet zur ordentlichen Verwahrung Aktenordner an, die in unterschiedlichen Dicken 29 cm tief und 32 cm hoch sind. Zum Lagern dieser Ordner soll nun ein Regal in Kastenbauweise angefertigt werden.

Hier wird die Konstruktion bei der Festlegung der Abmaße des äußeren Kastens zunächst von außen nach innen geführt. Anschließend wird die Position der Zwischenböden nach dem Prinzip „von innen nach außen“ festgelegt.

Bei der Festlegung der Tiefe des Kastens wird die Abmessung der Aktenordner betrachtet. Bei einer Einschubtiefe von 29 cm für den einzelnen Ordner bietet sich das Vorzugsmaß von 30 cm für die Breite der Leinholzbretter an. Damit ist für die Tiefe des Kastens das Innenmaß festgelegt. Mit einer Materialstärke von 4 mm für die aufgesetzte Rückwand ergibt sich hier ein Außenmaß von 30,4 mm.

Bei der Festlegung der Breite für das Innenmaß des Kastens gilt eine Analogie zu den in Abschnitt 5.1.2 bei der Festlegung der Kastenbreite getroffenen Aussagen. Dort wurden 80 cm lange Leimholzbretter für die Einlegeböden entsprechend der in Tabelle 5.1 erwähnten Vorzugslängen favorisiert. Damit die äußeren Kastenböden und die Einlegeböden die gleiche Länge haben, werden die Seitenwände überlappend ausgeführt. So ergibt sich bei einer Materialstärke der Seitenbretter von 1,8 cm für die Breite des äußeren Kastens ein Außenmaß von 83,6 cm.

Auch bei der Festlegung der Höhe werden die in Tabelle 5.1 genannten Vorzugsmaße für Leimholz beachtet. Mit 80 cm langen Seitenbrettern würde das fertige Regal gerade die Höhe einer Küchenarbeitsplatte erreichen. Bei der Nutzung von 120 cm langen Leimholzplatten kann das Regal eine zusätzliche Etage voller eingestapelter Ordner aufnehmen und hat eine angenehme Brusthöhe, die auch das kurzzeitige Ablegen von Schriftstücken auf dem Möbel beim Sortieren erlaubt. Bei der Herstellung ist diese Dimension auch von einer Person allein noch gut beherrschbar. Diese Handhabung ist bei einem Regal mit zwei Meter hohen Seitenbrettern nicht mehr gegeben. Auch vermittelt ein solch hohes Regal im Zimmer den Eindruck einer gewissen Mächtigkeit und sollte nur in rein geschäftlich genutzten Räumen stehen. Weiterhin besteht bei zu hohen Regalen die Gefahr des Kippens, der unbedingt mit einer Fixierung des Möbelstücks an der Wand entgegen gewirkt werden muss.

Aus den angestellten Überlegungen folgt, dass Seitenbretter von 120 cm am besten für die geplante Nutzung geeignet sind. Da sie überlappend ausgeführt sind, ist ihr Längenmaß auf die Höhe des Außenmaßes des Kastens übertragbar. Aus der Wanddicke der Leimholzplatten für die oben und unten eingebundenen Böden folgt das Innenmaß der Höhe des Kastens mit 116,4 cm. Damit ist der äußere Kasten charakterisiert (Tabelle 5.4).

Tabelle 5.4 Maße des äußeren Kastens für unser Regal

	Höhe	Breite	Tiefe
Außenmaß	120 cm	83,6 cm	30,4 cm
Innenmaß	116,4 cm	80 cm	30 cm

Im Unterschied zum oben betrachteten Stapelmöbel wird nachfolgend der äußere Kasten durch Zwischenböden unterteilt. Es muss die Höhe festgelegt werden, bei welcher die Zwischenböden an der Seitenwand befestigt werden. Aufgrund der beabsichtigten Nutzung als Aktenschrank wird die Höhe aus der Abmessung eines Aktenordners abgeleitet, der stehend mindestens 32 cm Platz benötigt. Um ein einfaches Hineingeben und Herausnehmen zu ermöglichen, sollte die Höhe des sich beim Einsetzen des Zwischenbodens ergebenden inneren Kastens um etwa 2 cm größer als diejenige der Aktenordner gewählt werden.

Bei der Montage hat es sich gezeigt, dass die Zwischenböden sehr einfach positioniert werden können, wenn man an die Seitenbretter zwei Aktenordner senkrecht anlehnt. Eine reproduzierbare Höhe erhält man, wenn zwischen Aktenordner und Zwischenboden flach ein Stück Leimholzplatte als Distanzstück eingelegt wird, wofür sich praktischerweise der Boden für die nächste Etage eignet. So wird der Zwischenboden mit ganz einfachen Mitteln in einer Höhe von 33,8 cm Innenmaß positioniert (Bild 5.37). Nach Entnahme des Distanzstücks und der Aktenordner wird in gleicher Weise der zweite Zwischenboden eingefügt (Bild 5.25).

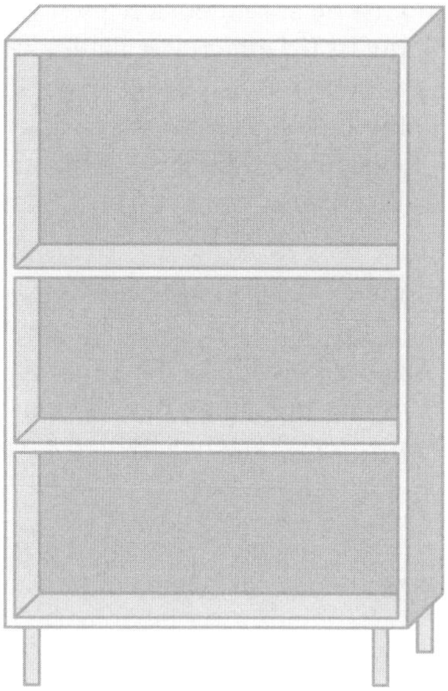

Bild 5.25 Zwischenböden im Kastenregal

Die unteren beiden inneren Kästen haben eine Höhe im Innenmaß von je 33,8 cm. Aus der Gesamthöhe im Außenmaß von 120 cm und der Wanddicke der insgesamt vier Böden von je 1,8 cm ergibt sich für den oberen inneren Kasten eine Höhe im Innenmaß von 45,2 cm. Bei der im Bild 5.25 gezeigten Variante würde über der oberen Aktenreihe noch mehr als 10 cm ungenutzter Raum verbleiben. Die einfachste, aber optisch wenig ansprechende Lösung wäre nun, drei Zwischenböden im gleichmäßigen Abstand anzuordnen.

Eine Alternative besteht darin, über der oberen Aktenreihe einen weiteren Boden einzufügen (Bild 5.26).

Bild 5.26 Zusätzlicher Boden für eine Ablage

Auf dem obersten Zwischenboden könnte man eingehende Schriftstücke ablegen, die dann von Zeit zu Zeit in die Akten einsortiert werden. Gut möglich ist es, den Boden mit einem Auszug wie bei einer Schublade zu versehen, um auch in einer geöffneten Akte direkt am Schrank blättern zu können.

Eine andere Möglichkeit der effektiven Raumnutzung besteht in einer Kombination des Aktenschranks mit einem Bücherregal. Dazu wird auf die Unterbringung einer Aktenreihe im Kistenregal verzichtet und im oberen inneren Kasten von Bild 5.25 ein zusätzlicher Boden eingefügt. So entstehen zwei Fächer für Akten und zwei für Bücher (Bild 5.27). Dazu sollte man für seine vorhandene Bibliothek die Höhen der Bücher ermitteln und mit den möglichen Innenmaßen der oben angeordneten inneren Kästen vergleichen.

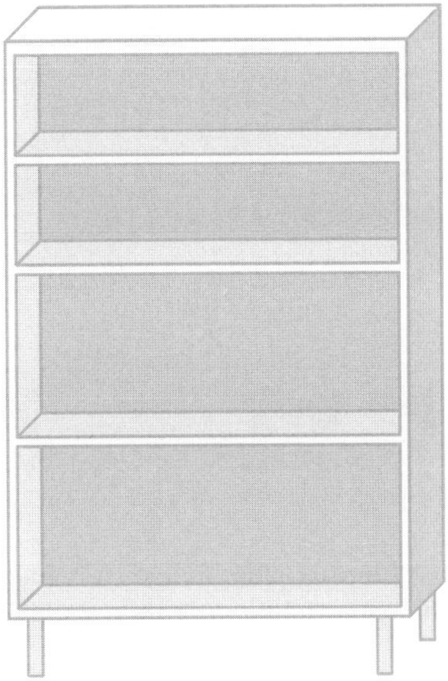

Bild 5.27 Kastenregal für Aktenordner und Bücher

Da Bücher für Holzmöbel eine nicht zu unterschätzende Belastung darstellen, muss bei einer erwünschten vollen Beladung des Regals überlegt werden, wie eine Durchbiegung der Böden vermindert werden kann. Wie beim Cajon kann man eine Leimholzplatte als Rückwand für die inneren Kästen einsetzen.

Die eingesetzte Platte wird mit den Seitenwänden und den Böden fest verschraubt. Das Werkzeug muss bei der Montage von außen angesetzt werden können. Deshalb können die Innenkästen nur alternierend mit einer solchen Verstärkung der Rückwand versehen werden (Bild 5.28).

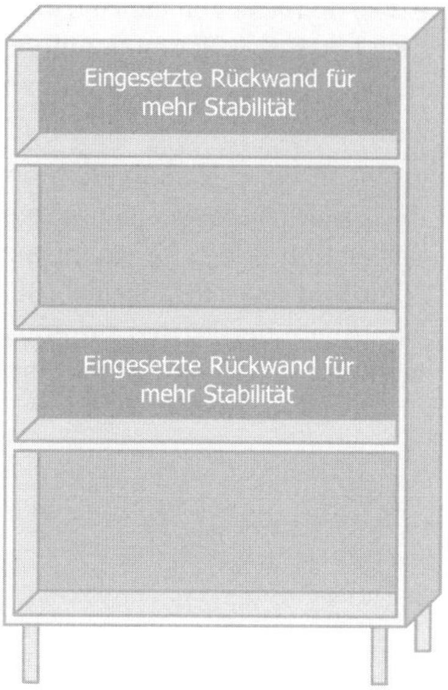

Bild 5.28 Verstärkungen an der Rückwand für mehr Stabilität des Regals

5.4 Stückliste – Übersicht über viele Einzelteile

Bei der Beschaffung der Einzelteile wird klar, dass es sich hier um jede Menge Holz handelt. Eine Möglichkeit, den Überblick zu behalten und die Teile richtig zuordnen zu können, bietet die Aufstellung und Arbeit mit einer Stückliste.

Eine **Stückliste** umfasst alle für die Anfertigung einer Baugruppe notwendigen Einzelteile und beschreibt sie in geeigneter Weise.

Für unsere Kastenmöbel umfasst die Stückliste alle Holzteile und die Montageelemente. Die Holzteile werden durch ihre Abmessungen Höhe, Breite, Dicke und die Art des Holzes beschrieben. Als Montagelemente sind Schrauben erforderlich, die durch die Art des Kopfes, dem äußeren Durchmesser des Gewindes und der Länge beschrieben werden. Weiterhin sind viele Möbelstücke mit Füßen und Beschlägen versehen, die ebenfalls aufgeführt werden müssen. Gegebenenfalls werden Montageelemente zur Wandbefestigung oder Holzteile, Scharniere und Schrauben für vorgesehene Türen aufgeführt. Gerade im Heimerkerbereich, aber auch beim gewerblichen Außendienst können auf einer Stückliste auch Verbrauchsmaterial wie Öl- und Schmierstoffe oder Medien zur Oberflächenbehandlung aufgeführt werden. Die Stücklisten zu den vorgestellten Möbelstücken werden in Tabelle 5.5, Tabelle 5.6 und Tabelle 5.7 dargestellt.

Tabelle 5.5 Stückliste des Cajóns

Bezeichnung	Länge (cm)	Breite (cm)	Dicke (cm)	Material	Anzahl
Boden	33,6	30	1,8	Leimholz Fichte	2
Seitenbrett	44,1	30	1,8	Leimholz Fichte	2
Resonanzwand	40,5	30	1,8	Leimholz Fichte	1
Trommelfell	41,8	33,6	0,4	Sperrholz Kiefer	1
Spanplattenschrauben		ø4 × 40			Diverse
Schrauben für Paneele		ø3 × 25			Diverse

Tabelle 5.6 Stückliste des Kastenregals entsprechend Bild 5.26

Bezeichnung	Länge (cm)	Breite (cm)	Dicke (cm)	Material	Anzahl
Boden	80	30	1,8	Leimholz Fichte	4
Boden für Auszug	77,5	30	1,8	Leimholz Fichte	1
Seitenbrett	120	30	1,8	Leimholz Fichte	2
Rückwand	120	83,6	0,4	Sperrholz Kiefer	1
Spanplattenschrauben		ø4 × 40			Diverse
Schrauben für Paneele		ø3 × 25			Diverse
Auszug für Schubkästen	30 cm tief, 20 cm Auszuglänge, 2 × 12,5 mm Aufbaumaß				1

Die Stücklisten der ersten beiden Projekte sind noch übersichtlich. Anders bei dem in Bild 5.24 dargestellten Stapelregal, bei dem mehrere Kästen miteinander kombiniert aufgestellt werden. Hier wird eine eingebettete Stückliste verwendet.

Tabelle 5.7 Stückliste für Stapelregal

		Länge (cm)	Breite (cm)	Dicke (cm)	Material	Anzahl	Stück
Kasten breit		39,8 hoch	83,6 breit	40,4 tief			9
	Seitenbrett	39,8	40	1,8	Leimholz Fichte	2	
	Boden	80	40	1,8	Leimholz Fichte	2	
	Rückwand				Sperrholz	1	

Tabelle 5.7 Stückliste für Stapelregal *(Fortsetzung)*

		Länge (cm)	Breite (cm)	Dicke (cm)	Material	Anzahl	Stück
Kasten schmal		33,8 hoch	83,6 breit	30,4 tief			3
	Seiten-brett	33,8	30	1,8	Leimholz Fichte	2	
	Boden	80	30	1,8	Leimholz Fichte	2	
	Rück-wand	33,8	83,6	0,4	Sperrholz	1	
Füße		12			Rundstahl		12
Spanplatten-schrauben			ø4 × 40				Divers
Paneel-schrauben			ø3 × 25				Divers

Mit der Stückliste sind die für die einzelnen Projekte benötigten Einzelteile vollständig aufgelistet. Das Rohmaterial kann nun besorgt werden.

Aus den Daten kann man zusätzlich noch das Gewicht der Lieferung überschlagen. Die Dichte von Nadelholz lässt sich mit 1,5 g/cm^3 annehmen und das Volumen aus den Abmessungen berechnen. Das kann von Hand erfolgen oder man benutzt eine Tabellenkalkulation, die schnelle Ergebnisse liefert und durch die Variation der Ausgangsgrößen auch eine Optimierung erlaubt.

Mit diesem Wert können die Füße der Möbelstücke dimensioniert und ein für das Gewicht geeignetes Transportmittel ausgewählt werden. Weiterhin lassen sich aus der Stückliste die Materialkosten bestimmen. Weil die Auslegung auf minimalen Verschnitt hin erfolgte, ist eine Ermittlung für die Stapelmöbel und das Kastenregal sehr einfach möglich, wenn man die Preise für das Leim- und Sperrholz kennt.

Beim Cajón ist es schwieriger. Hier kann man mit einem Schnittplan arbeiten, aus welchem die Ausarbeitung der einzelnen Teile aus den rohen Leimholzbrettern ersichtlich wird.

Tabelle 5.8 drückt aus, dass aus einer 80 cm langen Leimholzplatte ein 33,6 cm langes Brett (2. Zeile) geschnitten wird. Die Breite des verwendeten Sägeblatts von 4 mm wird zerspant. Von der verbleiben Länge wird ein 44,1 cm langes Stück abgeschnitten. Um die Länge des verbleibenden Reststücks zu ermitteln, muss auch hier wieder die Breite des Sägeblatts von 4 mm berücksichtigt werden.

Ergeben sich bei der Planung sehr große Werte für die Reststücke, sollte eine alternative Kombination zum Schneiden der unterschiedlichen Einzelteile gefunden werden. Kommen für verbleibende Reststücke negative Werte vor, dann wurde das Ausgangsbrett zu kurz gewählt. Auch hier muss die Kombination verändert werden. Mit einigem Geschick kann mit dieser Methode eine echte Optimierung des Materialverbrauchs erfolgen.

Für unser Beispiel können die Einzelteile des Cajóns aus je einem Leimholzbrett von 80 cm und 120 cm Länge geschnitten werden. Hinzu kommen das Sperrholz für die Rückwand, das nach Fläche berechnet wird, die Kleinteile und die Rollen.

Tabelle 5.8 Plan zum Sägen für die Teile des Cajóns

Brettlänge	Boden	Seitenbrett	Resonanzwand	Sägeblatt	Rest
80 cm	33,6				
				0,4	
		44,1			
				0,4	
					1,5
120 cm	33,6				
				0,4	
		44,1			
				0,4	
			40,5		
				0,4	
					1

5.5 Montage

Grundsätzlich gilt für die Montage von Stapelmöbeln eine Aussage, die für alle handwerklichen Arbeiten gelten sollte: Ordnung erleichtert die Arbeit.

Bevor die einzelnen Bretter zusammengeschraubt werden, muss ein sinnvoller Ort für die Montagearbeiten gefunden werden. Das Werken auf einem großen Arbeitstisch ist rückenschonender als die Arbeit auf dem Fußboden, dafür ist unten meist ausreichend Platz vorhanden. Unabhängig davon sollte die Arbeitsfläche möglichst eben und sauber sein. Vor allem Letzteres ist stets während der Ausführung der Arbeiten sicherzustellen. Grobe Schmutzpartikel bewirken, genauso wie eine unebene Arbeitsfläche, dass die exakte Ausrichtung der Einzelteile zueinander nicht mehr gegeben ist.

Vor allem muss darauf geachtet werden, dass keine metallischen Gegenstände unter die Holzplatten geraten. Werden Leimholzplatten bei der Montage auf achtlos liegen gebliebene Schrauben gelegt, ergibt sich ein Abdruck für die Ewigkeit. Diese Erinnerung kann dann nur mit frischem Holz beseitigt werden.

Vor der Montage werden die Einzelteile sortiert und an geeigneter Stelle in der Reihenfolge des späteren Zusammenbaus abgelegt. Schadhafte Stellen in der Holzstruktur wie Äste oder Harzflecke könne auf diese Weise später an einer unauffälligen Stelle des Möbels positioniert werden. Auch hier erleichtert die Stückliste das Arbeiten.

Vor dem Verschrauben müssen in die überlappenden Leimholzplatten Durchgangslöcher für die Schrauben eingebracht werden. In Tiefenrichtung sollte die Bohrung um das Zwei- bis Vierfache der Wanddicken vom Rand entfernt sitzen.

Häufig wählt man den dreifachen Wert als Kompromiss und kann so später bei der Montage das Brett noch in einer anderen Lage einbauen. Ebenso kann man die Bohrung an der offenen Seite des Kastens beim zweifachen Wert der Wandstärke setzen und an der Seite, an der die Rückwand aufgesetzt wird, beim Vierfachen. So wird die stabilisierende Rolle der Rückwand berücksichtigt. Sollte ein Schraubenkopf bei der Montage weggeschert werden, kann man den betreffenden Boden nach dem Umwenden noch nutzen.

Während in Tiefenrichtung die exakte Position der Bohrung weniger funktionsentscheidend ist, muss in Längsrichtung des Brettes sehr exakt gearbeitet werden. Die Bohrung für die Schraube muss exakt bei der Hälfte der Wanddicke des Bodens liegen und genau senkrecht eingebracht werden. Wird hier nicht sorgfältig gearbeitet, platzt beim Einschrauben Material am Boden weg und die Verbindung kann keine Last aufnehmen.

Allein mit einem Gliedermaßstab oder einem Maßband kann man hier nicht exakt genug arbeiten. Man sollte zumindest einen Winkel mit Anschlag benutzen (Bild 5.29 oben). Nach dem Anlegen des Messzeugs an der betreffenden Kante wird am exakten Skalenwert eine Markierung gesetzt. Bei einem Winkel mit einem verschiebbaren Schenkel kann man den gewünschten Abstand vom Rand einstellen (Bild 5.29 Mitte). Dabei muss die Breite des Markierungsinstruments berücksichtigt werden. Hier sollte ein gut gespitzter harter Bleistift in Zeichnungsqualität verwendet werden. Auch wenn sie dem Namen nach Eignung suggerieren, sind Zimmermannsbleistifte viel zu ungenau.

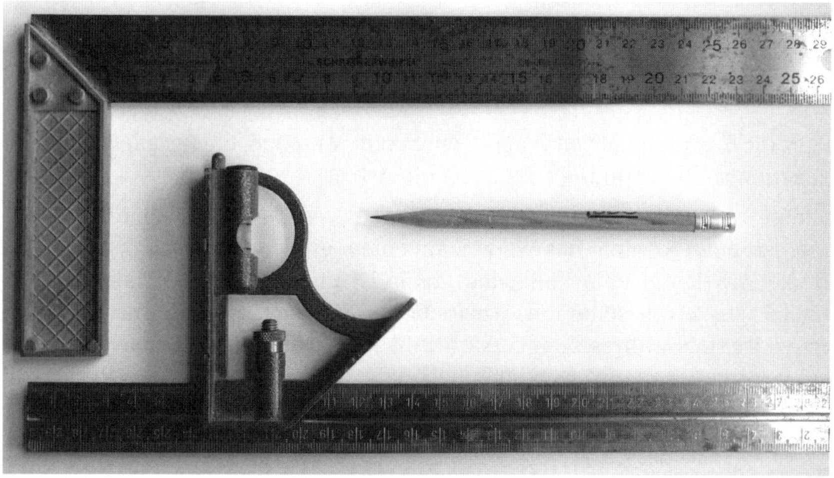

Bild 5.29 Messmittel zur Positionierung der Bohrung

Am besten testet man den eingestellten Ausschub des Winkelschenkels an der Stirnseite eines Leimholzbretts, indem man von beiden Seiten die Markierungen aufbringt. Liegen beide Linien übereinander, hat man die exakte Einstellung gefunden. So kann mit einem Anschlagwinkel mit verschiebbarem Schenkel die Markierung sehr zügig erfolgen, ohne dass für jede Bohrung Skalenwerte abgelesen werden müssen.

Noch schneller kann man Markierungen setzen, wenn man sich eine entsprechende Vorrichtung anfertigt. Bild 5.30 zeigt eine einfache Umsetzung, bei der an einer Grundplatte im rechten Winkel zueinander zwei Führungsleisten befestigt sind. Mit dem so gebildeten Winkelanschlag kann die Leimholzplatte exakt positioniert werden. An der oder den vorgesehenen Stellen wird in der Grundplatte unserer Lehre eine Bohrung eingebracht, durch die entweder direkt hindurch in die Leimholzplatte gebohrt werden kann oder ein Markierungsinstrument passgenau geführt wird.

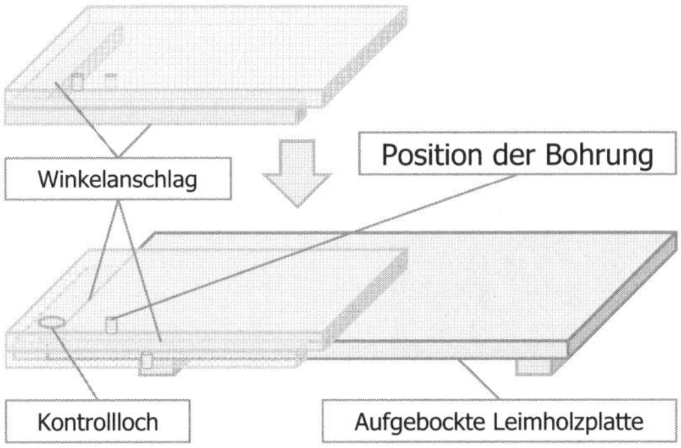

Bild 5.30 Lehre zur Positionierung der Bohrungen

Eine Grundplatte aus durchsichtigem Material wie PMMA-Kunststoff hat den Vorteil, dass die exakte Positionierung erkannt werden kann. Steht eine solche nicht zur Verfügung, kann alternativ die Grundplatte an einigen Stellen mit Kontrollbohrungen versehen werden, durch die man hindurchblicken kann, um sich von der exakten Lage des Werkstücks zu überzeugen.

Verwendet man Holzbohrer, erfolgt vor dem Einschalten der Maschine eine exakte Positionierung der Spitze des Bohrers an der Bleistiftmarkierung. Um dies zu erleichtern, kann man in das Holz an der Markierung eine Führung für den Bohrer mit einer Ahle oder einem Nagel eindrücken.

Beim Bohren selbst muss sich die Leimholzplatte auf einer festen Unterlage befinden. Weil Durchgangsbohrungen erforderlich sind, durchstößt der Bohrer die Platte. Aus dem Grund muss diese mit Leisten aufgebockt werden. Je nach Geschick und Wert der Unterlage sollte man unter Umständen unmittelbar unterhalb der Bohrung noch einen Schutz vorsehen. Wenn vorhanden, kann auch das Leimholz gut über einer Platte aus Dämmmaterial, wie beispielsweise expandiertem Polystyrol, gefahrlos gebohrt werden.

Das Vorbohren der dünnen Rückwände auf untergelegten Leisten ist weniger handlich als beim steifen Leimholz, weil das dünne Material in sich schwingt. Hier ist es angenehmer, auf einer dicken Platte aus Dämmmaterial zu arbeiten oder man durchlöchert das Sperrholz unmittelbar vor dem Verschrauben in der Montageposition auf dem Regal. Dabei setzt der Bohrer nach dem Durchstoßen der Rückwand eine Markierung an der Leimholzplatte, die dann die Schraube beim Ausarbeiten des Gegengewindes zentriert.

Die so vorbereiteten Werkstücke werden geordnet abgelegt, um Verwechslungen bei der Montage auszuschließen.

Schon beim ersten Versuch, Leimholzbretter zum Verschrauben in Position zu bringen, bemerkt man eine unangenehme Wirkung der Schwerkraft. Nur mit einer zweiten Person, die beim Schrauben für die exakte Positionierung sorgt, kann man ohne Spannvorrichtungen einigermaßen genau die Verbindung realisieren.

Ist eine Werkbank vorhanden, kann die erste Platte so eingespannt werden, dass die Verbindungsfläche nach oben zeigt und um eine Plattendicke über der Arbeitsfläche positioniert ist. Auf die Arbeitsfläche legt man ein Stück Leimholz als Höhenausgleich auf. Das zu verschraubende Brett wird mit exakter Positionierung auf der Verbindungsfläche mit Schrauben fixiert (Bild 5.31).

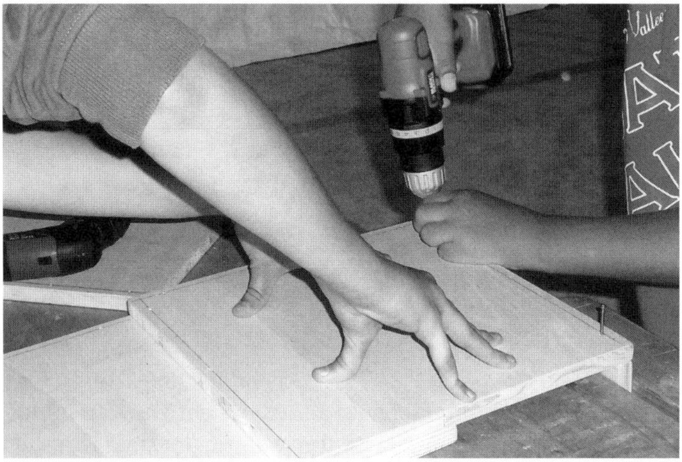

Bild 5.31 Verschraubung mithilfe einer Werkbank

Das Unterfüttern auf der Arbeitsfläche ist sinnvoll, weil ein eventuell zu tief eingespanntes Werkstück beim Verschrauben zwischen den Spannbacken herausgezogen werden würde. Ein solcher Kraftakt hinterlässt deutliche Spuren im Holz.

Allerdings kann die Verbindung der zweiten und dritten Platte meist nicht mehr mithilfe dieser Methode erfolgen, weil sich die beiden bereits verschraubten Platten nicht mehr einspannen lassen. Auch steht nicht jedem Heimwerker eine Werkbank zur Verfügung. Und selbst wenn, ist diese Methode nicht geeignet, um 1,20 m lange Leimholzplatten zu fixieren.

All diese Nachteile umgeht man mit der Anfertigung einer einfachen Montagevorrichtung. Diese kann schnell und einfach mithilfe von Restmaterial erfolgen. Der Aufwand lohnt sich auf alle Fälle, weil man sein Erzeugnis in einer viel besseren Qualität herstellen kann und gegenüber dem Zusammenbau ohne Hilfsmittel einiges an Nerven spart.

Für die Montagehilfe wird auf eine ebene Grundplatte eine rechtwinklige Platte aufgeschraubt. An die Schenkel der aufgeschraubten Platte werden Leimholzstücke in Dickenrichtung angelegt und mit einer der Länge nach angesetzten Leiste gegen die aufgeschraubte Platte gedrückt. So wird zwischen aufgeschraubter Platte und Leiste der Abstand auf die Dicke des Leimholzes eingestellt. Auch die Leisten werden an der Grundplatte fixiert (Bild 5.32 oben).

In die Montagehilfe werden dann die zu verschraubenden Leimholzplatten eingelegt, die so in ihrer Lage zum Verschrauben fixiert sind (Bild 5.32 unten).

Meist ist die Grundplatte der Montagehilfe kleiner als die Länge der Kastenbretter. Um ein Kippen aus der Vorrichtung zu vermeiden und einen einigermaßen stabilen Stand zu sichern, werden die Leimholzplatten am anderen Ende auf einem Holz zum Höhenausgleich abgestellt.

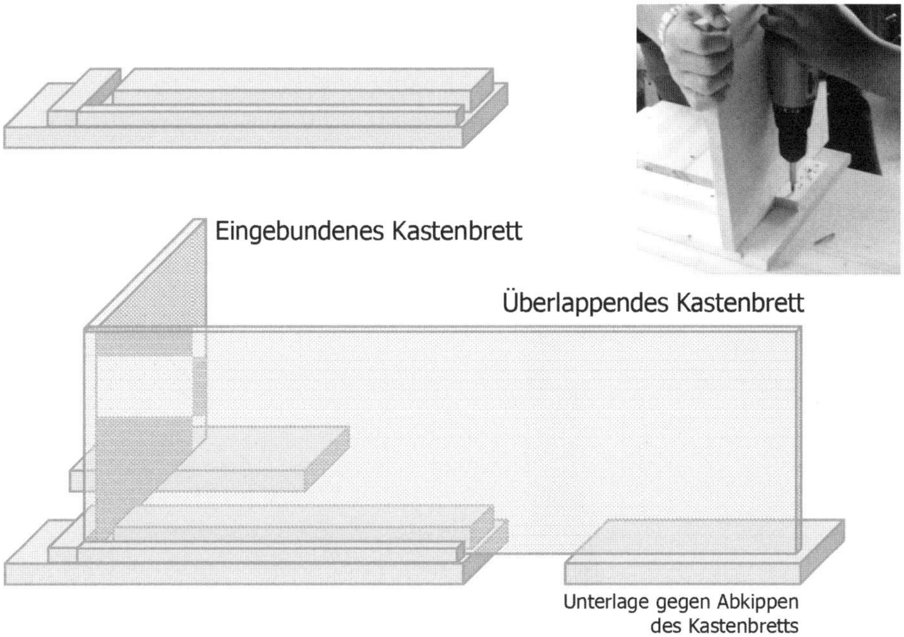

Bild 5.32 Montagehilfe zum Verschrauben von Leimholzplatten

Mithilfe dieser Vorrichtung kann man mit einer Hand die genaue Position der beiden zu verschraubenden Bretter zueinander sichern und mit der anderen Hand den Schrauber führen.

Vor der Verschraubung werden die Bohrungen mithilfe eines Senkwerkzeugs gefast, sodass der Schraubenkopf nach dem Verbindungsvorgang nicht übersteht (Bild 5.33).

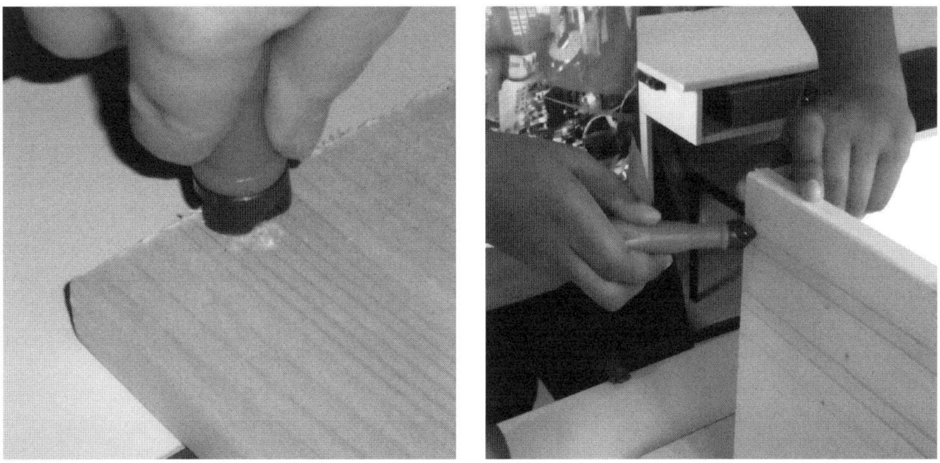

Bild 5.33 Fasen der Bohrungen mit einem Senker

Nach dem Verschrauben der ersten beiden Platten wird bei Schränken mit dünnwandiger Rückwand die Vorrichtung umgesetzt und das dritte Brett angefügt. Danach hat man ein einigermaßen stabiles Werkstück, das man aufrichten kann.

Beim Cajón wird alternativ zur aufgesetzten (Bild 5.6 oben) oder angesetzten (Bild 5.6 Mitte) Rückwand aus dünnem Sperrholz eine stabile Platte eingesetzt. Diese muss unbedingt nach diesem Fertigungsschritt an die ersten beiden montierten Seitenbretter angeschraubt werden (Bild 5.34). Gleiches gilt natürlich für eine eingesetzte Rückwand aus dünnem Sperrholz (Bild 5.6 unten), da eine nachträgliche Montage hier nicht möglich ist.

Bild 5.34 Vorgehen bei eingesetzter stabiler Platte als Rückwand

Bei der Verschraubung des dritten und des vierten Seitenbretts kann man nun die Platten auf der eingesetzten Rückwand abstützen und so in Ruhe die exakte Positionierung vornehmen.

Unabhängig von der Art der Rückwand (Bild 5.6) verzichtet man beim Fügen des vierten Seitenbrettes stets auf die Hilfe der Vorrichtung nach Bild 5.30. Weil die Bretter aus dem Naturstoff Holz immer etwas verwunden sind und auch die Verschraubungen nicht exakt rechtwinklig erfolgen, muss beim Anbringen des vierten Bretts ausgleichend korrigiert werden. Dazu wird das Werkstück so positioniert, dass die Montageflächen nach oben zeigen (Bild 5.35 links). Das zu montierende Brett wird aufgelegt, an der betreffenden Ecke ausgerichtet und genau dort mit der ersten Schraube fixiert (Bild 5.35 rechts).

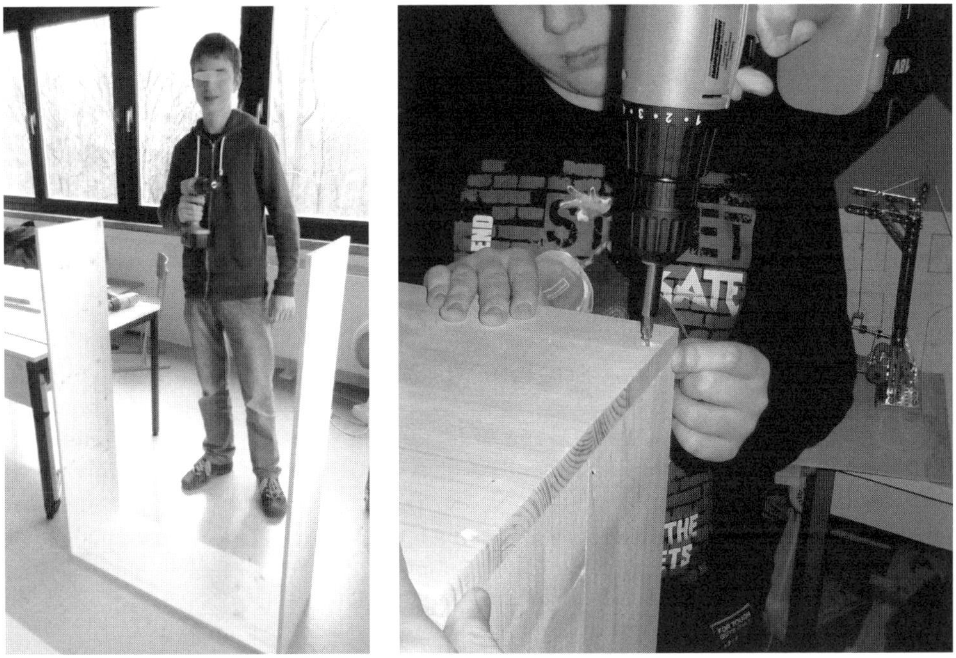

Bild 5.35 Einbringen des vierten Seitenbretts

Während bei der Fixierung der ersten Schraube die Platte locker aufliegt und kaum Kräfte aufgewandt werden müssen, sind bei den folgenden Befestigungspunkten Deformationen durch beherztes Eingreifen zu überwinden (Bild 5.36). Aufgrund der Fixierung mit der ersten Schraube lassen sich aber die Kräfte zur exakten Positionierung meist mit einer Hand aufbringen, sodass die andere das Werkzeug führen kann.

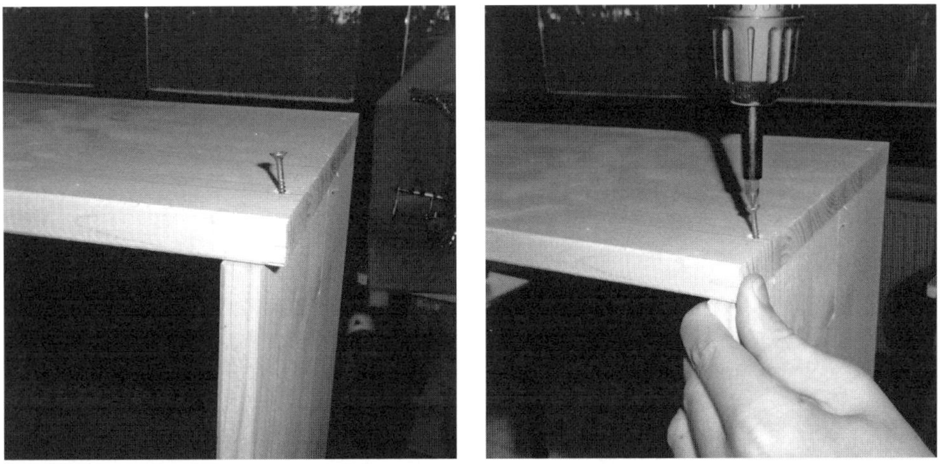

Bild 5.36 Montage der letzten Seitenplatte

Damit ist der äußere Kasten montiert. Auch wenn wie beim Kastenregal noch weitere Böden eingefügt werden, in jedem Fall wird zuerst der äußere Kasten fertiggestellt und anschließend die Böden eingearbeitet. Wenn man die einzelnen Böden etagenweise montieren würde und zum Schluss das äußere Kastenbrett einfügt, stellt man meist fest, dass aufgrund der stabil eingebauten Böden Verwindungen auch mit hohem Kraftaufwand nicht mehr ausgeglichen werden können.

Zuerst immer den äußeren Kasten fertigstellen und anschließend die Böden für die inneren Kästen einfügen! ■

Beim Einfügen der Böden gibt es grundsätzlich zwei Möglichkeiten: die liegende und die stehende Montage. Bei der stehenden Montage werden die Böden horizontal montiert. Eine freihändige Montage ist unangenehm, weil stets das Gewicht des Bodens ausgeglichen werden muss. Also bietet es sich an, das genaue Maß für die Höhe durch beidseitiges Nutzen von Unterlagen mit exakt auf die Montagehöhe abgestimmter Dicke sicherzustellen. Für Aktenfächer hat man eine schnelle Lösung parat, wenn man das Höhenmaß durch zwei auf einer Leimholzplatte stehende Ordner fixiert. Auf diese Montagehilfe senkt man den Boden ab und hat ihn in der gewünschten Position (Bild 5.37).

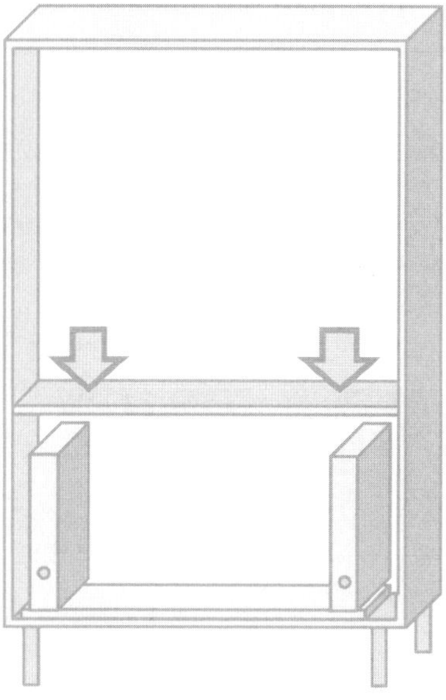

Bild 5.37 Positionierung der Zwischenböden für Aktenordner bei senkrechter Montage

Bei der liegenden Montage wird der Boden vertikal in den äußeren Kasten eingesetzt. Da das Gewicht des Bodens bei der Positionierung nun nicht mehr ausgeglichen werden muss, kann man in aller Ruhe das Zwischenbrett positionieren (Bild 5.38). So können eventuelle Verwindungen der einzufügenden Leimholzplatten durch entgegengesetzte Deformation der Platten während des Schraubens ausgeglichen werden.

Bild 5.38 Positionierung der Zwischenböden bei liegender Montage

Sind mehrere Zwischenbretter vorgesehen, bietet sich die liegende Montage an, weil sich so Fehler von der Montage unterer Böden nicht – wie bei der Stehenden – auf die darüber liegenden übertragen.

Zum Schluss bringt man die Rückwand an. Eine aufgesetzte Rückwand erfordert besondere Aufmerksamkeit bei der Montage. Nur in Ausnahmefällen sind die Kästen ganz genau rechtwinklig. Bei der Montage der Rückwand muss diese Abweichung ausgeglichen werden. Dazu wird zunächst das Sperrholz nur an einem Seitenbrett befestigt (Bild 5.39).

Bild 5.39 Montage der Rückwand

Anschließend erfolgt die Korrektur der Winkelabweichung durch eine entgegengesetzte Deformation.

Damit aus dem Kasten ein Möbelstück wird, werden Möbelfüße darunter geschraubt. Diese gibt es in quadratischer und in runder Ausführung. Beide bestehen aus einem Grundkörper aus Metallblech, einem Kunststoffeinsatz und einem aus- und einschraubbaren Höhenausgleich (Bild 5.40). Bei einigen Ausführungen ist die Auflagefläche des Höhenausgleichs drehbar gelagert, sodass Unebenheiten der Standfläche ausgeglichen werden können (Bild 5.40 links).

Bild 5.40 Füße für selbst angefertigte Möbel

Gewarnt werden muss vor der quadratischen Ausführung (Bild 5.40 rechts). Weil keine Angaben zu möglichen oder maximalen Belastungen für preiswerte Standfüße zugänglich sind, bleibt die Verantwortung beim Nutzer.

Werden mehrere Kästen übereinandergestapelt, kommt ein beachtliches Gewicht zusammen, das über die Füße in den Fußboden abgeleitet werden muss. Das Unangenehme ist bei der quadratischen Ausführung, dass die Kunststoffeinsätze nicht sofort bei einem Belastungstest versagen, sondern erst nach Wochen oder Monaten der Dauerbelastung. In der Praxis bedeutet dies, dass die Möbel plötzlich in große Schieflage kommen und unter Umständen beim Kippen der Kästen Personen zu Schaden kommen.

Bei der runden Ausführung wurde ein solches Versagen bisher nicht beobachtet. Eine Erklärung für dieses geometrieabhängige Versagen besteht in der ungleichmäßigen Spannungsverteilung im quadratischen Querschnitt. Die Spannungsspitzen führen zu allmählich wandernden Rissen in den Kunststoffeinsätzen, die beim Erreichen einer kritischen Ausdehnung zu dem beschriebenen Versagen führen.

Im runden Fuß werden Spannungen gleichmäßig verteilt, sodass keine mächtigen Spannungsspitzen auftreten.

Bei der Auswahl der Füße für die Möbel gilt Funktionalität vor Gefallen. Runde Querschnitte sind gut geeignet, rechteckige Ausführungen müssen gemieden werden! ■

Mit dem selbst angefertigten Möbelstück hat man sich ein Unikat geschaffen, das hohen Ansprüchen standhält. Bei der Planung kann man seine Kreativität ausleben, bei der Herstellung sein handwerkliches Geschick entdecken oder ausleben, und schließlich bei der Anwendung lange den hohen Nutzen des individuellen Erzeugnisses genießen (Bild 5.41).

Bild 5.41 Spaß mit dem Cajón

5.6 Zur Oberflächenbehandlung

Leimholz hat unbehandelt eine noch recht raue Oberfläche. Je nachdem, wie beliebt beim Nutzer das Staubwischen ist, stellt das einen Fluch oder einen Segen dar.

Da Möbel meist im geschlossenen Räumen verwendet werden, sind sie nicht unmittelbar der harten UV-Strahlung und dem Regen ausgesetzt. Ein Vergrauen des Holzes, wie man es beispielsweise von Gartengeräten kennt, ist also nicht zu befürchten. Daher ist ein Verzicht auf die Oberflächenbehandlung nicht mit einem Verlust der Möbel gleichzusetzen.

Wenn eine Oberflächenbehandlung erwünscht ist, sollten die einzelnen Leimholzplatten vor der Montage behandelt werden. Sie werden flach ausgelegt und können so mit dem Farbmittel oder dem Oberflächenschutz behandelt werden, ohne dass man gegen die Schwerkraft mit ablaufenden Nasen kämpfen muss. Trägt man farblosen Lack auf, werden Rauigkeiten an der Oberfläche des Leimholzes umschlossen. Nach dem Aushärten des Lacks kann man die Flächen schleifen und erhält so glatte Oberflächen, die sich beim Berühren sehr behaglich anfassen. Für die Schleifarbeiten sind Heimwerkermaschinen wie Schwing- oder Exzenterschleifer geeignet. Glättet man ohne maschinelle Unterstützung, sollte man Haltevorrichtungen für das Schleifpapier verwenden oder beim Arbeiten den Bogen um einen planen Holzklotz wickeln. Ohne die Verwendung solcher Hilfsmittel wird nur dort Material abgetragen, wo das Schleifpapier auf das Werkstück gedrückt wird. Wenig Geübte neigen dazu, auf einer sich stets wiederholenden Bahn zu schleifen. So entsteht eine wellige Oberfläche, weil nur direkt unter den Fingern die Lackschicht abgetragen wird.

Bei zusammengebauten Schränken ist das Schleifen nur an den Außenflächen ansatzlos möglich. Lackarbeiten sollten deshalb immer vor der Montage ausgeführt werden. Lasuren und Imprägnierungen, die nach dem Auftragen nicht verschliffen werden müssen, können noch vorgenommen werden, wenn die Kästen bereits montiert wurden.

6 Alles muss zusammenpassen – Eine Kegelbahn für jeden Ort

6.1 Grundidee

Auf dem ersten Blick scheint es im Zeitalter von Smartphones und Tablett-PCs nicht sonderlich modern zu sein, Großspiele für das Freiland entwerfen zu wollen. Aber wie von der Mode her bekannt, wiederholen sich bestimmte Trends immer mal wieder und werden nach der Wiederentdeckung gern angenommen. In diesem Sinn soll hier eine neue Idee für ein Gesellschaftsspiel entwickelt werden, mit dem an einem warmen Sommerabend eine Gruppe junger und junggebliebener Menschen Spaß bei Bewegung an frischer Luft erleben kann.

Die Grundidee ist, ein transportables Kegelspiel zu bauen, das man auf der Terrasse vorm Haus oder im Garten aufbauen, benutzen und nach Gebrauch zum Einlagern wieder verpacken kann. Hierbei kommt eine Anforderung auf uns zu, die in der Technik immer mehr Bedeutung gewinnt, wir aber bisher noch nicht weiter betrachtet haben: Das Erzeugnis sollte möglichst wenig Gewicht haben!

> Bei Erzeugnissen, für die eine Einsparung von Gewicht wichtig ist, werden Prinzipien des Leichtbaus angewendet. Damit aus ökonomischen Gründen oder um bestimmte Rohstoffressourcen zu schonen Gewicht eingespart werden kann, müssen die geforderten und gewünschten Funktionen mit minimalem Materialeinsatz erfüllt werden. ■

Die funktionale Analyse einer solchen transportablen Kegelbahn für den Außenbereich beginnt mit der Abschätzung der Proportionen. Grundsätzlich soll eine Bahn für den Lauf der Kugel realisiert werden. Diese muss natürlich gleichmäßig rollen und darf nicht bei dem unregelmäßigen Untergrund der Terrasse unberechenbar über die Fugen der Betonplatten oder Fliesen springen. Kugel und Kegel werden gegenüber dem bekannten Bowling oder Kegeln verkleinert, sodass auch mit einer verminderten und terrassentauglichen Lauflänge agiert werden kann. Als Bahnlänge wird zunächst eine Größenordnung von vier Metern angenommen. Bei der Festlegung dieser Proportion sollte die Abmessung der Terrasse zugrunde gelegt werden.

Weil die Bahn transportabel sein soll, muss überlegt werden, welche Proportion dieses Funktionselement erfordert. Zum Lagern ist eine Länge von maximal 2,20 m möglich, damit die spätere Bahn einigermaßen platzsparend aufrecht an einer Wand im Keller oder im

Schuppen des Gartenhäuschens abgestellt werden kann. Für den Transport im PKW ist dies aber immer noch zu lang. Hierzu sollte die Länge nicht über 1,80 m betragen, um mit einem Kombi der Mittelklasse eine Mitnahme im Innenraum zu ermöglichen.

Nun besteht die Aufgabe, unser Erzeugnis mit einer gewünschten Bahnlänge von etwa vier Metern in ein nur 1,80 m langes transportables Paket zu verwandeln. Das Problem wird gelöst, indem durch Zusammenklappen eine Veränderung der Geometrie erfolgt.

Für die Kegel, die später im Spiel gefällt werden sollen, kann man gut zugängliche Gegenstände adaptieren. Hier scheinen Plastikflaschen aufgrund ihrer Form und wegen ihrer guten Verfügbarkeit bestens geeignet. Für die hier angestrebten Proportionen sind Flaschen für ein Volumen von 0,5, vielleicht auch von 0,75 l zu bevorzugen. Wichtig ist, dass alle verwendeten „Kegel“ durch Flaschen der gleichen Gestalt dargestellt werden.

Die genaue Positionierung unserer „Kegel“ und die Mühe des Aufstellens nach jedem Wurf sind unangenehme Begleiterscheinungen, denen gern ausgewichen wird. Dieses Problem wird auf scheinbar einfache Art und Weise gelöst, indem die Flaschen an Fäden geführt werden. Dazu werden sie am Boden durchbohrt. Durch die Standfläche hindurch wird dann ein Faden eingebracht, über den Kräfte in den Bodenbereich der Flasche eingeleitet werden können. Führt man den Faden durch die Bahn hindurch und zieht daran, richtet sich die Flasche auf und nimmt einen definierten Standort auf der Bahn ein. So kann das lästige Aufstellen der „Kegel“ elegant vermieden werden.

Als Kugel für das Kegelspiel haben Tennisbälle eine passende Proportion. Eine ähnliche Größe haben auch viele Bälle zum Apporttraining für Hunde.

Damit alles gut zu transportieren ist und günstig eingelagert werden kann, soll ein kompakter und einfacher Zusammenbau des Spielgeräts sichergestellt werden. Wünschenswert ist im zusammengebauten Zustand eine Kastenform, in der alle für das Gerät benötigten Utensilien verstaut werden können. Wir kennen eine solche Anordnung von manchen Tapeziertischen, aber auch von Schach- oder Backgammonspielen her, bei denen die Spielfiguren zwischen zwei kastenförmige Hälften verschwinden, die zusammengeklappt werden. Dieser Quader ist kompakt und gut zu handhaben, auf der Oberfläche der Kästen ist die Spielfläche markiert, im Inneren findet sich ausreichend Platz für die zum Spiel gehörenden Figuren und andere Kleinigkeiten.

■ 6.2 Technische Umsetzung

Wegen der Forderung nach geringem Gewicht scheidet eine Bauweise aus Massivholzplatten aus, wie sie im Abschnitt 5 zur Herstellung von Regalen angewendet wurde. Mit der Verwendung von dünnen Sperrholzplatten kann man der Forderung nach geringem Gewicht entsprechen. Allerdings sind diese für die gewünschte Anwendung viel zu flexibel. Mit am Rand der Platten untergeschraubten Leisten wird eine Mischbauweise realisiert (Bild 6.1), die hinreichend geringes Gewicht und ausreichend Stabilität gewährleistet.

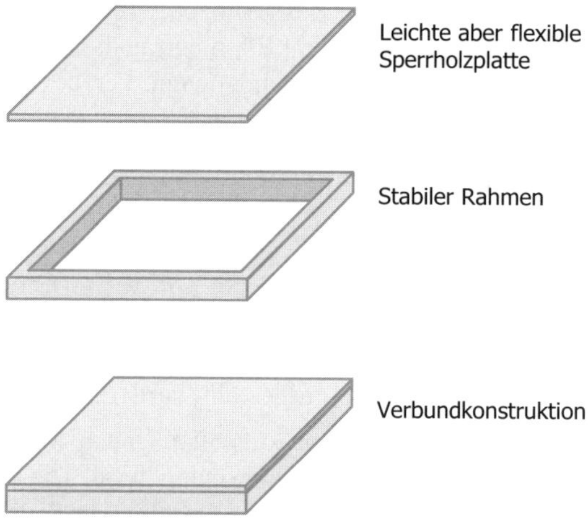

Bild 6.1 Leichtgewichtige und stabile Mischbauweise aus Sperrholz und Rahmen

Bei der Ausführung des Rahmens kann im Wesentlichen auf zwei Möglichkeiten zurückgegriffen werden. So kann man Rahmenleisten überlappen lassen (Bild 6.2 oben). Dagegen werden beispielsweise bei Bilderrahmen die Rahmenleisten mit einer 45°-Gehrung geschnitten und zusammengesetzt (Bild 6.2 unten).

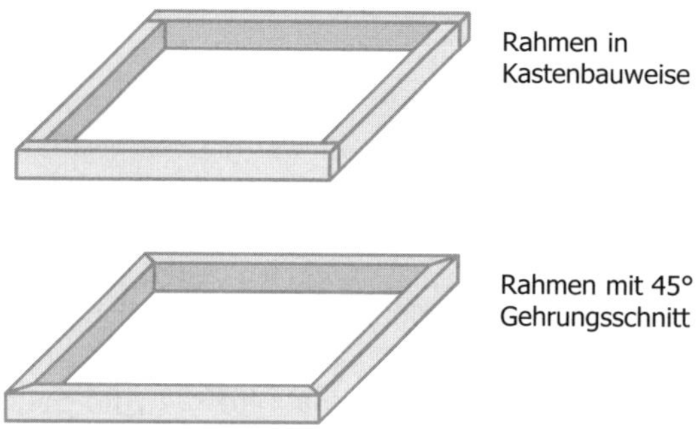

Bild 6.2 Möglichkeiten des Zusammenfügens eines Rahmens

Die Rahmengestaltung mit Gehrung ist zweifellos optisch gefälliger. Dieser Anspruch kommt aber in unserem Fall nicht zur Wirkung, weil der Rahmen unter der Sperrholzplatte nicht unmittelbar sichtbar ist. Dagegen hat die überlappende Ausführung neben der einfacheren Herstellung den Vorteil, dass im Inneren noch weitere Leisten eingezogen werden können und so die Verstärkung dem jeweiligen Belastungszustand angepasst werden kann (Bild 6.3).

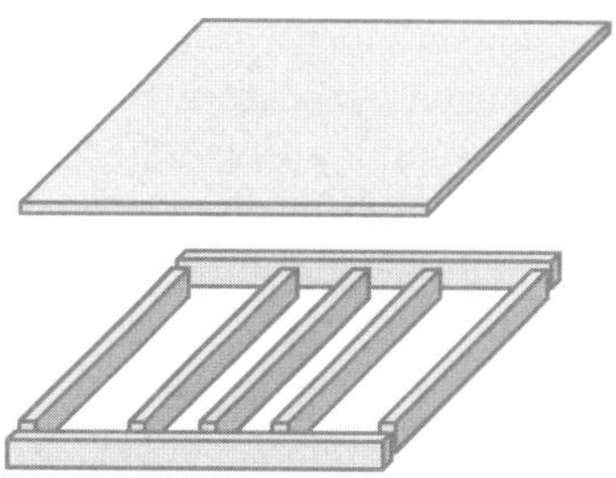

Bild 6.3 Belastungsgerecht angeordnete Verstärkungsleisten

Die Klappfunktion kann mithilfe von handelsüblichen Bauteilen realisiert werden. Neben unterschiedlichen Scharnieren können auch Scharnierbänder, sogenannte Klavierleisten, gekürzt und verwendet werden. So kann die Bahn durch das Zusammenklappen von zwei Schalen einfach in einen transportfähigen Zustand versetzt werden (Bild 6.4).

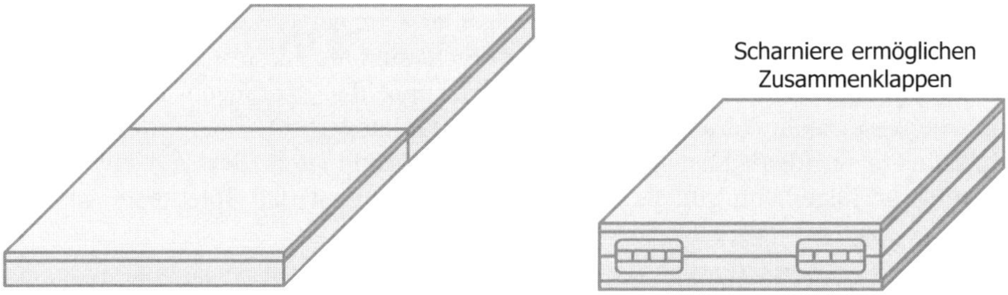

Bild 6.4 Scharniere zum Zusammenklappen der Bahn

Die Sperrholzplatten werden an bestimmten Positionen gebohrt, um die „Kegel" zu positionieren. Durch diese Bohrungen wird eine Leine geführt, die an den als Kegel dienenden Kunststoffflaschen zentrisch im Bodenbereich fixiert wird. Beim Straffen der Schnur werden die Flaschen damit stets auf den Boden gestellt (Bild 6.5). Wegen der gewählten Rahmenkonstruktion haben die Schnüre unter der Platte auseichend Raum zum Entspannen, sodass dem Erfolgserlebnis beim Treffen und Fallen der „Kegel" nichts im Wege steht.

Bild 6.5 Flaschenaufstellung mit einer Schnur

Zum Transport werden die Schnüre vollständig herausgezogen und die Flaschen in den Raum zwischen den beiden Platten verbracht. So ist die Bahn ähnlich wie ein Tapeziertisch handhabbar.

6.3 Passungen und Toleranzen

6.3.1 Einführung

Auch beim Heimwerken kommt man mitunter an den Punkt, dass die Einzelteile nicht genau zusammenpassen. Und das, obwohl die Maße aller Teile genau berechnet wurden und bei der Herstellung keine Fehler unterliefen. Erst recht sind die Passungen unter industriellen Bedingungen für die einzelnen Verbindungen und die Toleranzen der Einzelteile nicht nur die wesentliche Voraussetzung für eine qualitätsgerechte Produktion, sondern auch ein schwergewichtiger Kostenfaktor. Aus diesem Grund ist es nicht nur für die Herstellung unserer Kegelbahn von Bedeutung, über Passungen und Toleranzen nachzudenken.

Viel diskutiert wird das Thema für eine Paarung Welle-Buchse. Weil es sich hier um runde Teile handelt, ist jedes Einzelteil dieses Systems mit einem (Durchmesser)Maß definierbar. Die bei der Montage und der Demontage auftretenden Kräfte werden durch das Verhältnis zwischen dem Durchmesser der Buchse und dem der Welle bestimmt. Möglich ist ein Spalt zwischen beiden Bauteilen (Bild 6.6 Mitte), ebenso wie eine Überdeckung beider Einzelteile (Bild 6.6 links).

Während bei einem Spalt zwischen den Montagepartnern die Teile problemlos gefügt werden können, müssen bei einer Überdeckung große Fügekräfte aufgewendet werden, um die erforderlichen Dehnungen zu realisieren. Extreme Kräfte beim Zusammenbau kann man vermeiden, wenn eine heiße Buchse auf eine kalte Welle geschrumpft wird. Durch die thermische Ausdehnung vergrößert sich der Durchmesser der Buchse mit zunehmender Erwärmung (Bild 6.6 Mitte). Wenn eine bestimmte Temperatur erreicht wurde, kann die Montage ohne großen Kraftaufwand erfolgen. Nach der Montage kühlt die Buchse aus. Wenn beide Teile Raumtemperatur aufweisen, ist die Buchse auf die Welle aufgeschrumpft (Bild 6.6 rechts) und die Kräfte zur Demontage sind unüberwindbar groß. Damit ist eine dauerhaft haltbare Verbindung der Teile sichergestellt.

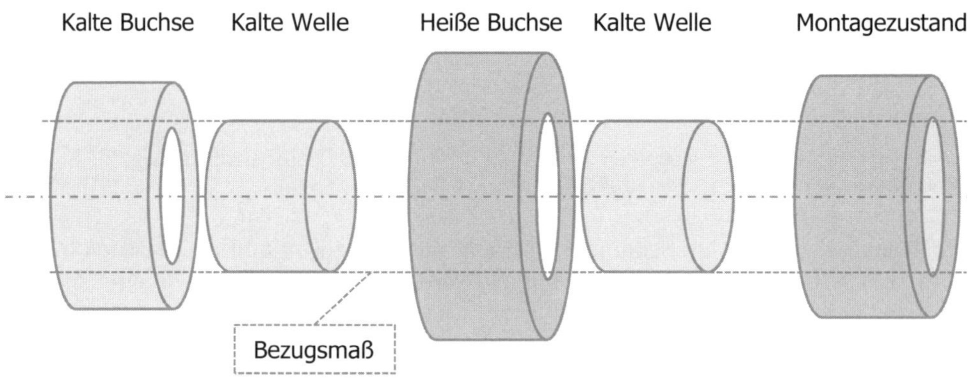

Bild 6.6 Aufschrumpfen einer Welle

Der Konstrukteur muss die erforderliche Passung ermitteln oder festlegen und auf die Einzelteile die entsprechenden Toleranzen aufteilen. In der Zeichnung werden die Toleranzen rechts neben dem Maß angetragen. Plustoleranzen erlauben ein größeres Maß, Minustoleranzen verlangen nach einer Verminderung. Es ist grundsätzlich erlaubt, dass Plus und Minustoleranz unterschiedliche Beträge haben (Bild 6.7).

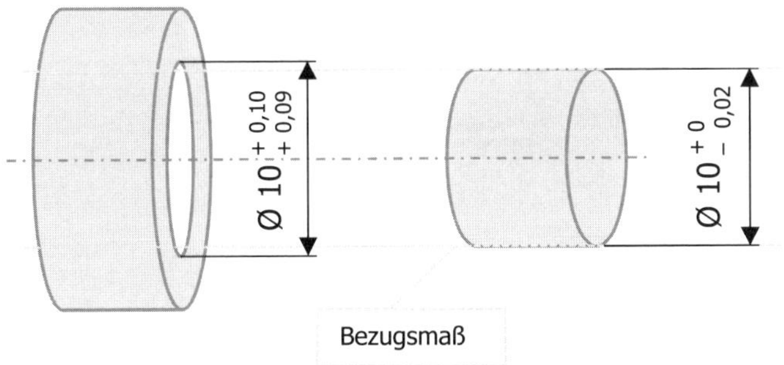

Bild 6.7 Beispiel für eine unsymmetrische Tolerierung

Allerdings ist bei unterschiedlichen Werten die Toleranzrechnung kompliziert. Die Erfahrung lehrt, dass sich immer wieder (Vorzeichen)Fehler in die Berechnung einschleichen. Unsymmetrische Toleranzen sind nur sinnvoll, wenn sie sich auf ein Sollmaß beziehen, das alle Bauteile beeinflusst und für die beteiligten Teile entsprechend toleriert wird (Bild 6.7).

Für Toleranzrechnungen müssen Größt- und Kleinstmaß ermittelt werden. Für das Beispiel von Bild 6.7 zeigt Tabelle 6.1 die Toleranzbeziehung. Die Passung drückt aus, dass bei Ausnutzung der vollen Toleranz beider Einzelteile der Spalt zwischen Welle und Buchse zwischen 0,09 und 0,12 mm betragen kann.

Tabelle 6.1 Toleranzfeld für Beispiel aus Bild 6.7

	Kleinstmaß (mm)	Größtmaß (mm)
Buchse	10,09	10,1
Welle	9,98	10
Passung	+ 0,09 … + 0,12	

Einfacher zu handhaben sind symmetrische Toleranzen, bei denen positive und negative Abweichung den gleichen Betrag aufweisen. Ein Beispiel dazu zeigt Bild 6.8.

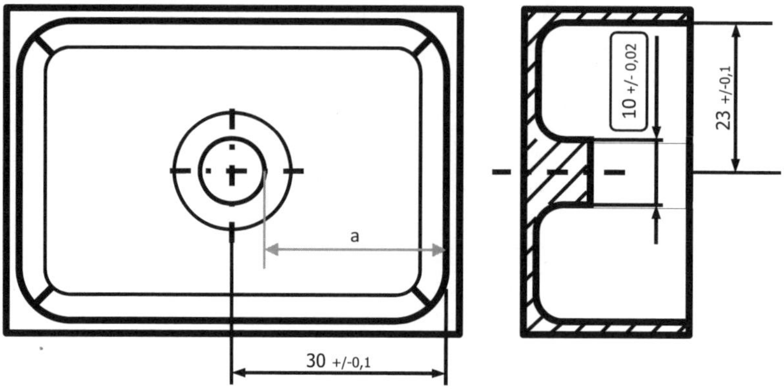

Bild 6.8 Beispiel für eine symmetrische Tolerierung

Der Vorteil einer symmetrischen Tolerierung wird vor allem bei komplexen Bauteilen sichtbar, wenn die Geometrie über mehrere Maße beschrieben wird. Um genaue Aussagen zu Abweichungen in der Geometrie tätigen zu können, müssen neben den Sollmaßen auch die Toleranzen betrachtet werden. Während man bei unsymmetrischer Tolerierung immer Größt- und Kleinstmaß in korrekter Ausrichtung herangezogen werden müssen, genügen bei der symmetrischen Tolerierung die Aufsummierung der Sollwerte unter Beachtung der Ausrichtung (Vorzeichen) und die Addition der einzelnen Toleranzen. Tabelle 6.2 zeigt die möglichen Werte der in Bild 6.8 dargestellten Maße.

Tabelle 6.2 Toleranzfeld für das Beispiel aus Bild 6.8

Sollmaß (mm)	Kleinstmaß (mm)	Mittenmaß (mm)	Größtmaß (mm)
30 ± 0,1	29,9	30	30,1
23 ± 0,1	22,9	23	23,1
Ø 10 ± 0,02	Ø 9,98	Ø 10	Ø 10,02

Um den Abstand a in Bild 6.8 zu ermitteln, muss vom Sollmaß 30 ± 0,1 mm die Hälfte des Durchmessers von 10 ± 0,02 mm abgezogen werden. Man könnte mit Größt- und Kleinstmaß arbeiten (Tabelle 6.3), darf dann aber nicht den Fehler begehen, beim Durchmessermaß einfach nur die Beträge der Zahlenwerte zu betrachten. Hier muss man die Ausrichtung entgegen dem Längenmaß von 30 mm berücksichtigen! Gerade, wenn viele Maße in die Rechnung eingehen, werden immer wieder gern Vorzeichenfehler begangen.

Tabelle 6.3 Ermittlung des Maßes a in Bild 6.8 durch Maßaddition mit Kleinst- und Größtmaß

	Kleinstmaß (mm)	Größtmaß (mm)
3 ± 0,1	29,9	30,1
-(Ø 10 ± 0,02) / 2	-5,01	-4,99
a	24,89	25,11

Einfacher kann man bei einer symmetrischen Toleranz verfahren (Tabelle 6.4). Hier können Sollmaße sowie Toleranzen getrennt addiert werden. Dabei muss bei den Sollmaßen nur die Ausrichtung, das heißt das Vorzeichen berücksichtigt werden. Zur Ermittlung der Passung werden hier nur Beträge addiert.

Tabelle 6.4 Maßaddition bei symmetrisch tolerierten Maßen zur Bestimmung von a in Bild 6.8

	Sollmaß (mm)	Symmetrische Toleranz (mm)
30 ± 0,1	35	0,1
−(Ø 10 ± 0,02) / 2	−5	0,01
a	30	0,11
	a = 30 ± 0,11	

Bei der Tolerierung verwendet man neben der in Bild 6.7 gezeigten Darstellung mit Größt- und Kleinstmaß auch dimensionslose Systeme, die je nach Einsatzgebiet und Anwendung in unterschiedlichen Normen festgeschrieben sind. Zur fertigungsgerechten Tolerierung werden in diesen verbindlichen Festlegungen die Bezugsmaße in Klassen eingeteilt und mit einer werkstattüblichen Genauigkeit toleriert. Wählt der Kunde eine besonders enge Toleranzklasse, muss er mit Mehrkosten rechnen.

Einige Normen geben auch einen Vorschlag zur Passung beispielsweise bei einer Buchse-Welle-Verbindung an. So wird in der Norm DIN EN ISO 286-2 die Toleranzpaarung H7/g6 für Teile ohne merkliches Spiel empfohlen, die aber trotzdem beweglich sein sollen, wie beispielsweise Zahnräder und Kupplungen. Unabhängig von den Vorgaben der Norm trägt die Verantwortung für die Funktion der Baugruppe der jeweilige Konstrukteur.

6.3.2 Erwünschte Toleranzen und technologisch bedingte Maßabweichungen

Eine erwünschte Toleranz ist nichts weiter als eine Vorgabe des Konstrukteurs. Dieser kann fertigungsbedingte Einflüsse berücksichtigen, muss es aber nicht. So kann es zu durchaus zu fantastischen Wünschen kommen, die mit den zugänglichen Methoden fertigungstechnisch nicht zu realisieren sind. Oft spielt hierbei Unerfahrenheit eine Rolle. Allerdings hinterfragen auch gestandene Konstrukteure nicht jedes einzelne Maß bei der Tolerierung. So kommt es immer wieder vor, dass zwischen den gewünschten Toleranzen und realistischen, fertigungsbedingten Abweichungen Diskrepanzen auftreten. Die einfachste Lösung eines solchen Problems ist immer zuerst die Prüfung, ob die gewünschten Toleranzen für die Funktion auch wirklich notwendig sind.

Technologisch bedingte Abweichungen der Fertigteilmaße ergeben sich durch die mit dem Fertigungsprozess einhergehenden Abweichungen. Ebenso berücksichtigen technologisch bedingte Maßabweichungen Messungenauigkeiten und Materialveränderungen (Bild 6.9).

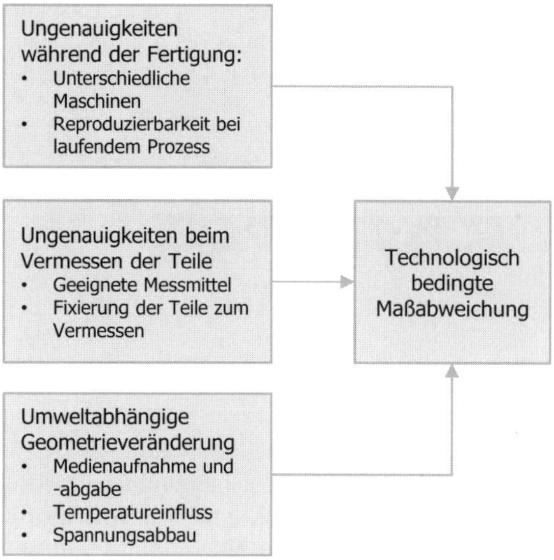

Bild 6.9 Ursachen für technologisch bedingte Maßabweichungen

Die Fertigungsgenauigkeit konnte in den letzten Jahrzehnten durch immer präzisere Maschinen- und Werkzeugtechnik deutlich verbessert werden. Auch wenn die Ungenauigkeiten deutlich vermindert wurden, können sie nie völlig ausgeschlossen werden.

Unterscheiden kann man in prozess- und maschinenabhängige Ungenauigkeiten. Eine prozessabhängige Ungenauigkeit tritt bei der Herstellung von vielen identischen Teilen auf ein und derselben Produktionsanlage zutage. Maschinenabhängige Ungenauigkeiten treten auf, wenn einzelne Werkstücke auf unterschiedlichen Produktionsanlagen hergestellt werden oder wenn ein Werkstück im Produktionsprozess umgespannt werden muss. Maschinenbedingte Ungenauigkeiten sind normalerweise größer als prozessabhängige.

Funktionswichtige Maße müssen nicht nur präzise gefertigt, sondern auch geprüft werden. Auch bei der Vermessung der Teile können Fehler auftreten. Einerseits können Messmittel ungeeignet sein. Andererseits können die in der Zeichnung angegebenen Maße schwer zu messen sein.

Natürlich muss das verwendete Messmittel für die Aufgabe geeignet sein. Die Genauigkeit der Messmittel muss besser sein, als die geforderte Maßgenauigkeit der Teile. Als Empfehlung kann gelten, dass ein Messmittel dann als geeignet angesehen werden kann, wenn im engsten Toleranzbereich mindestens zehn Klassen unterschieden werden können. So muss bei einem Toleranzfeld von 0,01 mm das Messmittel mindestens eine Auflösung von 0,001 mm haben. Aber auch das beste und teuerste Messmittel kann unauffindbare Geometriepunkte nicht definieren und dann nur nicht reproduzierbare Ergebnisse liefern. Auch muss das Werkstück zu Vermessung fixiert werden können.

Gerade bei einer organischen Geometrie, die kaum Kanten zeigt, stellt die Vermessung oft eine Herausforderung dar. Hier empfiehlt es sich, bereits bei der Konstruktion bestimmte Messpunkte, wie einen kleinen Überstand oder eine lokale Vertiefung, in die Gestaltung einfließen zu lassen, deren Aufgabe nur darin besteht, später die Geometrie durch wieder auffindbare Punkte überprüfen zu können.

Schließlich müssen materialspezifische Geometrieveränderungen berücksichtigt werden. Während bei Metallen vor allem langsam ablaufende Umwandlungen im inneren Gefüge zu einer Veränderung der Maße führen können, sind bei Holz und Kunststoffen die Aufnahme und die Abgabe von unterschiedlichen Medien wie beispielsweise Wasser für Geometrieveränderungen verantwortlich. Wie die in Bild 6.6 gezeigte Anwendung zeigt, beeinflusst auch die thermische Ausdehnung die Geometrie wesentlich. Dieser Umstand wird durch die Forderung nach festgelegten Klimabedingungen bei der Vermessung entschärft. Ungeachtet dessen muss diese Tatsache natürlich beim Zusammenfügen der Teile berücksichtigt werden, bei dem im Gegensatz zur Vermessung keine äußeren Bedingungen normiert sind. Bei Bedarf müssen entsprechende Forderungen in den Arbeitspapieren vorgeschrieben werden.

Schließlich können mit der Bearbeitung Spannungen in die Einzelteile eingebracht werden, die lokale Deformationen bewirken und sich mit der Zeit verändern. Problematisch ist, wenn Einzelteile unmittelbar vor der Montage oder der Weiterverarbeitung zerschnitten oder anderweitig zerteilt werden, weil sich dann der Eigenspannungszustand komplett ändern kann und sich regelrechte Verzugserscheinungen zeigen.

6.3.3 Konstruktiv notwendige Passung

Während die große Mehrheit der Maße zur Definition der Geometrie des Erzeugnisses benötigt wird, ist die exakte Definition einzelner Abmessungen entscheidend für die Funktion der Baugruppe. Fungiert zum Beispiel eine Spaltblende als hydraulischer Widerstand in einer Rohrleitung, ist ihr Durchmesser für den im System durchgesetzten Volumenstrom entscheidend. Länge und Öffnungswinkel dienen vor allem der Beschreibung der Geometrie.

Charakteristisch für eine konstruktiv notwenige Passung ist ein bekannter Zusammenhang zwischen einer Zielgröße – im Beispiel der Volumenstrom – und eines oder weniger Funktionsmaße (Bild 6.10).

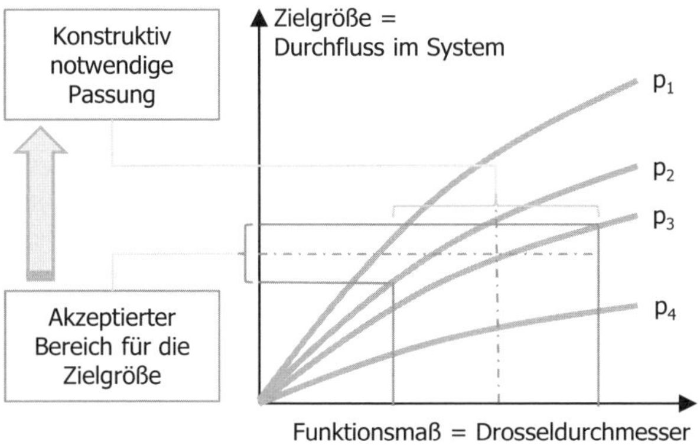

Bild 6.10 Zusammenhang zwischen möglicher Schwankung der Zielgröße und konstruktiv notwendiger Passung

Natürlich ist der Volumenstrom in einem System nicht allein vom Blendendurchmesser abhängig. Daher wurde in Bild 6.10 noch der Druck p_1 bis p_4 als Parameter dargestellt. Für das im Beispiel dargestellte System ist sicherzustellen, dass mindestens p_2 und höchstens p_3 als strömungsbestimmende Druckdifferenz vorherrschen. Unter diesen Voraussetzungen wird der zur Funktionserfüllung akzeptable Bereich der Zielgröße mit der dargestellten Passung sichergestellt.

Aufgrund des in Versuchen ermittelten Zusammenhangs zwischen möglichen Druckwerten im System, dem erforderlichen Durchfluss und dem Funktionsmaß „Drosseldurchmesser" kann der ermittelte Bereich des Drosseldurchmessers auf die Passung zur Charakterisierung der Spaltbreite übertragen werden.

Die konstruktiv notwendige Passung muss durch die für die Funktionserfüllung vorgesehene Baugruppe sichergestellt werden. Geht man davon aus, dass das die Drossel aufnehmende Rohr unveränderlich bleibt, kann die Toleranzaufteilung für das in Bild 6.10 dargestellte Beispiel der Blende aus der konstruktiv notwendigen Passung direkt die Zeichnungstoleranz abgeleitet werden.

Allerdings kann die konstruktiv notwenige Passung auch aus mehreren Teilen gebildet werden. In Bild 6.11 ist diese Überlegung für das Beispiel eines Strömungskanals mit einer funktionsentscheidenden Höhe visualisiert.

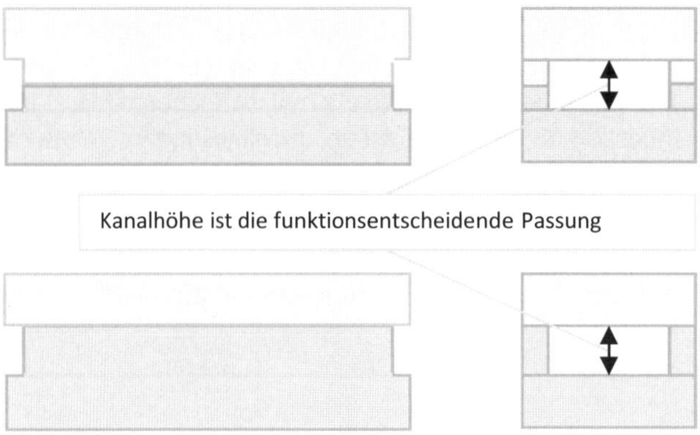

Bild 6.11 Passung an einer Baugruppe

In der oberen Darstellung von Bild 6.11 wird die Höhe des Strömungskanals durch die aufgesetzten Leisten am Ober- und am Unterteil bestimmt. Die konstruktiv notwendige Passung wird auf die Toleranzen für das Maß der Leistenhöhe von Ober- und Unterteil aufgeteilt. Dabei spielt es keine Rolle, ob die Beträge der beiden Toleranzen gleich groß sind oder ein Wert viel größer ist als der andere – wichtig ist, dass die konstruktiv notwendige Passung eingehalten wird.

Mit einer kleinen konstruktiven Änderung gelingt es, mit nur einem Teil die konstruktiv notwenige Passung sicherzustellen (Bild 6.11 unten). Überprüft werden muss, ob diese Änderung nicht andere Nachteile verursachen könnte und die preisorientierte Fertigung sichergestellt bleibt.

In vielen Fällen sind solche funktionalen Zusammenhänge zwischen Funktionseigenschaft und der Geometrie, wie sie in Bild 6.10 dargestellt sind, an einem bestimmten Detail der Baugruppe nicht zugänglich. Dann bleibt dem Konstrukteur nichts weiter übrig, als mit vorläufigen Annahmen zu arbeiten. Angesichts der Vielfalt und der Komplexität der Funktionalitäten wird diese Praxis häufiger angewendet, als man glaubt.

Beim weiteren Ablauf darf aber nicht in Vergessenheit geraten, dass an dieser bestimmten Stelle des Konstruktionsprozesses eine Annahme getroffen wurde. Tragisch ist, dass in der Praxis die aufgrund von Annahmen gegebenen Vorgaben nur selten tatsächlich mit den real hergestellten Teilen überprüft werden.

6.3.4 Technologische Streuung

Bild 6.9 zeigt Ursachen für die technologisch bedingten Maßabweichungen. Um die Realisierbarkeit von vorgegebenen Toleranzen abschätzen zu können, müssen konkrete Zahlenwerte zugänglich sein. Einige Normen versuchen, entsprechende Richtwerte mit der Einteilung in Klassen vorzugeben. Allerdings können dort die konkreten Gestaltungen nicht berücksichtigt werden. Bild 6.12 zeigt ein Beispiel, wie technologische Maßabweichungen von der konkreten Geometrie abhängen.

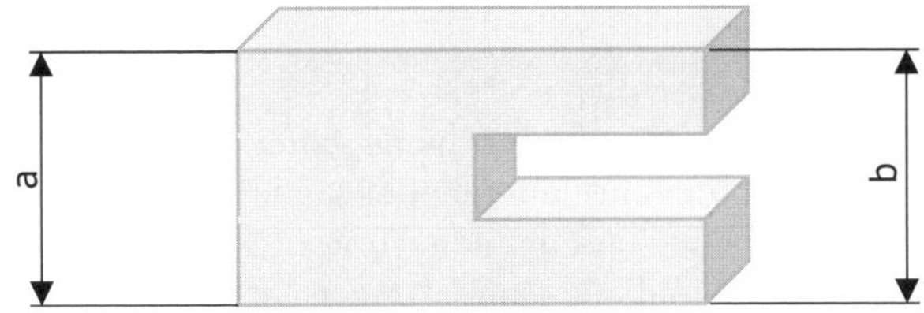

Bild 6.12 Beeinflussung der notwendigen Toleranzfelder durch die Geometrie

Während sich für das Maß a in Bild 6.12 eine geringe technologische Streuung ergibt, ist aufgrund der möglichen Verformung in den Zungen für das Maß b eine deutlich größere technologische Streuung zu erwarten. Vor allem wenn die Zungen sehr dünn sind, muss mit starken Verformungen bei und nach der Bearbeitung gerechnet werden.

Bei der Herstellung von geringen Stückzahlen ist die technologische Streuung von geringerer Bedeutung als bei der Produktion von großen Serien. Während man bei der Einzelfertigung Anpassungen vornehmen kann, muss für eine sichere Serienfertigung die technologische Streuung der Teile genau untersucht werden.

6.3.5 Festlegung der Toleranz

Bei der Festlegung der Toleranz muss grundsätzlich unterschieden werden, ob eine Passung mit nur einem Teil (Bild 6.11 unten) oder durch mehrere Teile (Bild 6.11 oben) gebildet wird.

Bildet lediglich ein Teil die Passung ab, kann die Toleranz dieses Teiles direkt aus der Passung abgeleitet werden. Das Toleranzfeld des Einzelteils darf niemals größer sein als die konstruktiv notwendige Passung.

Wird die konstruktive Passung durch mehrere Teile abgebildet, müssen die Toleranzen so gewählt werden, dass die Summe der einzelnen Toleranzfelder den Wert der konstruktiv notwendigen Passung nicht übersteigt.

Bei der Aufteilung der Toleranzfelder auf die Einzelteile hat der Konstrukteur relativ freie Hand. Bestimmte Bauteile kann er eng tolerieren, bei anderen großzügiger sein. So können die unterschiedlichen technologischen Streuungen der einzelnen Fertigungsmethoden und Herstellungsprozesse berücksichtigt werden.

Allerdings werden die Festlegungen für die Toleranzen vor dem eigentlichen Produktionsstart durch den Entwickler getroffen. Aussagen über technologische Streuungen sind zu diesem Zeitpunkt noch nicht möglich.

Daher müssen nach der Anfertigung der Vorserie die Toleranzvorgaben überprüft werden. Dies wird bei der allgemeinen Arbeitsbelastung in den Konstruktionsabteilungen häufig vernachlässigt. Viele während der Fertigung auftretende Probleme würden sich vermeiden lassen, wenn nach dem Produktionsanlauf die Zeichnungen überarbeitet werden und sich die vorgegebenen Toleranzen an den tatsächlich auftretenden technologischen Streuungen orientierten.

Bei der neuen Aufteilung der Toleranzen zum Erreichen der Passung berücksichtigt man die real ermittelten technologisch bedingten Ungenauigkeiten für die jeweiligen Prozesse bei der Herstellung der einzelnen Teile.

Wurde auch für die Passung in der Konstruktionsphase eine bloße Annahme getroffen, kommt man zu realistischen Werten, indem man Teile miteinander kombiniert, die aus einer Randlage der technologischen Maßabweichung entnommen wurden. So werden Baugruppen mit den denkbar ungünstigen Maßkombinationen aufgebaut und deren Funktion überprüft. Bezieht man sich auf das in Bild 6.7 gezeigte Beispiel, würde man eine Buchse von 10,01 mm mit einer Welle von 0,98 mm montieren und die Funktion der Baugruppe überprüfen. In gleicher Weise testet man, ob die Funktionalität der Kombination einer Buchse von 10,09 mm mit einer Welle von 10,00 mm gegeben ist. Funktionieren beide Paarungen, ist die Passung auch für die Toleranzrandlagen gegeben und kann so als verlässliche Zeichnungsvorgabe übernommen werden.

In anderen Fällen können die gewünschten Funktionen vielleicht nicht mit der vorgegebenen Konstruktion und den gewählten Fertigungsverfahren erfüllt werden. Für den Konstrukteur ist es formal einfach, auf der Zeichnung die Toleranzen zu vermindern, oft ergeben sich aber dann Probleme in der Fertigung, sodass in der Folge eine stabile Produktion der Teile zum kalkulierten Preis nicht möglich ist.

Häufig kann mit einer alternativen Konstruktion oder einer anderen Herstellungstechnologie das Problem gelöst werden kann. Der folgende Abschnitt geht auf einige Möglichkeiten ein, Probleme mit zu engen Toleranzen zu lösen.

6.3.6 Möglichkeiten zum konstruktiven Toleranzausgleich

Der Ausgleich von fertigungsbedingten Ungenauigkeiten ist nur scheinbar ein unerfüllbarer Wunsch, der häufig mit ein paar technischen Tricks erfüllt werden kann.

Die einfachste Möglichkeit der Toleranzanpassung besteht in der Neuverteilung der Toleranzen unter Beibehaltung der Passung. Mitunter können bei einzelnen Teilen die Toleranzbänder problemlos vermindert werden, sodass bei den Problemteilen eine Erweiterung der Toleranz bei unveränderter Passung möglich ist (Bild 6.13).

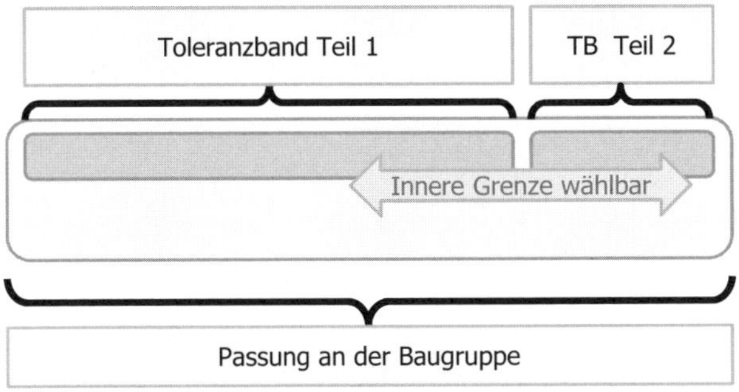

Bild 6.13 Auf ein Einzelteil mit großen Toleranzen hin abgestimmte Anfertigung der Partnerteile

Im Beispiel der in Bild 6.7 gezeigten Anordnung wurden deutlich unterschiedlich breite Toleranzbänder für Buchse und Welle angegeben. Hier könnte der Toleranzbereich der Welle auf 0,1 mm eingeschränkt werden, um den der Buchse auf 0,02 mm zu erweitern. Die Passung von insgesamt 0,03 mm bliebe dann unverändert.

Eine ebenfalls einfache, aber meist auch teure Möglichkeit zur Realisierung einer notwendigen engen Passung ist die Auswahl von exakt zueinander passenden Teilen. Dazu werden aus einer großen Anzahl hergestellter Einzelteile genau passende Paarungen ausgewählt (Bild 6.14).

Die in Bild 6.14 oben gezeigte zufällige Paarung der Teile kann durch eine gezielte Klassierung der Einzelteile geplant umgesetzt werden.

Um passende Paare bilden zu können, ist eine Vermessung der Einzelteile notwendig. Das muss nicht zwangsweise mit der exakten Ermittlung eines Zahlenwertes für das betreffende Maß verbunden sein, es kann beispielsweise auch ein mechanischer Anschlag oder eine Fallblende zur Klassierung verwendet werden. Die Sortierung könnte in große, mittlere und kleine Teile erfolgen, die dann mit den entsprechend einsortierten Partnern verbaut werden. Natürlich kann man auch mit weiteren Klassen arbeiten. Wenn nur bei einem Partner Toleranzprobleme auftreten, beim anderen aber eine sehr exakte maßhaltige Fertigung möglich ist, wird dieser ganz gezielt in mehreren Klassen hergestellt, um die exakten Paarungen mit den sortierten Teilen zu sichern. Meist handelt es sich nur um geringe Maßabweichungen, die bei normaler Betrachtung nicht erkannt werden können. Daher ist die Kennzeichnung von klassierten Teilen besonders wichtig, um die entsprechende Zuordnung zu sichern.

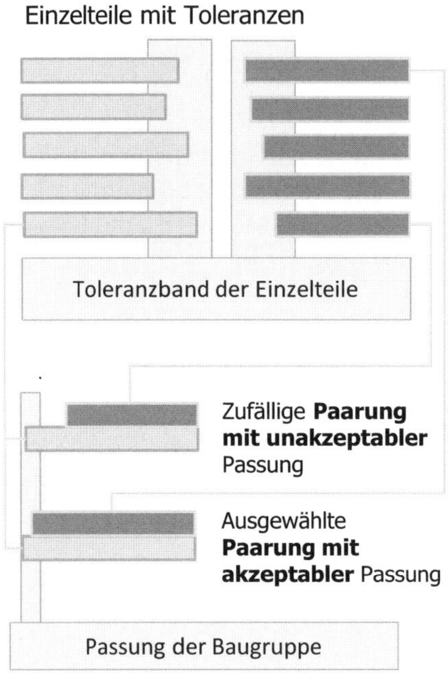

Bild 6.14 Erreichen einer Passung durch ausgewählte Paarung von Einzelteilen

Eine weitere Anwendung des Klassierungssystems ist bei der Wartung von großtechnischen Anlagen gegeben. So wird beispielsweise bei Zylindern von Schiffsdieselmotoren nach einer bestimmten Laufzeit die Oberfläche um einige Hundertstel Millimeter ausgedreht oder gehont, um Kolbenfresser durch Fehlstellen zu vermeiden. Nach dem Aufarbeiten erfolgt dann die Kombination mit speziell angepassten Kolbenringen, die das aus dem Zylinder abgenommene Material ausgleichen und so die erforderliche Passung für die Verdichtung sicherstellen.

Bei der handwerklichen Produktion ist man in der Lage, sehr exakte Passungen durch das Anpassen von Einzelteilen zu sichern. Hier wird auch die in Bild 6.13 dargestellte Möglichkeit genutzt, Einzelteile exakt aufeinander abzustimmen. Diese Vorgehensweise war lange Zeit die einzige Möglichkeit, funktionsrelevante Passungen zu realisieren. Erst der Zugang zu exakten Fertigungsmethoden erlaubte die Einhaltung enger Toleranzen von Einzelteilen und die industrielle Herstellung von exakt zueinanderpassenden Produkten in großen Losen, die problemlos unsortiert miteinander verbaut werden können.

Ein wichtiger Aspekt für die Qualität handwerklich gearbeiteter Produkte ist die Möglichkeit der zweckgebundenen Anpassung der Einzelteile. Diese ist natürlich zeitaufwendig und ein weiteres Element der hohen Herstellungskosten für eine handwerkliche Produktion. Andererseits ist mit hohem Aufwand die Herstellung von ganz exakt abgestimmten technischen Systemen für herausragende Anwendungen, beispielsweise für Messmittel oder im Präzisionsmaschinenbau, möglich.

Neben der geeigneten Paarbildung von entsprechend abgestimmten Einzelteilen kann man durch eine Verformung versuchen, das Problem der exakten Passung zu lösen oder zu umgehen.

Bei duktilen Werkstoffen wie Holz oder Kunststoff besteht die Möglichkeit, durch Dehnung oder Stauchung eines der Montagepartner Maßungenauigkeiten auszugleichen (Bild 6.15).

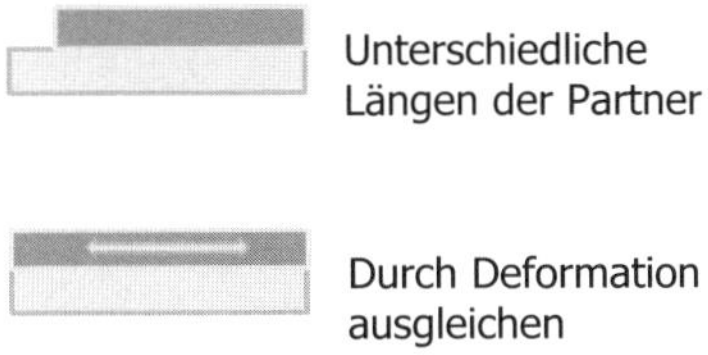

Bild 6.15 Längenausgleich durch Deformation

Besonders bei Kunststoffen ist hierbei zu beachten, dass mit der Verformung Spannungen ins Material kommen, die unter Umständen zu frühzeitigem Versagen führen können. Beispielsweise kann es zur Spannungsrisskorrosion kommen, wenn die Kunststoffe unter ständiger Belastung stehen und zusätzlich noch aggressive Medien die Polymere angreifen.

Die Abwandlung des Konstruktionsprinzips und die Wahl einer anderen Geometrie stellt eine weitere Möglichkeit dar, das Problem einer unrealistisch engen Passung zu umgehen. Bei der konkreten Umsetzung ist vom Konstrukteur viel Kreativität gefordert.

Die in Bild 6.16 gezeigten Möglichkeiten stellen nur eine Auswahl der vorhandenen Mittel und Wege dar. Eine vollständige Aufzählung wird nie erfolgen können, weil zahllose Funktionen bestehen, für deren Erfüllung eine konkrete Passung angewendet wird.

Das Problem der Realisierung der Passung wird entspannt, indem eine alternative Lösung zur Erfüllung der Funktion zur Anwendung kommt. Diese ist vielleicht auf den ersten Blick nicht sofort zielführend, bringt aber beim zweiten Hinsehen vielleicht sogar Vorteile in Bezug auf die Fertigung.

In Bild 6.16 wird in der obersten Darstellung das Problem des Überstandes eines Bauteils gezeigt. Ziel bei der gezeigten Anwendung ist es, eine stufenfreie Sichtkante zu produzieren.

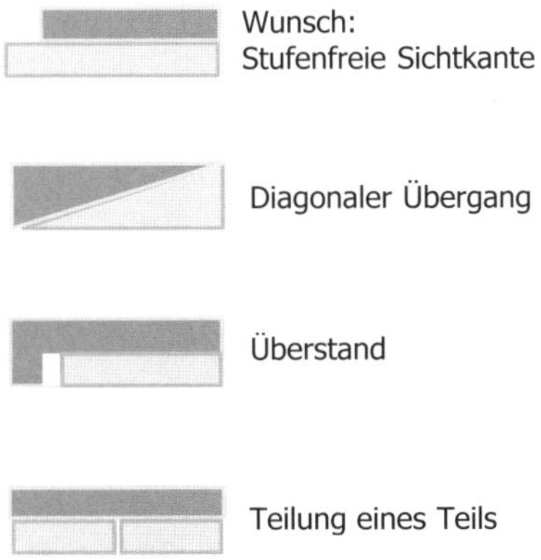

Bild 6.16 Verbesserung der Passung durch Wahl einer anderen Geometrie

Mit einem diagonalen Übergang (Bild 6.16, zweite Darstellung) das wird Problem an der Kante eines Bauteils konstruktiv umgangen. Ebenso ist beim Überstand (Bild 6.16 dritte Darstellung) an der Kante nur ein Teil sichtbar. Schließlich wird in Bild 6.16 mit der unteren Skizze vorgeschlagen, ein Einzelteil mittig zu teilen und so bei der Montage die Ausrichtung an den Kanten zu ermöglichen.

Probleme bei nicht realisierbaren Passungen können durch mehrere konstruktive Möglichkeiten gelöst werden. Manche Maßungenauigkeiten können durch Deformation ausgeglichen werden. Weiterhin können Passungen mit Ausgleichteilen getrimmt werden. Durch die Umlenkung in andere Raumrichtungen können Passungen in einer bestimmten, funktionsbestimmenden Richtung besonders exakt, in anderen gröber ausgelegt werden. Schließlich besteht die Möglichkeit der Verwendung einer alternativen Lösung zur Funktionserfüllung.

6.4 Herstellung der Kegelbahn

Zur Herstellung der Kegelbahn verwendet man zwei Grundplatten aus 4 mm dickem Kiefer- oder Buchensperrholz. Diese werden auf einen aus Leisten gebildeten Rahmen geschraubt (Bild 6.1). Möglich ist, dass die Grundplatte über die Leisten hinaussteht (Bild 6.17 Mitte) oder gegenüber den Leisten zurückgesetzt ist (Bild 6.17 unten).

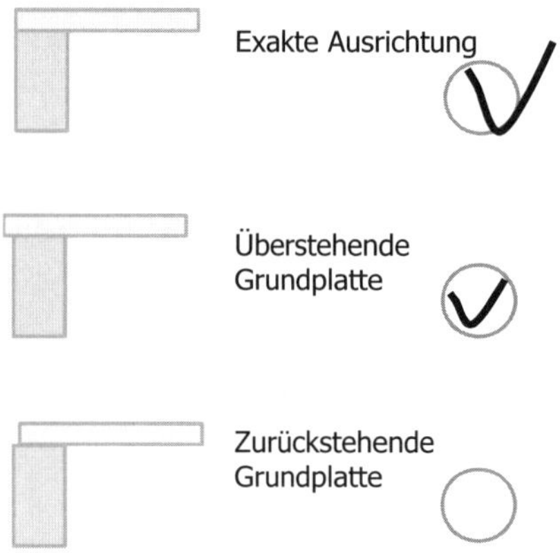

Bild 6.17 Festlegung der Passung am Verbund Grundplatte – Leisten

Eine überstehende Grundplatte hat den Vorteil, dass die Abmessungen des gesamten Erzeugnisses nicht größer als Länge und Breite der Grundplatte sind.

Weiterhin ist es wesentlich einfacher, nach dem Zusammenbau ein vier Millimeter dickes Sperrholz auf das Maß des Leistenrahmens abzuschleifen oder zu fräsen, als an den Dachlatten Material über die volle Höhe abzutragen. Daher wird die Passung so vorgegeben, dass sich entweder eine exakte Ausrichtung oder eine überstehende Grundplatte ergibt.

Die Grundplatten lässt man auf ein Maß von 180 cm mal 80 cm schneiden. Die professionellen Tafelsägen arbeiten sehr präzise. Wenn das Plattenmaterial gut fixiert ist, kann der Schnitt auf den Millimeter genau ausgeführt werden – und wenn nicht, besteht ein Grund zur Reklamation. Somit kann man 2 mm als realistisches Toleranzband für die maschinengeschnittenen Grundplatten ansehen (Bild 6.18).

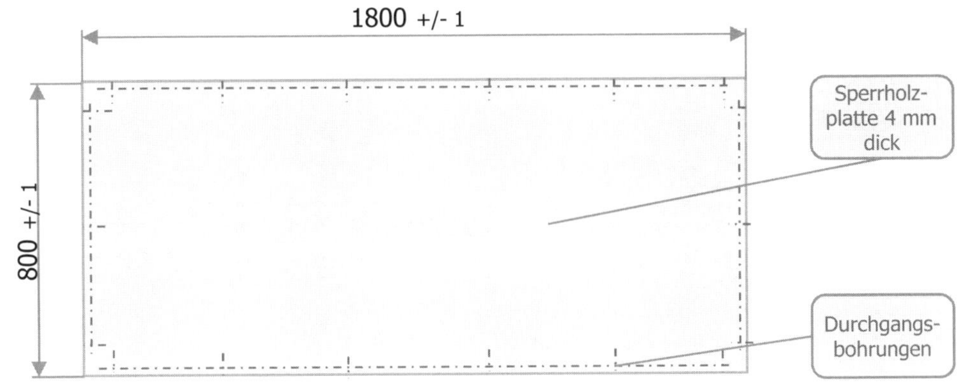

Bild 6.18 Die Grundplatten für die Bahn

Würde man mit einer Handsäge arbeiten, müsste man eine Schnittlinie anreißen und das Werkzeug entlang der Markierung führen. Beide Schritte sind mit Fehlern behaftet, sodass man von einer Abweichung von jeweils 2 mm in jede Richtung für das Anreißen sowie den eigentlichen Sägeprozess ausgehen muss. Entsprechend wäre das Maß 1800 mm auf 800 mm bei dieser Technologie mit ±4 mm zu tolerieren. Dieses technologisch motivierte breitere Toleranzband ist zu grob für die Funktionserfüllung. Aus diesem Grund scheidet das Schneiden mit einer Handsäge als Herstellungsmethode aus.

Mit der Exaktheit des Zuschnittes der Dachlatten bestimmt man den Überstand dieser Leisten über die Grundplatte. Anzustreben ist natürlich die exakte Ausrichtung der Leisten (Bild 6.17 oben). Die Maße können aber fertigungsbedingt nicht exakt aufeinander abgestimmt werden.

Widmet man dem Ablängen der Leisten keine besondere Aufmerksamkeit, muss man ähnlich wie beim Zuschneiden der Grundplatte von einer technologisch bedingten Toleranz von 4 bis 5 mm in jede Richtung ausgehen: ±1 mm für das Anreißen, ±1 mm für den positionsgerechten Ansatz des Sägeblatts und ±2 mm Abweichung vom senkrechten Schnitt. Weil das funktionell viel zu ungenau ist, fixiert man die Leisten in der Sägelade mithilfe einer Leimzwinge und kann an diesem starren Verbund die benötigten Längen ganz genau einjustieren und schneiden (Bild 6.19). Aufgrund der Fixierung kann die Leiste beim Sägen nicht verrutschen, sodass ein wirklich senkrechter Schnitt entsteht. Mit dieser präzisen Arbeitsmethode kann das Toleranzfeld auf einen Millimeter in jede Richtung eingeschränkt werden. Die Längen der Latten ergeben sich bei einer Leistenbreite von 17 mm so zu 1798 ± 1 mm und 764 ± 1 mm.

Bild 6.19 Fixierung der Leisten für einen exakten Sägeschnitt

Zur Befestigung der Leisten an der Grundplatte werden Schrauben verwendet. Um die Verbindung sicherzustellen, versieht man die Grundplatte ca. alle 30 bis 40 cm Länge mit einer Bohrung. Deren Abstände untereinander werden so festgelegt, dass sich gleichmäßige Distanzen ergeben. Der Abstand vom Rand wird so gewählt, dass die Schrauben auf der halben Breite in die Leisten eindringen (Bild 6.20).

Bild 6.20 Bohrung der Grundplatte

Damit die Schraubenköpfe nicht überstehen, verwendet man Senkschrauben. Mithilfe eines Senkerwerkzeugs werden die Bohrungen mit einer umlaufenden Fase versehen, sodass jede Verletzungsgefahr durch herausstehende Metallköpfe ausgeschlossen wird und die Platten eine ebene, plan verlaufende Oberfläche aufweisen (Bild 6.21).

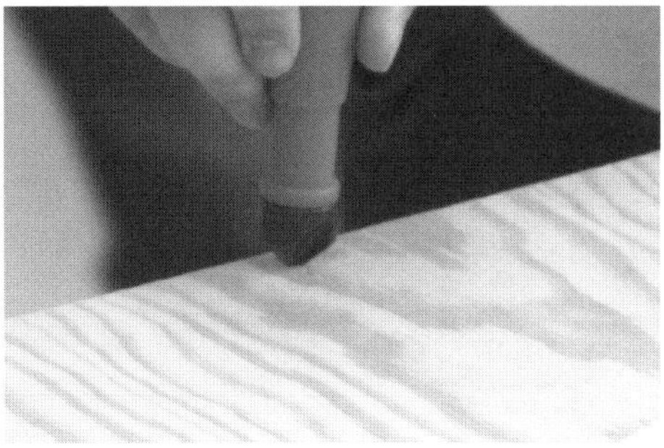

Bild 6.21 Einbringen einer umlaufenden Fase an den Bohrungen mithilfe eines Senkers

Zur Montage werden die Leisten unter der Grundplatte positioniert. Nach der exakten Ausrichtung der Montagepartner erfolgt die erste Befestigung mit einer Schaube an einer Ecke der Grundplatte. Mit einer zweiten Schraube am anderen Ende der Leiste erfolgt die Lagefixierung, ohne dass die Schraube voll angezogen wird. Weil die Leisten nie exakt gerade sind, sich aber aufgrund der Duktilität des Werkstoffs hinreichend verformen können, ist beim Eindrehen der mittleren Schauben stets auf die exakte Positionierung der Leisten gegenüber der Grundplatte zu achten (Bild 6.22).

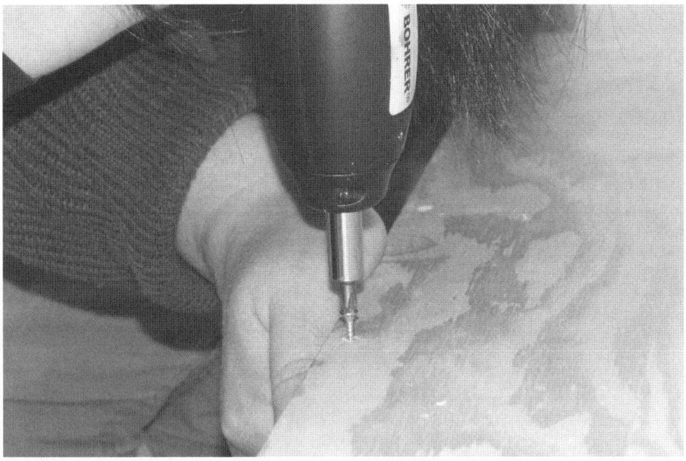

Bild 6.22 Verschraubung der Grundplatte mit den Leisten

Die beiden so verstärkten Grundplatten werden an den Stirnflächen mit Scharnieren verbunden. Gut geeignet sind Klavierleisten, die aus Kostengründen gern abgelängt werden können (Bild 6.23).

Bild 6.23 Anbringen der Scharniere

Die beiden verstärkten Grundplatten bilden die Grundgeometrie für die klappbare Kegelbahn. In eine der beiden Platten müssen Bohrungen eingebracht werden, um die Kegel später aufrichten zu können und an einer definierten Stelle zu positionieren. Die Bohrungen werden in einem aus Bild 6.24 ablesbaren Muster eingebracht. Aufgrund der klar erkennbaren Anordnung beschränkt man sich bei der Bemaßung für den Stich der jeweiligen Bohrung auf den Abstand zum Rand und den Distanzen der Bohrungen untereinander. Die Angabe eines Toleranzfeldes hat hier eine unmittelbar funktionelle Bedeutung. So wären Bahnen, bei denen die Maße außerhalb der angegebenen Bereiche liegen, nicht zum sportlichen Ergebnisvergleich geeignet.

Zum Durchmesser der Bohrung werden keine Aussagen getroffen. Dieser wird mit der Dicke der zum Aufrichten der Flaschen vorgesehenen Schnur abgestimmt, sodass diese weitgehend ungehemmt durch die Bohrungen laufen kann.

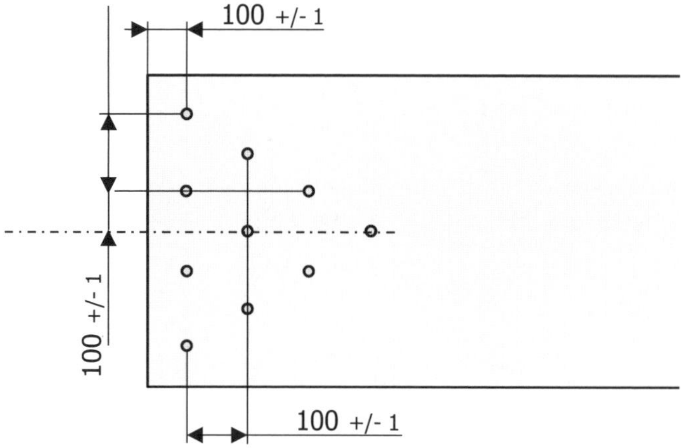

Bild 6.24 Bohrungen zur Positionierung der „Kegel“ auf der Bahn

Wie bereits ausgeführt, werden als „Kegel“ bei der Klappbahn Getränkeflaschen aus Kunststoff verwendet. Die notwendige Modifizierung dieser Bauteile beschränkt sich auf eine am Flaschenboden einzubringende Bohrung (Bild 6.25). Dabei muss sehr vorsichtig gearbeitet werden, weil die Fixierung einer Kunststoffflasche aufgrund ihrer Duktilität problematisch ist. So wird die Flasche beim Bohren in der Hand gehalten. Bei einem Abrutschen besteht ein entsprechendes Verletzungsrisiko. Um ein Wegrutschen des Bohrers zu vermeiden, sollte man mit einem kleinen Durchmesser vorbohren. Weil dennoch ein Abgleiten des Bohrers befürchtet werden muss, sollte die fixierende Hand in hinreichendem Abstand gehalten oder noch besser mit einem Arbeitshandschuh aus Leder geschützt werden.

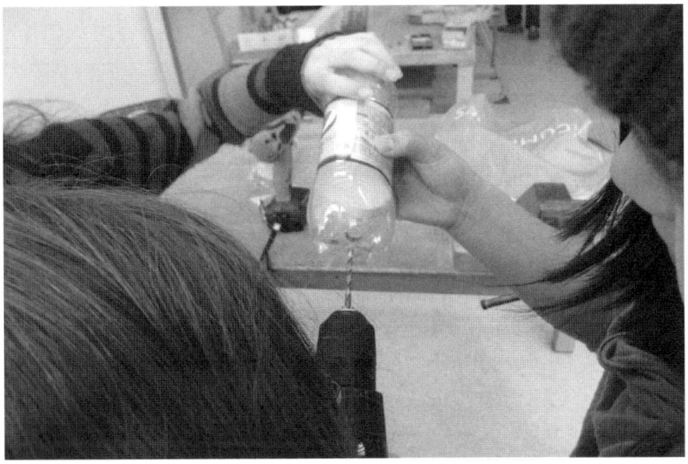

Bild 6.25 Bohrung am Flaschenboden zur Durchführung des Spannseils

Aufgrund der Herstellungstechnologie von Kunststoffflaschen haben diese zentrisch am Boden eine Materialverdickung, durch die hindurch der Bohrer schneidet. An diesem Abrissbutzen der Flasche befindet sich stets eine trichterförmige Vertiefung, die normalerweise für eine gute Führung des Bohrers sorgt.

Durch die am Flaschenboden eingebrachte Bohrung wird das Spannseil hindurchgeführt, mit dem später die Flaschen wieder aufgerichtet werden sollen. Mit etwas Geschick und Schüttelbewegungen an der Flasche lässt sich der Strick von der Bodenbohrung aus bis zum Flaschenhals führen und kann dort herausgezogen werden. Mit einem Holzstäbchen oder einer Metallscheibe wird das Ende, das später in der Flasche fixiert werden soll, verknotet (Bild 6.25).

Das andere Ende des Spannseils wird durch die entsprechende, in der Grundplatte eingebrachte Bohrung (Bild 6.26) geführt.

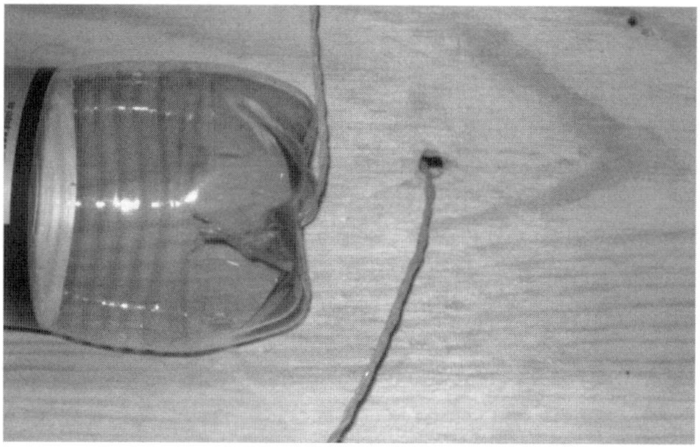

Bild 6.26 Seil zum späteren Aufrichten der Flasche

Hinter der Grundplatte werden einzelne benachbarte Seile zu Gruppen von drei beziehungsweise vier Stück zusammengefasst. Dabei wird die mit Leisten versteifte Grundplatte senkrecht aufgestellt und an den Leinen gezogen, sodass alle Flaschenböden fest an die Grundplatte angedrückt werden. Unter stetiger Zugbelastung werden alle Leinen der Gruppe mit einem Sackstichknoten zusammengefasst (Bild 6.27). Zur Kontrolle wird die Bahn wieder waagerecht gestellt und die Flaschen werden durch einen gleichmäßigen Zug an der verknoteten Leinengruppe aufgerichtet. Natürlich müssen sich alle drei oder vier Flaschen allein durch den Leinenzug problemlos aufstellen lassen. Sollte dies nicht der Fall sein, muss der Knoten gelöst und die Zusammenführung der Leinen erneut ausgeführt werden.

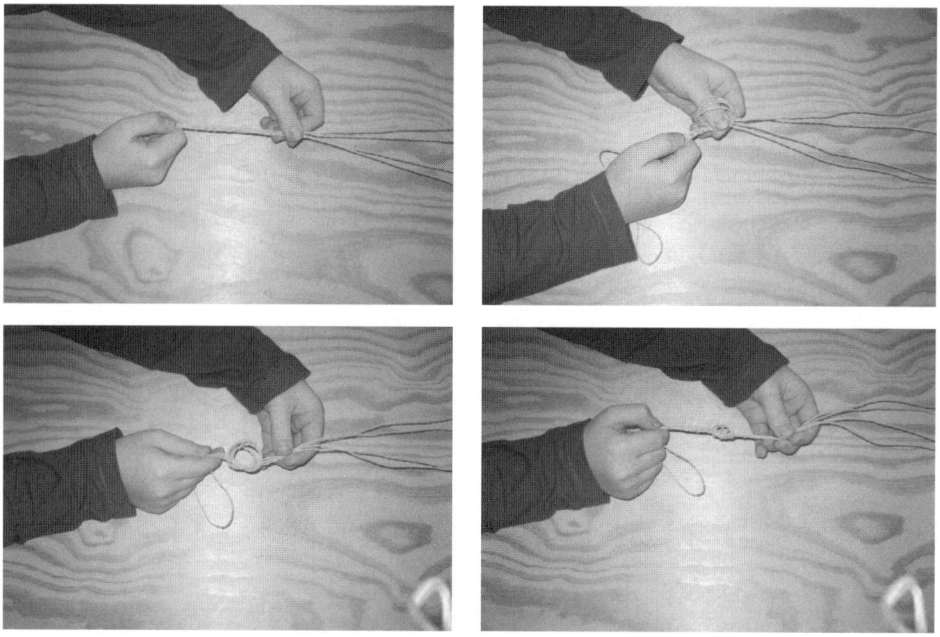

Bild 6.27 Gruppieren der Seile

Am Beispiel des Aufrichtens der Flaschen lässt sich gut die Notwendigkeit von Passungen nachvollziehen. Eine Flasche wird dann über ihren Boden hin aufgerichtet, wenn sich der Schwerpunkt vor dem Kipppunkt befindet, ist der Schwerpunkt weiter außen, fällt die Flasche auf die Seite (Bild 6.28).

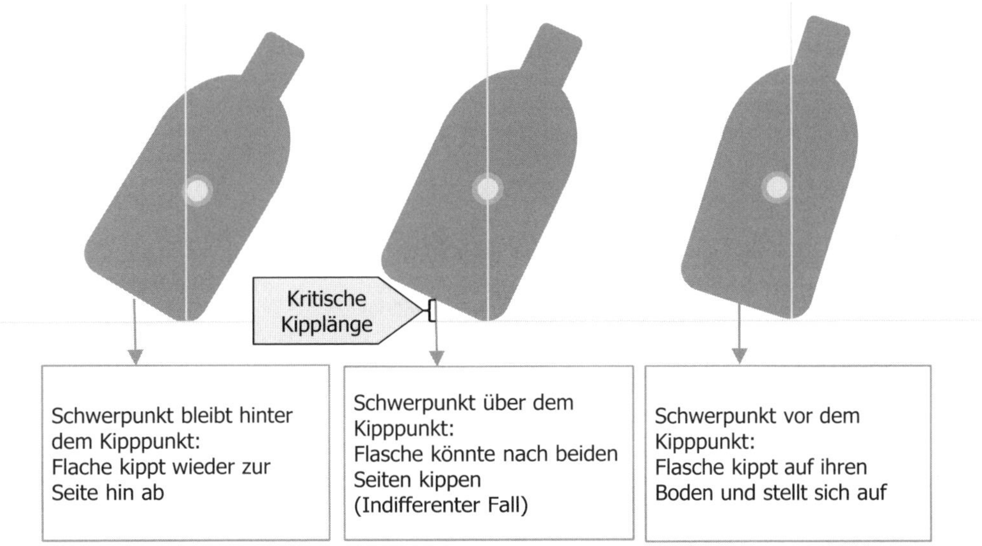

Bild 6.28 Der Kippmechanismus einer Flasche

Für die Aufgabe des Aufrichtens der Flaschen bedeutet dies, dass zwischen den einzelnen Leinen die Längenunterschiede beim Aufrichtvorgang immer kleiner sein müssen als die kritische Kipplänge (Bild 6.28). Wenn das nicht der Fall sein sollte, wird die Flasche mit der kürzesten Leine fest an die Grundplatte gepresst, während die mit dem längsten Faden versehene nicht aufgerichtet werden kann (Bild 6.28 links). Die zur Funktionserfüllung notwendige Passung fordert, dass der Längenunterschied zwischen den einzelnen Leinen geringer ist als die kritische Kipplänge.

Für die Toleranz jeder einzelnen Leine bedeutet dies, dass lediglich die halbe Kipplänge als Toleranzband zur Verfügung steht. Für eine Halbliterflasche ergibt sich eine kritische Kipplänge im Bereich von etwa einem Zentimeter. Das heißt, man müsste beim Verknoten auf fünf Millimeter genau die Leinenlänge einstellen können. Das gelingt manchmal, aber nicht immer. Mit der Zusammenfassung von nur drei beziehungsweise vier Leinen zu einer Gruppe kann das Problem einigermaßen beherrscht werden, auch wenn der eine oder andere Knoten nachgerichtet werden muss. Würde man alle zehn Leinen zusammenfassen, ist neben der großen Gefahr des Verfitzens der vielen Schnüre vor allem das Problem der unzureichenden Präzision beim Einknoten der Leinenlänge unlösbar.

Um die Abstimmung der Leinengruppen untereinander zu ermöglichen, muss man einen Trick zum Toleranzausgleich anwenden. In die Verteilerleinen werden elastische Gummischlaufen eingearbeitet. So kann beim Aufbringen einer Zugkraft die Verteilerleine hinreichend gedehnt werden und unterschiedliche Längen können bei der Zuführung zu den einzelnen Gruppen ausgeglichen werden (Bild 6.29).

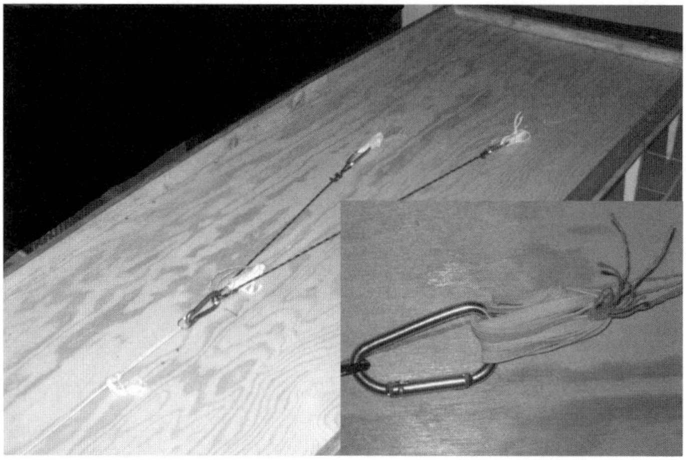

Bild 6.29 Übergang zum Zentralzug mit elastischem Längenausgleich

Nachdem die Bahn auf diese Weise mit viel Spaß aufgebaut wurde, kann sie nun viel Freude bei der ausgiebigen Nutzung verbreiten (Bild 6.30).

Bild 6.30 Nutzung der klappbaren Kegelbahn

Natürlich kann die fertige Bahn anschließend durch einen kreativen Farbanstrich individuell gestaltet werden. Bei häufiger Verwendung oder Lagerung im Freien ist zum Schutz des Materials vor ultravioletter Strahlung eine Oberflächenbehandlung sogar erforderlich.

6.5 Weitere Projektvorschläge

6.5.1 Schutzschild aus Holz

Die alten Ritter schützten sich mit abgerundeten Schilden. Für einen Nachbau kann man einen Holzrahmen nutzen, bei dem die Leisten der Stirnseiten bogenförmig ausgearbeitet wurden. Weil das Schild vorrangig von Kindern im Vorschulalter genutzt werden soll, muss ein möglichst geringes Gewicht realisiert werden. Einerseits sollen starke Belastungen beim stetigen Tragen eines schweren Spielgerätes vermieden werden, andererseits die darf im Eifer des Gefechts unvermeidbare Beschleunigung des Schildes keine gefährliche Kraftwirkung entfalten.

Zur Realisierung des Projekts werden Leisten zu einem Rahmen gefügt, über dem später eine Sperrholzplatte verschraubt wird (Bild 6.31).

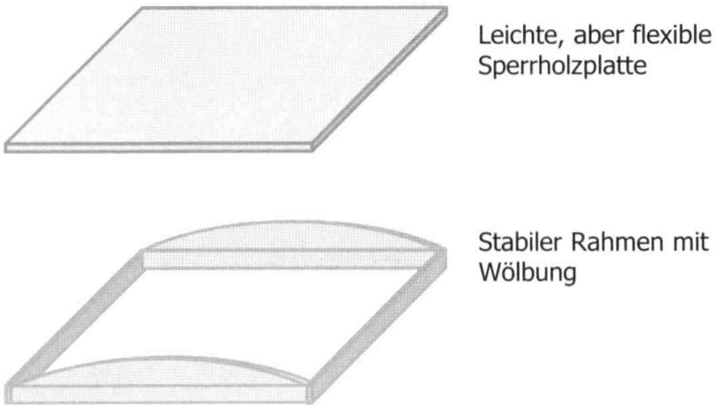

Bild 6.31 Aufbau des Schildes

Das Sperrholz ist bei einer Stärke von 4 oder auch 6 Millimetern flexibel genug, um ohne vorherige Behandlung über die Wölbungen des Rahmens gespannt zu werden. Nach einer entsprechenden Farbgebung kann ein kleiner Ritter mit dem so hergestellten Teil mit der Drachenjagd beginnen (Bild 6.32).

Bild 6.32 Tapferer Ritter

6.5.2 Boot aus zwei Hälften

Wölbt man Sperrholzplatten über einen Rahmen, kann man eine auch einen Bootsrumpf abformen. Die Form des Rumpfes bestimmt die Fahreigenschaften des Bootes und sollte sehr sorgfältig ausgewählt werden.

Um eine gute Abdichtung gegen eindringendes Wasser zu erzielen, sollten die Leisten die Wölbung der Sperrholzplatten aufnehmen und mit entsprechenden Winkeleinstellungen mit Gehrung vorgeschnitten und anschließend verschliffen werden. Zwischen Leiste und Platte sollte Dichtband eingelegt werden. Gegen die Einflüsse des Wassers wird der Rumpf durch einen Überzug aus zwei Lagen Glasfasermatten, die mit Epoxidharz getränkt werden, geschützt.

Eine einfache Lagerung und einen problemlosen Transport des Bootes kann man sichern, wenn der Rumpf aus einzelnen Elementen gefertigt wird, die einfach zusammen gefügt werden können. Beide Bootshälften können ineinander gestellt werden und können auch im Inneren eines PKW der Mittelklasse transportiert werden (Bild 6.33).

Bild 6.33 Transportables Boot in Schalenausweise

7 Aus zwei Dimensionen mach drei – Ein 3D Puzzle entsteht

7.1 Grundidee

Es ist sehr spannend, wie die Menschen früher lebten. Mit dem Nachbau von historischen Bauwerken kann eine dreidimensionale Anschauung der Gebäude unserer Vorfahren vermittelt werden. Besonders intensiv ist der Zugang zu historischen Objekten, wenn wir versuchen, die Gebäude aus ihren Einzelteilen zusammenzubauen und so die historischen Gegebenheiten im wahrsten Sinne des Wortes begreifen. Bestens ist hierzu ein dreidimensionales Puzzle geeignet.

Weil Gebäude meist aus einzelnen quaderförmigen Räumen zusammengesetzt werden, können die Modelle gut aus Sperrholz nachgebaut werden. Die Grundidee eines dreidimensionalen Puzzles eines Gebäudes ist, dass die einzelnen Wand- und Deckenelemente in einer ganz speziellen Codierung zueinanderpassen. Damit kann das Bauwerk ausschließlich in einer genau definierten Anordnung der einzelnen Elemente zusammengesetzt werden.

Im Gegensatz zu einem Baukasten, bei dem viele Ausführungen möglich sind, kann so mit einem dreidimensionalen Puzzle stets das historisch verbürgte Aussehen der Modelle erschaffen werden.

Als Beispiel für eine solche Anwendung wird hier die Entwicklung des Modells eines römischen Limesturms gewählt. Die Ausführung eines solchen Bauwerks ist von seiner Gestalt her noch recht einfach und damit übersichtlich. Der Aufbau ist durch drei übereinanderliegende Räume charakterisiert. Somit sind für die Seitenwände drei mal vier Elemente vorzusehen. Die drei Etagen werden auf jeweils eine Bodenplatte aufgesetzt und übereinandergestapelt. Für das Dach wird eine Konstruktion aus Papier vorgesehen. Den prinzipiellen Aufbau des Limesturmes zeigt Bild 7.1.

Bild 7.1 Grundsätzlicher Aufbau eines Limesturms

Das hergestellte Modell soll einerseits einigermaßen handlich bleiben, so lässt sich der Materialverbrauch in Grenzen halten, andererseits muss die Herstellbarkeit des Turms gegeben sein. Daher wird ein Maßstab von 1:100 vorgesehen. Damit ist man nahe an den für den Modellbau üblichen Maßstäben 1:87 und 1:120.

Natürlich kann man für alternative Objekte, wie beispielsweise das eigene Haus, auch einen anderen Maßstab wählen. Allerdings sollte die Materialdicke des für das Modell verwendeten Sperrholzes in etwa auch die maßstäbliche Wand- beziehungsweise Mauerdicke des Originals repräsentieren.

Im Gegensatz zu den bisher hergestellten Erzeugnissen weisen die Bauteile des Limesturms keine geraden Kanten auf, die einfach gesägt werden können. Die Codierungen der Puzzleteile sind bestenfalls in mühevoller Kleinarbeit mit einer Laub- (Bild 7.2) oder einer Dekupiersäge einzeln herauszuarbeiten.

Um bei dieser handwerklichen Tätigkeit ein halbwegs ansprechendes Resultat zu erhalten, ist aber einige Übung erforderlich und viel verschnittenes Material einzukalkulieren. Während bei der Bearbeitung der Außenkonturen noch einigermaßen zügig gearbeitet werden kann, verlangen die Innenkonturen an den Fenstern und anderen Mauerdurchbrüchen ein Vorbohren und das Aus- und Wiedereinspannen des Sägeblatts.

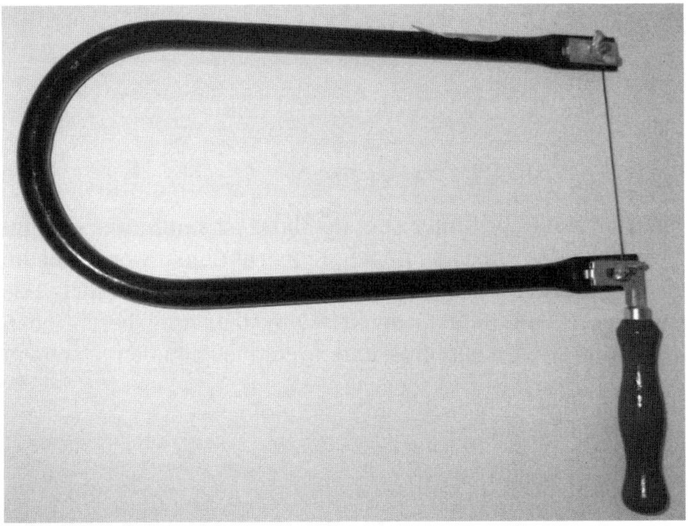

Bild 7.2 Laubsäge

Als Alternative zum Sägen kann man die Teile fräsen. Ähnlich wie beim Bohren rotiert bei diesem Trennverfahren ein spanabhebendes Werkzeug. Hier erfolgt die Abtragung des Materials aber nicht ausschließlich in axialer Richtung wie beim Bohren, sondern hauptsächlich radial (Bild 7.3).

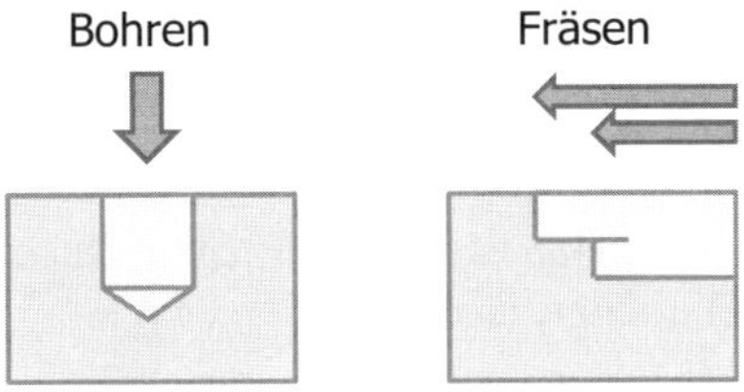

Bild 7.3 Spanabtragung beim Bohren und Fräsen

Mit dem Fräsverfahren sind Innen- wie Außenkonturen ohne Umspannen des Werkzeugs problemlos möglich.

Allerdings ist die Nutzung einer Oberfräse, mit der in den vorhergehenden Kapiteln gearbeitet wurde, wenig geeignet. Jede Kante des Puzzles erfordert einen Wegpunkt, auf den die Fahrbewegung der Oberfräse zu begrenzen wäre.

Für diese Anwendung ist eine Fräse dann gut geeignet, wenn die Fahrbewegung für eine Vielzahl von Punkten ohne großen Aufwand angesteuert werden kann. Das ist heute mit einer computergestützten Steuerung des Bewegungsablaufs der Fräse möglich. Eine solche Anlage steht den wenigsten Heimwerkern direkt zur Verfügung, kann aber in einer der sich immer häufiger bildenden Vereinigungen zur nichtkommerziellen Herstellung von Erzeugnissen in Auftrag gegeben werden. Solch eine Einrichtung wäre beispielsweise ein FabLab.

7.2 Computergestützte Konstruktion und Fertigung

7.2.1 Computergestützte Konstruktion

Die klassische Vorstellung vom Konstrukteur hinter dem Reißbrett ist seit nunmehr mindestens zwanzig Jahren nicht mehr in der Praxis zu finden. Konstruktionen werden heute am Computer mit Hilfe von CAD-Systemen (computer-aided design) ausgeführt. Das sind Computerprogramme, mit deren Hilfe eine Geometrie aufgebaut und beschrieben wird. Grundsätzlich unterscheidet man zwischen drei- und zweidimensionalen Systemen (Bild 7.4).

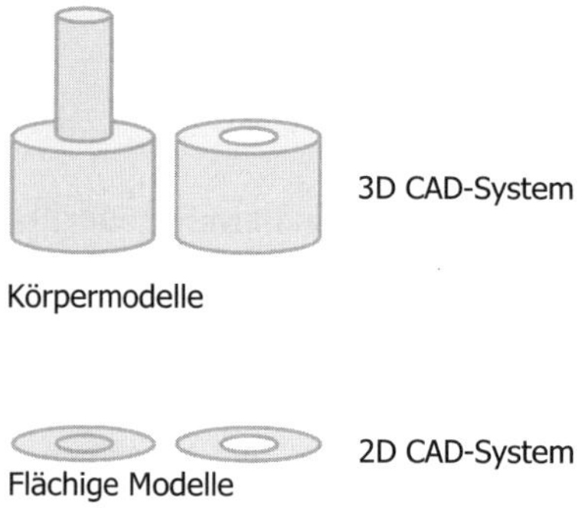

Bild 7.4 Zwei- und dreidimensionale CAD-Systeme

Während mit einem dreidimensionalen Modell die Geometrie von virtuellen Körpern beschrieben wird, lehnen sich zweidimensionale Modelle an die klassische technische Zeichnung an und charakterisieren Projektionen mithilfe von ebenen Flächen.

Dreidimensionale Systeme kommen vor allem bei komplexen Erzeugnissen zum Einsatz. In diese Applikationen können weitere Module, beispielsweise zur Simulation von Strömungen oder Spannungen eingebunden werden. Auch Ergänzungen zu den Abbildungsfunktionen werden angewendet. So können viele CAD-Systeme aus den einzelnen geometrischen Körpern eine Stückliste generieren.

Zweidimensionale Modelle sind zur Beschreibung einer einfachen Geometrie geeignet. In der Blechbearbeitung werden sie sinnvoll eingesetzt, weil hier das bearbeitete Rohmaterial flächig vorliegt und so mit einem zweidimensionalen Datensatz hinreichend beschrieben werden kann.

Während einige CAD-Systeme entweder dreidimensional nur Körper oder nur zweidimensional Flächen beschreiben, sind andere Produkte nicht klar zuzuordnen. So bieten viele räumlich orientierte Systeme einen zweidimensionalen Skizziermodus an, mit dessen Hilfe der Konstrukteur erste Entwürfe anfertigen kann. Andere Softwarelösungen arbeiten mit dreidimensional ausgerichteten Flächen und beschreiben einen Körper im wahrsten Sinne des Wortes nur oberflächig. Schließlich haben viele Systeme die Möglichkeit, aus dreidimensionalen Modellen mehrere zweidimensionale Ansichten zu generieren.

Die mit dem Computer erzeugten geometrischen Modelle sind sehr exakt. Das hat einerseits den Vorteil, dass eine besonders große Genauigkeit erzeugt werden kann, andererseits ist die Modellbildung nicht möglich, wenn kein exakt geschlossener Linienzug zustande kommt. Auch wenn man noch so genaue Maßvorgaben trifft, kann es vorkommen, dass sich beispielsweise die drei Linien eines Dreiecks nicht berühren. Zwar liegen die konstruierten Strecken dicht beieinander, bei einer extremen Vergrößerung würde aber eine minimale Distanz zwischen ihnen zutage treten. Gerade bei umfangreichen Projekten ist viel Erfahrung notwendig, um die einzelnen Konstruktionselemente von vornherein miteinander zu verbinden und bei den verbleibenden Minimalabständen die Flächen zu schließen.

Bei Betriebssystemen oder Büroanwendungen haben sich nur wenige Programme am Markt etablieren können. Im Bereich der CAD-Systeme ist die Situation eine ganz andere. Hier ist eine Vielzahl von Marken im alltäglichen Gebrauch. Manche sind nur für exorbitante Preise zu bekommen, andere stehen als offene Plattform jedem Nutzer frei.

Einige Systeme sind für bestimmte Branchen besonders angepasst worden, andere werden vor allem von einem großen Konzern verwendet, der auch von seinen Zulieferern die Verwendung von genau jener Software verlangt, um gemeinsame Entwicklungen ausführen zu können. Deshalb werden die Aussagen hier mehr oder weniger allgemein gehalten und beziehen sich nicht explizit auf ein Programm. ■

Während die eigentliche Konstruktionsarbeit bei zweidimensionalen Systemen sich stark an der klassischen Methode am Zeichenbrett orientiert, folgt die Methodik beim dreidimensionalen Konstruieren anderen Regeln.

Zunächst legt man bei einer dreidimensionalen Konstruktion die Grundebene fest. Das kann bei Geräten oder Fahrzeugen die Aufstellfläche sein, für Gebäude wird man die Bodenlinie wählen und bei Kunststoffformteilen bezieht man sich auf die spätere Haupttrennebene im Spritzgusswerkzeug.

Aus der Grundebene heraus werden die wesentlichen Geometrieelemente aufgebaut. Als Grundelemente stehen vor allem Quader und andere Prismen, Pyramiden mit unterschiedlichen Grundflächen sowie Zylinder und Kegel zur Verfügung. Bei der Konstruktion werden zunächst die Elemente konstruiert, deren Grundfläche auf der Grundebene liegt. Die Höhe der Elemente kann frei gewählt werden. (Bild 7.5 und Bild 7.6)

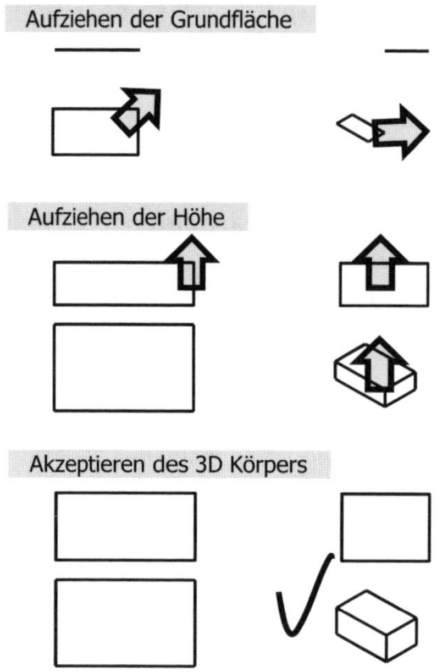

Bild 7.5 Das erste Konstruktionselement wird von der Grundebene aus aufgebaut

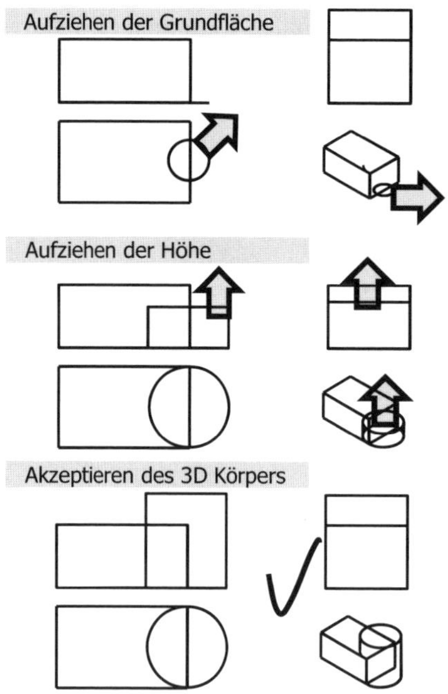

Bild 7.6 Die folgenden Konstruktionselemente werden von der Grundebene aus aufgebaut

In einem anschließenden Schritt besteht die Möglichkeit, die Kanten der Geometrie zu bearbeiten. Dabei kann eine Fase oder ein Radius angesetzt werden (Bild 7.7).

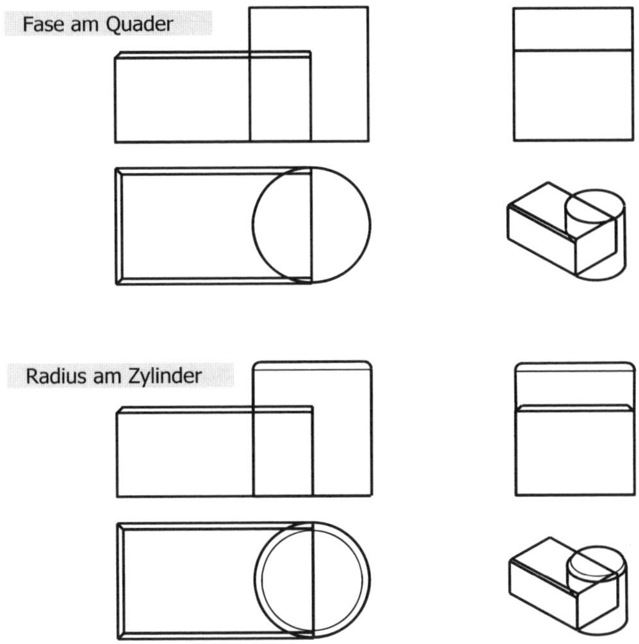

Bild 7.7 Bearbeitung der Körperkanten zu einer Fase oder zu einem Radius

Probleme können auftreten, wenn mehrere Körperkanten aufeinandertreffen, weil dann mehrere konstruktive Umsetzungen möglich sind und viele Systeme keine klare Vorgabe haben.

Ein weiteres neues Werkzeug der dreidimensionalen Konstruktion stellt die Möglichkeit der geometrischen Addition beziehungsweise Subtraktion dar. Bei der geometrischen Addition werden mehrere Körper zu einem Einzigen zusammengefasst (Bild 7.8).

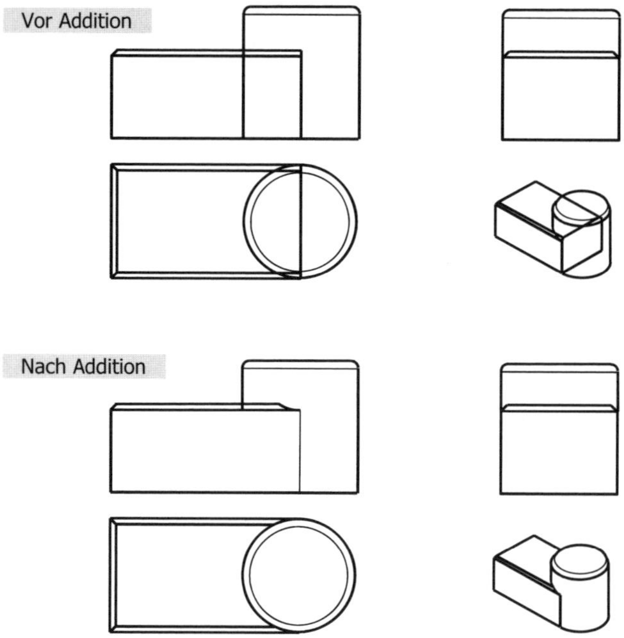

Bild 7.8 Geometrische Addition

Nach der geometrischen Addition können auch die Kanten an den ehemaligen Schnittlinien der Einzelkörper bearbeitet werden. Die geometrische Subtraktion eröffnet die Möglichkeit, bestimmte Teile eines Körpers zu entfernen. So können bestimmte Volumina eines Konstruktionselementes virtuell weggeschnitten werden (Bild 7.9).

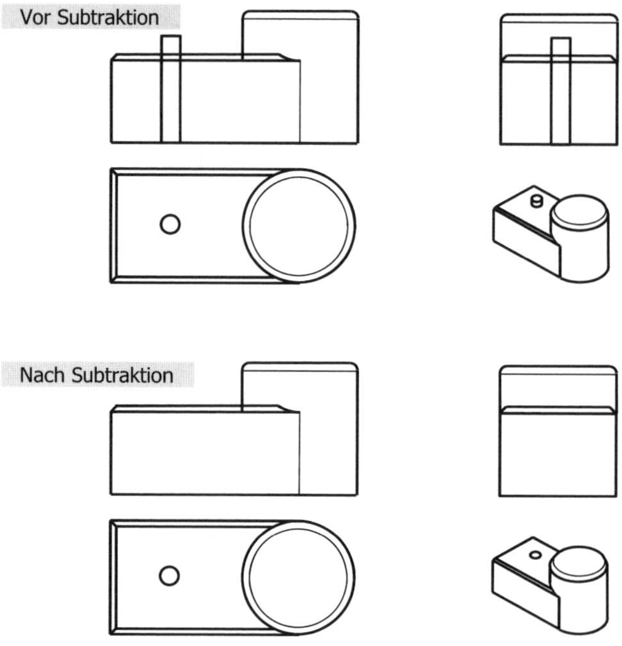

Bild 7.9 Geometrische Subtraktion

Zur Erzeugung von Körpern mit komplexen Grundflächen besteht die Möglichkeit, zunächst diese Grundfläche zweidimensional zu konstruieren. Anschließend wird aus dieser Grundfläche heraus die dritte Dimension aufgebaut. Die Ausprägung einer komplexen zweidimensionalen Grundfläche zu einem dreidimensionalen Körper bezeichnet man als Extrusion (Bild 7.10).

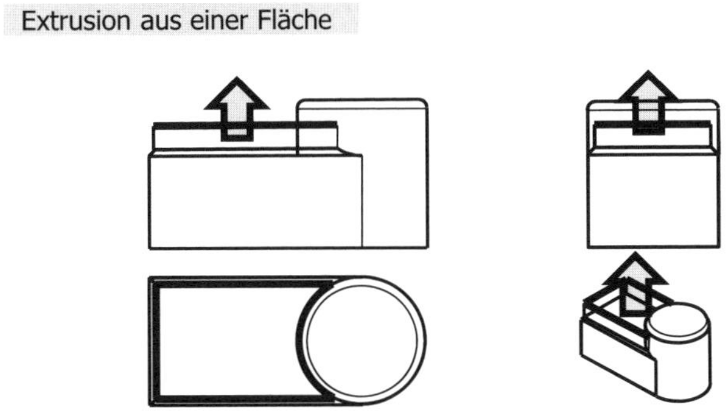

Bild 7.10 Extrusion eines dreidimensionalen Körpers aus einer zweidimensionalen Grundfläche

Auf die Extrusion von Körpern aus einer Grundfläche greifen gern die Konstrukteure zurück, die ihr Handwerk am Zeichenbrett erlernt haben. So können sie ihre Erfahrungen im zweidimensionalen Entwerfen und Skizzieren auf die Arbeit am dreidimensionalen System übertragen.

Eine vollkommen neue Möglichkeit der geometrischen Beschreibung von Körpern eröffnen dreidimensionale Systeme mit der exakten Beschreibung von organischen Körpern, die sich nicht aus geometrischen Grundformen zusammensetzen lassen. So können mithilfe von Freiformflächen Karosserieelemente beschrieben werden, die optimierte aerodynamische Eigenschaften aufweisen. Während man in den Pioniertagen der Automobile die geschwungenen Kotflügel noch aus einem ebenen Blech herausdengelte und dabei die Form immer wieder mit einem Modell oder einer Schablone vergleichen musste, können heute dreidimensionale Körpermodelle aerodynamisch optimiert werden, ohne dass ein reales Teil produziert wird.

Aufgrund der Vielfalt von CAD-Programmen sind die mit Computern erzeugten ursprünglichen Konstruktionsdaten nicht übertragbar. Neben der eigentlichen Geometrie speichern die einzelnen Systeme auch Informationen zum Verlauf der Konstruktion ab, beispielsweise um später noch Varianten erzeugen zu können. Um die Daten systemunabhängig weiterverwenden zu können, haben sich spezielle Formate etabliert, die allein die geometrische Gestalt des konstruierten Teils beschreiben und die aus allen Konstruktionsprogrammen heraus erzeugt werden können. Diese geometriebeschreibenden Daten können dann in Produktionssysteme eingelesen und weiter verarbeitet werden.

Dies ist vergleichbar mit der Erzeugung von Texten in einem Textverarbeitungsprogramm und der anschließenden Umwandlung in eine pdf-Datei zum Ausdrucken über einen beliebigen Computer. ■

7.2.2 Computergestützte Fertigung

Wie bereits bei den hier vorgestellten Projekten erkennbar, kann mit einer Werkzeugführung von Hand nicht immer die notwendige Präzision erreicht werden. Mit Spannvorrichtungen und Führungen bestehen auch für den Heimwerkerbereich nutzbare einfache Möglichkeiten, die Präzision der ausgeführten Arbeiten zu verbessern.

Für eine industrielle Fertigung benötigt man nicht nur weit mehr Präzision, oft können die verwendeten Fertigungsmittel nicht mehr von Hand geführt werden. So baute man schon sehr frühzeitig Werkzeuge und Maschinen in Gestelle und spannte die Werkstücke in Zuführungen fest ein. Den Vorschub realisierte man mit Spindeln und Zahnstangen. Mithilfe von Gegengewichten können auch sehr schwere Maschinenteile ohne großen Kraftaufwand bewegt werden. Allerdings ließ sich eine sehr bedeutsame Fehlerquelle über lange Zeit nicht vermeiden: der Mensch als Bediener der Fertigungsmittel.

Mit der industriellen Fertigung wollte man neben der Problematik der Präzision auch gern die Kosten für Maschinenführer sparen. Als erster Schritt wurde mit Anschlagnocken und Kulissenschablonen versucht, einen linearen Fahrweg der Maschinen zu begrenzen und eine vorgegebene Bewegung auch ohne Bediener nachzufahren.

Nach dem Durchbruch der Computertechnik ersetzte man diese analogen Steuerelemente durch digitale und konnte sehr schnell Vorteile der diskreten Steuerung ausmachen.

Heute werden die Bewegungen der Automaten räumlich und zeitlich gesteuert.

Werkzeugmaschinen werden in allen drei Raumachsen bewegt. Weitere Freiheitsgrade bestehen in einer Drehung der Werkzeugaufnahme um die jeweiligen Raumachsen. Für Maschinen, die solche zusätzlichen Rotationsmöglichkeiten bieten, erhöht man im technischen Sprachgebrauch die Anzahl der Dimensionen. So sind vier- und fünfdimensionale Fräsautomaten heute absolut nicht ungewöhnlich. Solche drehbaren Fräsköpfe benötigt man, um Hinterschneidungen im Werkstück zu fertigen.

Ähnlich gewöhnungsbedürftig sind Bezeichnungen, wie das „2,5 D-Fräsen“. Darunter versteht man, dass in der dritten Dimension nur grobe eingeschränkte Steuerung möglich ist, weil den Datenpunkten der x-y-Ebene die Höhenkoordinate als Attribut zugewiesen wird.

Der Bewegungsablauf der Maschinen zur Herstellung eines Erzeugnisses wird aus einer entsprechenden Software generiert. In den ersten Jahren nach der Einführung der computergestützten Fertigung programmierte man den Bewegungsablauf der Fertigungsmaschinen nach den Zeichnungsdaten von Hand, heute kann natürlich auch diese Handlung automatisch generiert werden.

Man definiert den Startpunkt für eine Bewegung, gibt den Endpunkt vor und legt die Art der Bewegung fest, sodass neben geraden Linien auch Bögen gefahren werden können. Ergänzend zur Festlegung des Bewegungsablaufs werden weitere Vorgaben zu maschinenspezifischen Parametern wie Werkzeugwechsel, Rotationsgeschwindigkeit oder Kühlmittelausstoß getroffen. Mitunter erfordert es vom Betreuer der Anlagen besondere Fähigkeiten, die Halbzeuge geschickt auszuwählen und im Bauraum zu positionieren.

Automatisch generierte Fahrbewegungen sind so angelegt, dass die Fertigung möglichst risikoarm erfolgen kann. So sind in vielen Fällen Optimierungspotenziale für eine noch schnellere Produktion vorhanden, die vor allem bei hohen Stückzahlen ausgelotet werden müssen, um günstige Preise anbieten und ansprechende Margen einfahren zu können.

7.2.3 Konsequenzen und Bedeutung der computergestützten Konstruktion und Fertigung

Wenn die Konstruktion dreidimensionale virtuelle Modelle zur Verfügung stellt und ebenfalls bei der Fertigung die zur Anfertigung des Produkts notwenigen Fahrwege der Maschine aus virtuellen Daten generiert werden, liegt der Wunsch nahe, beide Elemente miteinander zu verbinden. So wird dem Ingenieur die Möglichkeit eröffnet, am Computer das gewünschte Teil zu gestalten und ohne Zwischenschritte an das fertige Teil zu gelangen. Dieser Wunsch ist bereits zu einem guten Teil Realität geworden. Allerdings mussten und müssen auf diesem Weg etliche Steine aus dem Weg geräumt werden.

Die Vielfalt der Konstruktionsprogramme brachte den Nachteil mit sich, dass die Fertigungsdaten nicht allgemeingültig für alle Systeme generiert werden konnten. Das führte zu der Besonderheit, dass zu Beginn der Computerära von den mit CAD erstellten Konstruktionen wie bisher Papierzeichnungen erstellt wurden, aus denen dann die Daten zur Programmierung der Werkzeugmaschinen entnommen wurden. Spöttische Bemerkungen in Bezug auf den Nutzen des Computereinsatzes waren die Folge, die zu dieser Zeit durchaus auch ihre Berechtigung hatten.

Daneben versuchten einige CAD-Anbieter die direkte Anpassung ihrer Produkte an die zur Fertigung verwendete Software. So entwickelte man unabhängige, meist vektorbasierte Systeme zur Beschreibung einer Geometrie, die aus CAD-Modellen exportiert werden konnten, die sich jedoch nur mit mäßigem Erfolg durchsetzten.

Heute sorgen die Anbieter von Konstruktionssoftware für eine einwandfreie Konvertierung ihrer Daten in neutrale Formate, während die Hersteller von Produktionsanlagen den problemlosen Import der Daten sicherstellen.

Sowohl die speziellen Lösungen für die Konstruktion als auch für die Fertigung sind in komplexe Datensysteme eines Fertigungsunternehmens eingebunden. So werden aus CAD-Systemen Stücklisten generiert, auf deren Grundlage die Arbeitsorganisation Bestelllisten für den Einkauf und Ablaufpläne für die Fertigung erstellt. Fertigungsmaschinen können aus ihren notwendigen Bewegungsabläufen Daten zur Kapazitätsplanung generieren. Die Qualitätssicherung erstellt aus den geometrischen Daten Prüfpläne und plant die Vermessung der Teile.

Neben der Modifizierung von bestehenden Produktionsverfahren hat der Einsatz von Computertechnik auch die Entwicklung von vollkommen neuen Technologien ermöglicht. So ist die Kopplung von CAD und CAM (computer-aided manufacturing) Voraussetzung für das 3D-Drucken.

■ 7.3 Konstruktion

Um ein Erzeugnis zu entwickeln, muss die Geometrie festgelegt werden, mit der die bestmögliche Funktionserfüllung möglich ist. Von dieser kreativen Herausforderung kann der Ingenieur nicht befreit werden. CAD-Systeme sind hierbei nur die Kreativität unterstützende Hilfsmittel, sie können diese aber niemals ersetzen. Im Gegenteil: Die neuen Möglichkeiten der dreidimensionalen Modellierung fordern die Fantasie des Konstrukteurs geradezu heraus. Die neue Möglichkeit, frei formbare Flächen zu definieren, eröffnet der Formgestaltung vollkommen neue Chancen und bringt dem Konstrukteur zusätzliche Aufgabenstellungen auf dem Gebiet des künstlerisch inspirierten Designs.

Wie in so vielen Bereichen bringen auch hier die neuen Möglichkeiten bei der Nutzung von Computern einerseits eine Arbeitserleichterung bei den herkömmlichen Tätigkeiten. Andererseits eröffnen sich neue Herausforderungen, die ohne Einsatz der modernen Systeme so nicht bestanden hätten.

Die Vorgehensweise zur Konstruktion des Puzzles wird unter Verwendung eines dreidimensionalen CAD-Systems vorgeführt. Grundsätzlich wäre bei der Verwendung der ebenen Sperrholzplatten natürlich auch ein zweidimensionales System geeignet, das gewünschte Ziel zu erreichen. Die Chancen und Potenziale der dreidimensionalen Konstruktionsweise könnten so aber nicht erschlossen werden. Im Folgenden wird gezeigt, dass die Berücksichtigung von drei Dimensionen große Vorteile bei der Modifizierung und Individualisierung des Puzzles mit sich bringt.

Das Aussehen des Erzeugnisses erfordert eine gewisse Kenntnis der historischen Vorgaben. Von den Limestürmen existieren heute nur noch die Grundmauern, sodass man auf mehr oder weniger korrekte Rekonstruktionen und überlieferte Beschreibungen angewiesen ist.

Regionale, strukturelle und epochale Unterschiede beim Bau und fehlerhafte Rekonstruktionen führen zu einer Vielzahl von Interpretationen über das Aussehen eines solchen historischen Bauwerks. Grundsätzliche Einigkeit scheint zum untersten Geschoss zu bestehen. Es war ebenerdig und ohne Fenster- oder Türöffnungen ausgelegt. Der Zugang zum Innenraum erfolgte durch ein Loch in der Decke des Geschosses. In der mittleren Etage war der Hauptzugang zum Gebäude, der wahrscheinlich über eine einziehbare Leiter erreicht werden konnte. Das Obergeschoss war als Ausblick konzipiert. Dazu wird in einigen Quellen ein umlaufender Balkon angegeben, auf dem die Beobachtungsposten patrouillieren konnten. Schließlich wurde das Bauwerk von einem Dach geschützt. Hier kann man von der Ausführung als Zeltdach ausgehen. Die Anordnungen und die Größen der Fenster und Türen in den oberen beiden Etagen sind umstritten. Es ist unklar, ob die Limestürme allein eine Beobachtungs- oder zusätzlich noch eine Verteidigungsfunktion aufwiesen. Möglicherweise diente das gesamte Bauwerk nur der Machtrepräsentation des römischen Imperiums. Stehen die Repräsentations- und Beobachtungszwecke im Vordergrund, wurden sicher viele und große Fenster vorgesehen. Sollte die Verteidigung die Hauptfunktion gewesen sein, kann man von mehreren kleinen Fenstern ausgehen. Der Konstrukteur muss sich nun für eine der diskutierten Varianten entscheiden und sein Erzeugnis dementsprechend gestalten.

Bei der Konstruktion startet man in Analogie zur Bauausführung mit der ebenerdigen Grundplatte (Bild 7.11). Im Unterschied zum Grundriss der Seitenwände wird bei der Grundplatte ein Überstand in gleicher Größenordnung wie die Materialdicke vorgesehen. Im konkreten Fall sind dies 4 mm. Damit können die Aussparungen für die Codierungen der Seitenwände mit ausreichend Material hinterlegt werden.

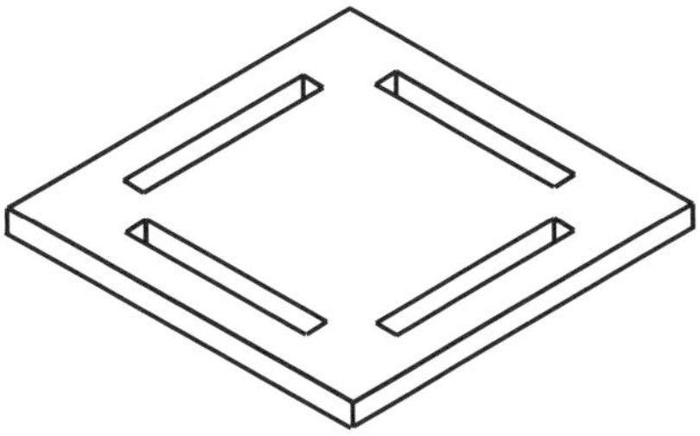

Bild 7.11 Grundplatte des Puzzleturms mit Schlitzen als Codierung

Durch eine mit CAD-Systemen mögliche einfache Vervielfältigung werden die Grundplatten der folgenden Etagen an der jeweils vorgesehenen Position über der untersten Grundplatte erzeugt (Bild 7.12). Die Grundplatte der oberen Etage wird mit einer um jeweils 4 mm verlängerten Seitenlänge gewählt. Diese Vergrößerung deutet den Wachgang an, der an der obersten Etage um den Turm herumgeführt wurde. Die Vergrößerung der Grundplatte für die obere, dritte Etage ist durch geometrische Addition von zusätzlichen Quadern mit einem 3D-CAD-System recht einfach zu realisieren.

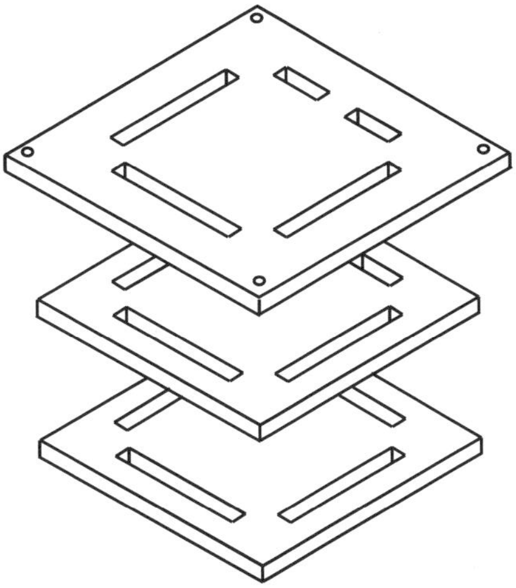

Bild 7.12 Grundflächen der einzelnen Etagen

Für die Codierungen sieht man eine Anzahl von kleinen Quadern vor, die in den Aussparungen der drei Grundplatten platziert werden (Bild 7.13).

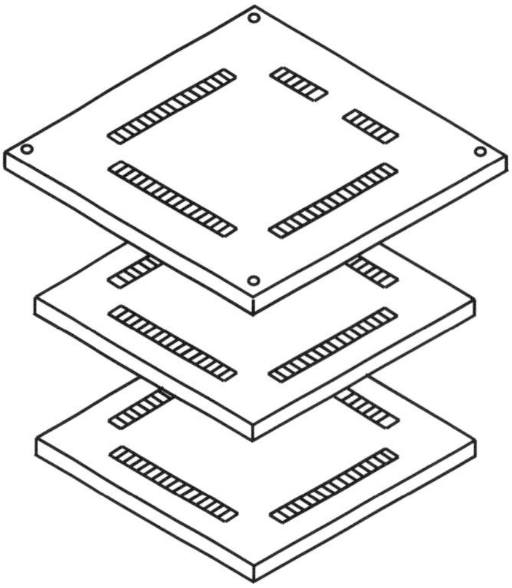

Bild 7.13 In den Aussparungen der Grundplatten werden Quader für die spätere Codierung platziert

Aus der Ebene der Deckelfläche der unteren Grundplatte werden die vier Seitenwände als Quader erzeugt (Bild 7.14).

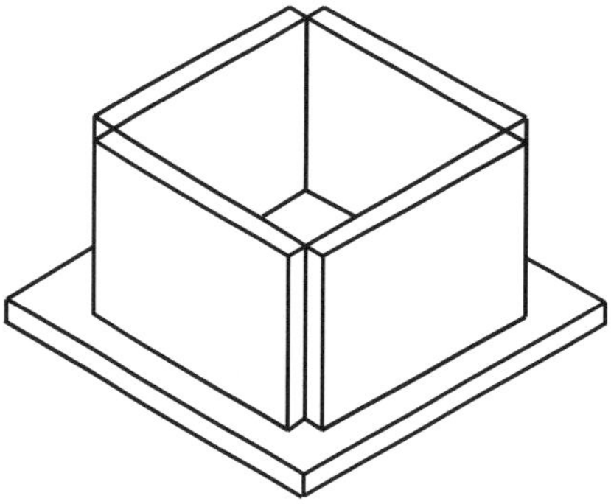

Bild 7.14 Seitenwände der unteren Etage

Für die folgenden Etagen dupliziert man die Seitenwände des untersten Geschosses (Bild 7.15).

Damit die oberste Etage bei aufgesetztem Dach nicht zu niedrig wirkt, vergrößert man hier durch geometrische Addition mit einem Hilfsquader die Deckenhöhe. Entscheidet man sich für diesen Weg, sollte die Duplikation der oberen Etage erst nach dem Einbringen der Fenster erfolgen, um den Arbeitsaufwand gering zu halten. Alternativ erzeugt man die Seitenwände für die obere Etage nicht durch das Kopieren der Elemente aus der darunterliegenden Etage, sondern an der vorgesehenen Stelle neu und arbeitet später die Fenstergeometrie heraus.

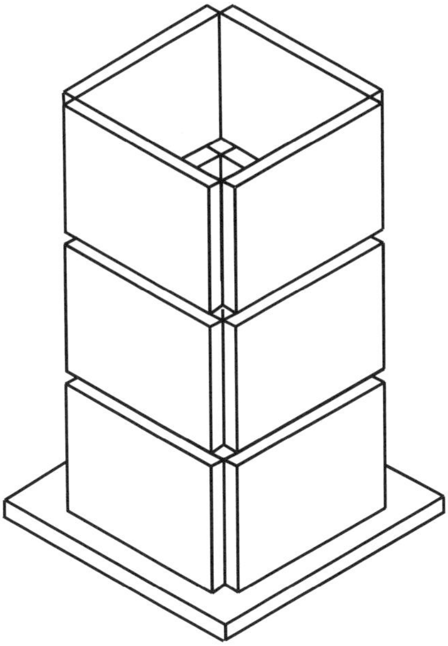

Bild 7.15 Die Seitenwände der folgenden Etagen werden ausgehend vom unteren Geschoss dupliziert

In die Seitenwände werden Öffnungen für Fenster und Türen eingebracht. Dazu erzeugt man für die jeweilige Wandöffnung entsprechende Quader. Diese werden durch einen Radius an den Stirnflächen abgerundet, damit keine Irritationen beim späteren Fräsen entstehen (Bild 7.16).

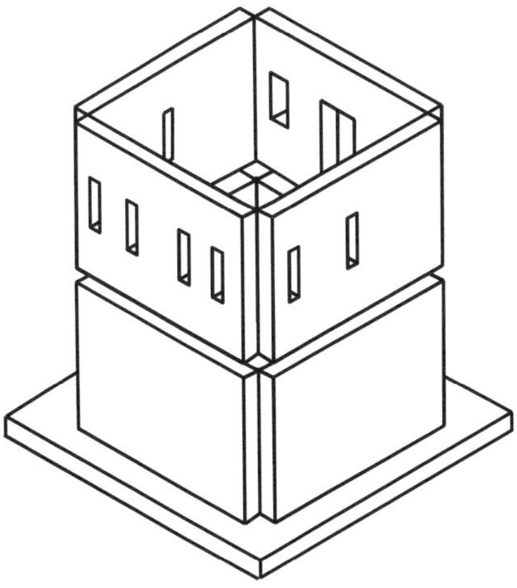

Bild 7.16 Seitenwände werden mit Öffnungen für Türen und Fenster versehen

Weil die Anlage von Fenstern und Türen für die beiden oberen Etagen identisch ist (Bild 7.17), sollte man das Duplizieren der Seitenwände aus der ersten in die zweite Etage erst nach dem Einbringen der Fenster ausführen. Entscheidet man sich, die höheren Seitenwände der obersten Etage mit einer Neubildung zu errichten, sollte man die zur Subtraktion vorgesehenen Quader der mittleren Etage in die obere hineinduplizieren.

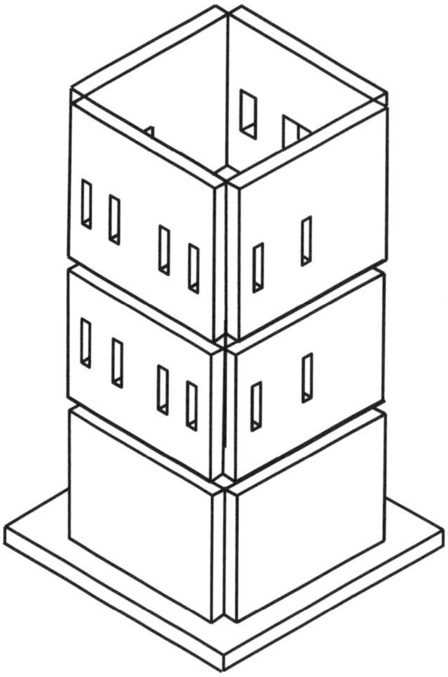

Bild 7.17 Seitenwände aller Etagen

Da die Seitenwände an allen vier Berührungsflächen codiert werden sollen, fügt man Quadersäulen zwischen den Seitenflächen einer Etage ein (Bild 7.18).

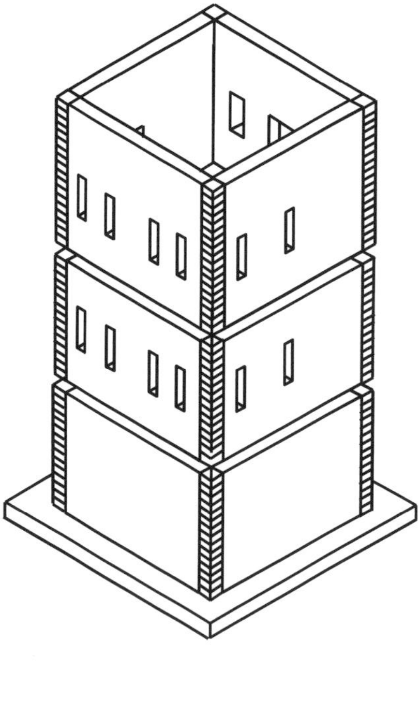

Bild 7.18 Kodierungsquader für die Seitenwände

Durch geometrische Addition werden einzelne Quader den Seitenwänden zugewiesen. Welcher Quader nun welcher der beiden berührenden Seitenflächen zugewiesen wird, kann frei entschieden werden und bestimmt die Codierung für das Puzzle (Bild 7.19).

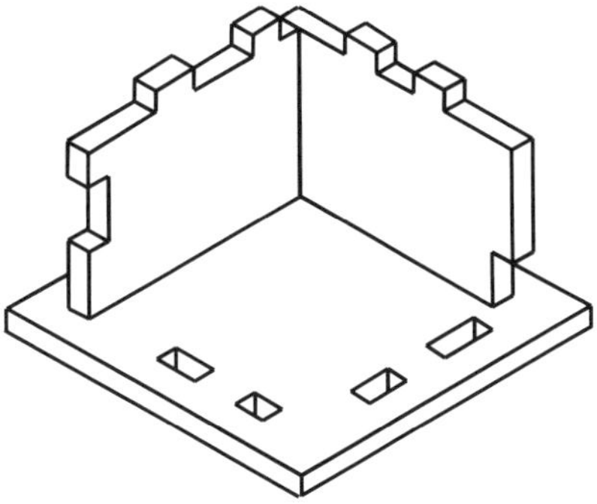

Bild 7.19 Codierte Grundpatte mit Seitenwänden

In analoger Weise wird für die Berührungsräume zwischen Seitenwand und Grundplatte verfahren.

Ein großer Vorteil von dreidimensionalen CAD-Systemen ist, dass man aus einer Grundkonstruktion eine Vielzahl von Erzeugnissen ableiten kann. Damit kann in der Konstruktionsphase viel Aufwand eingespart werden. Es eröffnen sich hiermit Möglichkeiten, mit Baukastensystemen preiswert, schnell, und technisch ausgereift ganz spezielle Kundenwünsche zu erfüllen. ■

Auch für die anderen Etagen werden die Codierungen an den Seitenwänden und den Grundplatten durch geometrische Addition der Quader erzeugt. An der Grundplatte der mittleren und der oberen Etage besteht die Besonderheit, dass von oben und von unten Codeelemente der Seitenwände eingreifen. Entsprechend muss die geometrische Addition der betreffenden Quaderreihe zu den drei sich berührenden Bauteilen hin erfolgen (Bild 7.20).

Bild 7.20 Turm mit Codierungen – mittlere Etage

Analog erfolgt die Codierung der oberen Etage (Bild 7.21).

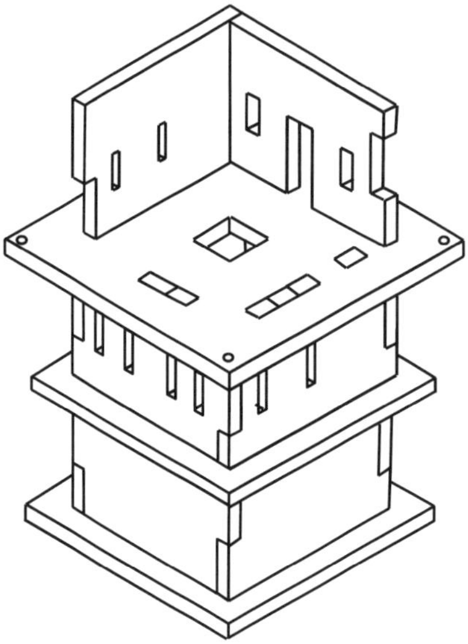

Bild 7.21 Turmaufbau – Codierung der oberen Etage

Letztlich gilt es, eine Vorlage für das Zeltdach zu erstellen. Um die Puzzlefunktion wahrnehmen zu können, soll das Dach einfach abnehmbar und wieder aufsetzbar sein. Hier stellt die Verwendung eines Papierbogens eine effektive Lösung dar. Aus diesem Material können leicht flächige Elemente herausgeschnitten werden. Für unser Dach konstruieren wir ein gleichseitiges Fünfeck. Diese Figur wird längs einer Sehne eingeschnitten, längs der anderen Sehnen scharf gefalzt. Am Schnitt wird ein Dreieck unter das andere geklebt, sodass sich die Mantelflächen einer Pyramide ergeben (Bild 7.22).

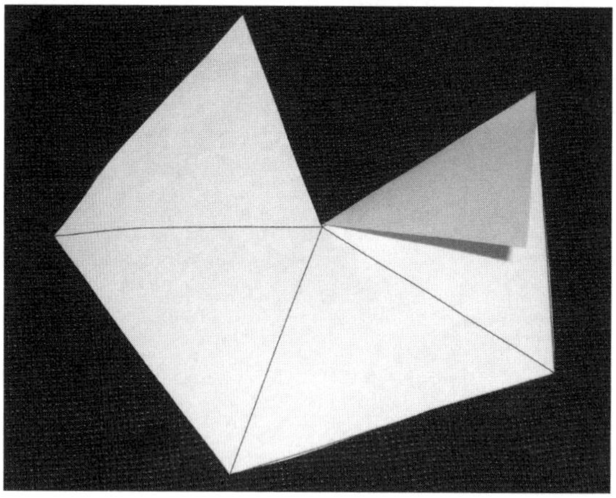

Bild 7.22 Herstellung des Dachs für das Puzzle

Mit aufgesetztem Dach erscheint der Puzzleturm als realistische und funktionale Kopie seines historischen Vorbilds (Bild 7.1).

7.4 Herstellung

Im Gegensatz zu den bisher vorgestellten Projekten erfolgt die Herstellung des Puzzles nicht mehr mit den einem Heimwerker unmittelbar zugänglichen Mitteln. Wir bedienen uns hier einer computergesteuerten Fräse (Bild 7.23). Die Fahrwege des Werkzeugträgers werden aus den Geometriedaten der einzelnen Bauelemente generiert. In den meisten Fällen stellt diese Datenwandlung die schwierigste Etappe im Herstellungsprozess dar. Je nach verwendetem CAD-System, Geschick und Erfahrung der beteiligten Personen und der eingesetzten Software zur Maschinensteuerung müssen mehr oder weniger große Probleme gelöst werden, um zum Erfolg zu kommen.

Bild 7.23 Bedienung einer computergesteuerten Fräsvorrichtung

Als kompetente Partner bieten sich den Interessierten professionell agierende Unternehmen an, die sich ihre Leistungen natürlich entsprechend bezahlen lassen. Als Alternative stehen Privatpersonen auch offene Werkstätten zur Verfügung, die sich den Ideen des FabLabs verpflichtet fühlen. Mittlerweile gibt es ein immer enger werdendes regionales Netz solcher Hobbyproduzenten.

In die Arbeitsmaschine wird eine Sperrholzplatte eingelegt, aus der die Bauelemente heraus gefräst werden. Dazu kann man mit der Maschinensteuerung die Anordnung der Teile auf der Sperrholzplatte festlegen, einige Lösungen bieten hierzu bereits automatisierte Verfahren an.

Ist die Sperrholzplatte an der Fräsvorrichtung hinreichend fixiert, arbeitet die Maschine selbstständig den Auftrag ab (Bild 7.24) und der Bearbeiter kann sich der Vorbereitung des nächsten Auftrags widmen.

Bild 7.24 Automatisiertes Ausfräsen der Konturen

Eine Besonderheit beim Fräsen ist, dass man wegen des rotierenden Werkzeugs keine scharfen inneren Kanten erzeugen kann. So haben die Öffnungen für Türen und Fenster stets abgerundete Ecken. In vielen Fällen ist dies sogar vorteilhaft, weil mit solchen Rundungen Spannungsspitzen vermieden werden.

Bei der Kante an den Codierungen besteht aber die Befürchtung, dass aufgrund der unvollständig ausgearbeiteten Ecke von einem unvollständigen Zusammenfügen der Puzzleteile ausgegangen werden muss. Der Werkstoff Pappelsperrholz wurde auch wegen seiner Verformbarkeit gewählt. So können die eindringenden scharfen Kanten durch eine Verformung abgestumpft und die verrundeten inneren Kanten gekerbt werden, bis die Seitenwände spaltfrei auf der jeweiligen Grundplatte aufliegen.

Was bei einem weichen Sperrholz funktioniert, kann für Metallbleche oft nicht umgesetzt werden. Für einen solchen Fall kann man mit einem Freistich eine kleine Änderung der Geometrie vornehmen, sodass eine formschlüssige Montage der Einzelteile ohne Verformung möglich ist (Bild 7.25).

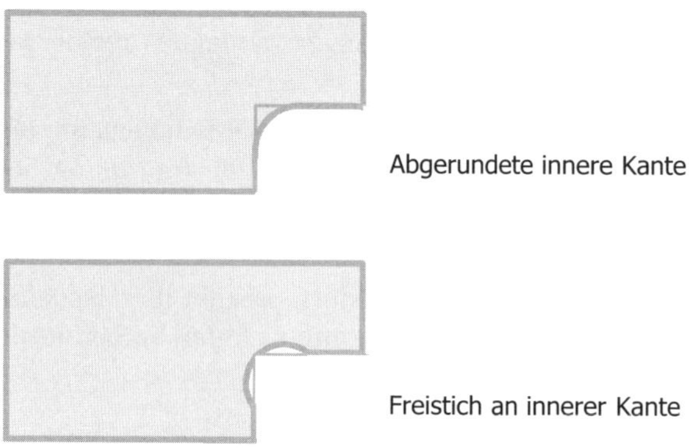

Bild 7.25 Innere Kanten beim Fräsen

Der Freistich wird erzeugt, indem der Fräser in einem zusätzlichen Programmierschritt in die Kante hineingeführt wird und so Volumen für den notwendigen Bauraum schafft.

7.5 Arbeit mit dem 3D-Drucker

Seit einigen Jahren werden 3D-Drucker zu einem erschwinglichen Preis für jedermann angeboten. Bei dieser noch jungen Technologie wird das Erzeugnis schichtweise aufgebaut. Dabei stellt das 3D-Drucken ein Verfahren des „Rapid Prototyping“ dar.

Damit können sehr komplexe und filigrane Strukturen hergestellt werden, deren Produktion mit klassischen Fertigungsmethoden mitunter nicht möglich ist. So ist die Materialabtragung mit einem Fräser beschränkt, weil dieses Werkzeug mit seiner räumlichen Ausprägung in den auszuarbeitenden Hohlraum eindringen muss. Solch filigrane Durchgangsbohrungen, wie sie in Bild 7.26 erkennbar sind, können aus Platzgründen nicht mit einem spanenden Werkzeug gebildet werden.

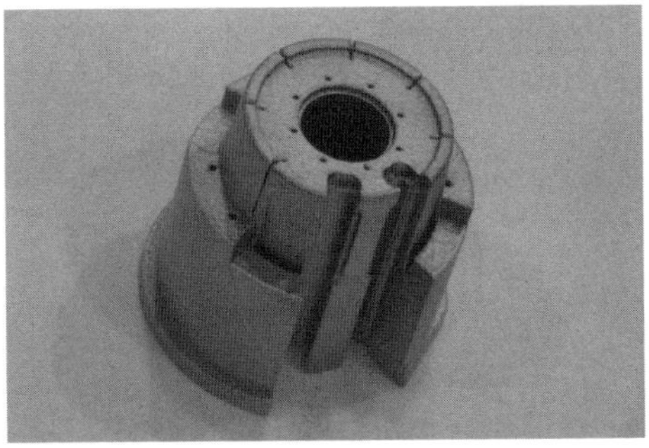

Bild 7.26 Mit Rapid Prototyping hergestelltes Werkzeugteil

Die innenliegenden Kanäle, die mit Kühlmittel durchflossen werden, können bei der Fertigung mit Rapid Prototyping direkt hergestellt werden. Bei der Anwendung von klassischen Technologien müsste man hier mehrere Einzelteile fertigen, die gegeneinander abgedichtet werden müssen. Mit industriell angewendetem Rapid Prototyping können mittlerweile fast alle Materialien verarbeitet werden. Allerdings sind die Anlagen, mit denen auch Formteile aus Metall oder Keramik hergestellt werden können, sehr teuer. Der Vorteil des Einsatzes von Rapid Prototyping gegenüber dem klassischen Musterbau besteht darin, dass die Teile genau der vom Konstrukteur vorgegebenen Geometrie entsprechen und im wahrsten Sinne des Wortes „über Nacht“ aufgebaut werden.

Im Heimwerkerbereich sind nun auch 3D-Drucker zugänglich, mit denen Musterteile aus Kunststoff hergestellt werden können (Bild 7.27 links). Als Rohmaterial wird ein Polymerdraht verwendet, der auch in verschiedenen Farben beschafft werden kann. Verwendete Ausgangsstoffe sind biologisch abbaubare Kunststoffe, bei denen sich bereits bei geringen Temperaturen der Schmelzbereich einstellt, ein Weichpolymer, das gut für Abdichtungen eingesetzt werden kann und klassisches ABS, das als Gehäusewerkstoff bekannt ist.

Die verwendeten Anlagen schmelzen den Kunststoffstrang auf, das flüssige Polymer wird aus einer Düse gedrückt. Die Auspressvorrichtung kann gegenüber dem Ablagetisch in x- und in y-Richtung gesteuert verschoben werden. Mit einer entsprechenden Software wird die Anlage so gesteuert, dass der Strang genau an der Stelle abgelegt wird, an der die Geometrie des Formteils aufgebaut werden soll (Bild 7.27 rechts).

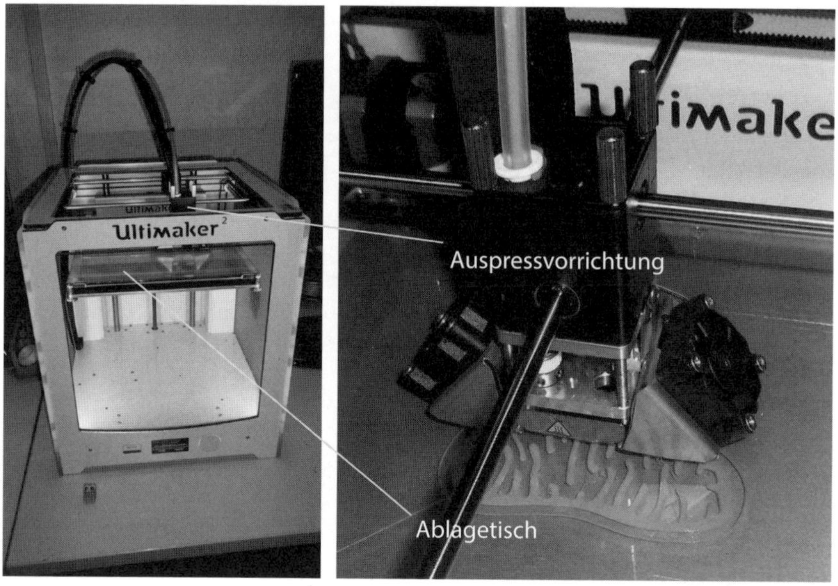

Bild 7.27 3D-Drucker für semiprofessionelle Anwendungen

Mit den heute jedermann zugänglichen 3D-Druckern eröffnen sich vollkommen neue Möglichkeiten zur Herstellung von Unikaten. Bekannt sind Plattformen im Netz, mit denen beispielsweise Blumenvasen ganz individuell gestaltet werden können.

Ursprünglich bestand die Hoffnung, dass mit der Verfügbarkeit von 3D-Druckern für jedermann sich eine starke Nutzergemeinde bildet, die eine Unmenge von Teilen entwirft und zur freien Nutzung zur Verfügung stellt. Dann könnte man sich in der virtuellen Welt ein Formteil auswählen und mithilfe des 3D-Druckers aus dem Modell ein reales Teil generieren. So könnte zum Beispiel der Ersatzteilbedarf von bestimmten Verschleißteilen ohne teure Lagerhaltung bedient werden oder man könnte ganz bestimmte Zubehörteile generieren, wie beispielsweise eine Halterung eines speziellen Mobiltelefons am Interieur seines PKWs.

Aus unterschiedlichen Gründen hat sich jedoch die Hoffnung, dass sich mit den erschwinglichen 3D-Drucken im Internet eine gut gefüllte Bibliothek frei zugänglicher Teile bildet, bisher nicht vollständig erfüllt. Einerseits sind die Rohmaterialien für dieses spezielle Verfahren gegenüber klassischen Spritzgusstypen relativ teuer. Obwohl die 3D-Drucke gegenüber den herkömmlichen Handmustern absolute Preisbrecher sind, können sie natürlich nicht mit massenhaft hergestellten Spritzgusserzeugnissen mithalten. Der Konsument bezieht sich jedoch in seiner Wertvorstellung auf das Preisniveau der Massenware.

Die verwendeten Rohmaterialien sind alle gegenüber Chemikalien mehr oder weniger anfällig. Das schließt auch die Einwirkung von Licht- und ultravioletter Strahlung ein. Wegen des schichtweisen Aufbaus der Teile ist die mechanische Festigkeit vor allem bei Belastung senkrecht zu den Bauebenen nur eingeschränkt gegeben. So sind Erzeugnisse aus 3D-Druckern weniger robust als die Massenwaren.

Die gewichtigste Erklärung für die verhaltene Anzahl qualitativ hochwertiger und frei zugänglicher 3D-Modellvorlagen ist aber, dass die Konstruktion der Erzeugnisse nur von sehr wenigen Hobbyentwicklern beherrscht wird. So bleibt die Anzahl der zugänglichen Entwicklungen begrenzt und die wenigen Applikationen sind naturgemäß bei Weitem nicht so ausgereift wie die professionellen Entwicklungen.

Eine Anwendung aus dem Modellbaubereich zeigt Bild 7.28. Bei der Konstruktion wurde aus geometrisch addierten Kugelelementen ein spiralenförmig geschnittener Buchsbaum sehr gelungen nachempfunden.

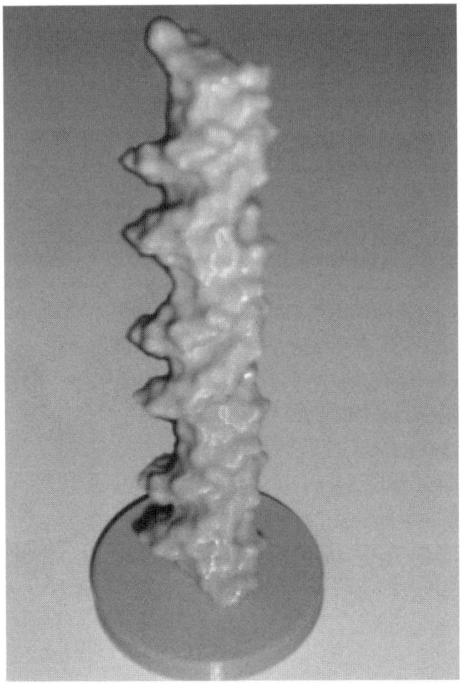

Bild 7.28 3D-Druck im Modellbau

Möglicherweise bilden sich im Internet die Plattformen, auf denen 3D-Drucke unterschiedlichster Geometrie angeboten werden, etwas zeitverzögert aus. Sicher sucht bald der eine oder andere erfahrene Konstrukteur im „Unruhestand“ nach einer sinnvollen Beschäftigung. Auch die Anzahl der reinen Hobbyentwickler wird mit der Zeit zunehmen und ihr Erfahrungsschatz umfangreicher werden.

Schließlich besteht nach wie vor die Möglichkeit, dass zukünftig professionelle Akteure die 3D-Drucke als Produkt erkennen und so Ersatz- und Spezialteile auf diese Art und Weise vertreiben.

Mit der Möglichkeit, eine fast beliebige virtuelle Geometrie jederzeit und ortsnah in ein reales Teil überführen zu können, wurden mit der Einführung von jedermann verfügbaren 3D-Druckern Potenziale eröffnet, deren Auswirkungen heute noch nicht absehbar sind. Die Nutzung dieser Potenziale setzt eine Offenheit gegenüber technischen Zusammenhängen in breiten Kreisen der Bevölkerung genauso voraus wie die aktive und kreative Betätigung zur Schaffung individueller Lösungen. Die Förderung dieser beiden Aspekte sollten nicht zuletzt auch mithilfe dieses Buches unterstützt werden.